置信规则库的
建模新方法与应用

杨隆浩　叶菲菲　王应明　胡海波　著

科学出版社

北京

内 容 简 介

置信规则库推理模型是基于数据的决策理论与方法中一个新兴的分支，具有合理的知识表示方式和透明的规则推理过程，在其发展过程中分成了交集置信规则库、并集置信规则库和扩展置信规则库推理模型。依据这三个推理模型所适用数据情形的差异，本书在第一部分回顾置信规则库推理模型的基本理论的基础上，分别于第二～第四部分在小规模低维度、小规模高维度和大规模任意维度的数据情形下介绍置信规则库的建模方法；本书还给出了三个关于置信规则库推理模型的应用案例，方便读者进一步了解置信规则库推理模型。

本书主要供数据驱动建模、决策支持系统和数据预测与分析相关领域的研究人员阅读参考，也可以作为管理科学与工程、人工智能、计算机科学与技术等专业的研究生教材。

图书在版编目（CIP）数据

置信规则库的建模新方法与应用 / 杨隆浩等著. --北京：科学出版社，2024.12

ISBN 978-7-03-076853-7

Ⅰ. ①置… Ⅱ. ①杨… Ⅲ. ①置信－系统建模 Ⅳ. ①O212

中国国家版本馆 CIP 数据核字（2023）第 212744 号

责任编辑：郝　悦 / 责任校对：姜丽策
责任印制：张　伟 / 封面设计：有道文化

科 学 出 版 社 出版
北京东黄城根北街 16 号
邮政编码：100717
http://www.sciencep.com
三河市春园印刷有限公司 印刷
科学出版社发行　各地新华书店经销

*

2024 年 12 月第 一 版　开本：720 × 1000　B5
2024 年 12 月第一次印刷　印张：18
字数：360 000

定价：198.00 元

（如有印装质量问题，我社负责调换）

前　言

随着信息技术的飞速发展和广泛应用，各个领域的信息化程度不断加深，工业生产、交通管理、图像识别和医疗诊断等领域也产生了大量的原始数据。一方面，虽然计算机领域中硬件技术的发展让这些数据能够被大量收集和存储，在一定程度上缓解了数据规模大带来的问题，但在相应的决策过程中却往往缺少对数据的有效统计、分析及评估，无法将这些数据转换成有用的信息，难以为决策者做决策提供参考和支持。另一方面，由于大量的现实决策问题存在复杂性和不确定性，往往无法利用传统方法建立准确的机理模型，从而只能根据已知数据进行分析和决策。面对这样的情形，基于数据的决策理论和方法引起了学术界的广泛关注，并逐渐成为决策理论和方法研究中的一个热点。

对于基于数据的决策理论和方法，数据的规模和数据的维度是在研究过程中必须要考虑的两个方面，主要体现在以下几个方面。

数据的规模：数据的规模是指数据的数量。在基于数据的决策理论和方法研究中，当决策问题为小规模的数据情形时，传统的优化模型和迭代算法能够很好地应用于决策问题的建模中，除了能够提升决策模型的准确性外，还不用顾虑建模和决策所需的时间成本；而当决策问题为大规模的数据情形时，虽然准确性是决策模型的一个重要指标，但能否在可接受的时间内完成建模和决策显得更为重要。例如，当使用梯度下降法训练人工神经网络的参数取值时，参数取值的每次迭代更新都需要根据所有的训练数据计算目标函数的函数值，由此推断，虽然在小规模的数据情形中训练人工神经网络所需的时间较少，但对于大规模的数据情形，每次函数值的计算都可能需要耗费大量的时间，导致在可接受的时间内无法完成训练人工神经网络的任务。

数据的维度：数据的维度是指数据的属性数量。在基于数据的决策理论和方法研究中，当决策问题为低维度的数据情形时，由于决策问题中涉及的属性数量较少，由此所构建的决策模型复杂度较低，因此基于少量的数据便可以保证决策模型的高准确性；而当决策问题为高维度的数据情形时，由于每个维度都代表了数据的一个特征，当把这些特征组合在一起构建决策模型时，容易使决策模型出现"维度灾难"。例如，当使用自适应神经模糊推理系统处理决策问题时，模糊规则的构建需要组合遍历每个属性中所有的模糊隶属度，虽然这种模糊规则的构建方式能够保证在低维度的数据情形中生成完备的模糊规则库，但由于规则数量与属性数量（数据维度）呈指数关系，最终会导致在高维度的数据情形中出现规则数的"组合爆炸"问题。

置信规则库（belief rule base，BRB）推理模型是在 Dempster-Shafer（登普斯特-谢弗）证据理论和产生式规则专家系统的基础上提出的决策方法，属于基于数据的决策理论与方法的新前沿。相比于传统的决策理论与方法，置信规则库推理模型的优点可以总结为：首先，以置信规则库存储数据信息，其中置信规则库的基本框架不仅沿用 IF-THEN 规则的信息表示方式，还在这些规则中嵌入置信框架，提升了不确定信息的表示能力；其次，以证据推理（evidential reasoning，ER）方法合成置信规则库中的规则，其中证据推理方法能够在保留不确定信息的前提下生成推理结果，保证了置信规则库推理模型的准确性；最后，在置信规则库推理模型的发展过程中，置信规则库依据规则类型可以分成交集置信规则库（conjunctive belief rule base，CBRB）、并集置信规则库（disjunctive belief rule base，DBRB）和扩展置信规则库（extended belief rule base，EBRB），虽然这三类置信规则库具有相似的规则框架，但在规则构建或参数赋值上各有不同，使置信规则库推理模型能够适用于不同数据规模和数据维度的决策问题。因此，以置信规则库推理模型为研究对象，对基于数据的决策理论与方法进行深入研究，不仅能够完善和拓展置信规则库推理模型的相关理论与方法，而且有助于提高基于数据的决策理论与方法在现代科技与背景下的适用性和实用性。

本书共分为五个部分，由杨隆浩独立撰写完成 33 万字以上，叶菲菲、王应明和胡海波撰写剩余字数，第一部分旨在介绍置信规则库推理模型的基本理论，包含第 1 章（置信规则库推理模型的理论基础）、第 2 章（置信规则库推理模型的常见类型）和第 3 章（置信规则库推理模型的研究现状）；第二部分旨在介绍小规模低维度数据情形中置信规则库的建模方法，包括第 4 章（基于规则约简的交集置信规则库建模方法）和第 5 章（基于结构划分的交集置信规则库建模方法）；第三部分旨在介绍小规模高维度数据情形中置信规则库的建模方法，包括第 6 章（基于动态参数学习的并集置信规则库建模方法）和第 7 章（基于一致性分析的扩展置信规则库建模方法）；第四部分旨在介绍大规模任意维度数据情形中置信规则库的建模方法，包括第 8 章（基于索引框架的扩展置信规则库建模方法）和第 9 章（基于区域划分的扩展置信规则库建模方法）；第五部分旨在介绍置信规则库推理模型的相关应用，包括第 10 章（智能环境中基于传感器的活动识别）和第 11 章（交通网络中的桥梁风险评估与预测）。

在本书的撰写过程中，作者得到了许多学者及专家的无私帮助，其中特别感谢福州大学计算机与大数据学院傅仰耿教授、经济与管理学院巩晓婷讲师，合肥工业大学付超教授、薛昱副教授、常文军博士，中国人民解放军火箭军工程大学周志杰教授，香港理工大学陆海天教授和叶青青博士，杭州电子科技大学徐晓滨教授和常雷雷副教授，西班牙哈恩大学路易斯·马丁内斯（Luis Martinez）教授，英国阿尔斯特大学刘军教授，英国曼彻斯特大学杨剑波教授、徐冬玲教授、陈玉旺教授对作者的帮助和支持。本书参考了大量国内外相关文献，在此向参考文献的作者表示衷心的感谢。

本书出版得到了国家自然科学基金项目（72471061、72001043、72301071、92270123、62072390、61773123）、教育部人文社会科学研究项目（20YJC630188）、福建省自然科学基金项目（2020J05122、2022J01178），以及福建省社会科学规划研究项目（FJ2024C072、FJ2019C032）的支持。

限于作者的水平，书中难免会有不足之处，敬请领域专家和读者不吝赐教。

作　者

福州大学

2024 年 8 月

目　　录

第一部分 基 本 理 论

　　本书的第一部分主要介绍 BRB 推理模型的理论基础,包括:Dempster-Shafer (D-S)证据理论和 ER 方法;BRB 推理模型的常见类型,即 CBRB 推理模型、DBRB 推理模型和 EBRB 推理模型;对这三类 BRB 推理模型的研究现状进行梳理和回顾。本书第一部分内容为更好地在不同数据规模和数据维度下介绍 BRB 建模方法与应用奠定基础。

第 1 章 置信规则库推理模型的理论基础

1.1 概　　述

BRB 推理模型是由英国曼彻斯特大学的 Yang 等[1]于 2006 年提出来的一种决策模型，它的完整名称为基于证据推理算法的置信规则库推理方法（belief rule-base inference methodology using the evidential reasoning approach，RIMER）。BRB 推理模型的理论基础包括 D-S 证据理论、决策理论、模糊理论和传统 IF-THEN 规则库等。为了更好地理解和学习 BRB 推理模型，本章将重点介绍 BRB 推理模型涉及的基础理论。

1.2 D-S 证据理论

D-S 证据理论是一种能够处理多源不确定性信息的方法，由美国哈佛大学 Dempster[2]于 20 世纪 60 年代提出，他对上、下概率进行了概念性的阐述并给出了 Dempster 合成规则，并以此用于集值映射的研究。随后 Dempster 教授的学生 Shafer 进一步完善了他的研究成果，通过引入信任函数等重新诠释了上、下概率，并最终提出更具一般性的证据表示和证据合成的理论[3]，即 D-S 证据理论。凭借着 D-S 证据理论在处理多源不确定性信息方面的优势，它已被成功应用于信息融合、风险评估、故障诊断、态势评估等众多领域[4-8]。本节将主要介绍 D-S 证据理论的基本概念、Dempster 合成规则、证据合成中的 Zadeh（扎德）悖论及其现有的应对方法。

1.2.1 D-S 证据理论的基本概念

定义 1-1（识别框架）　　若 $\Theta = \{\theta_1, \theta_2, \cdots, \theta_N\}$ 是一个有限且完备的论域集合，它的 N 个元素是相互独立且互补相容的命题，即 $\theta_i \bigcap \theta_j = \varnothing (i \neq j; i, j = 1, 2, \cdots, N)$，则称 Θ 为识别框架（frame of discernment）[3]。

以机器学习中目前应用十分广泛的鸢尾花分类问题为例[9]，该分类问题中共包含三种不同类型的鸢尾花，分别是山鸢尾、变色鸢尾和维吉尼亚鸢尾。由此可知，关于鸢尾花分类问题的识别框架可以定义为 $\Theta = \{$山鸢尾，变色鸢尾，维吉尼亚鸢尾}，其中山鸢尾、变色鸢尾和维吉尼亚鸢尾则是识别框架 Θ 中的命题。

为了表示识别框架的所有子集，将识别框架 Θ 的幂集表示为 2^{Θ}，它的 2^N 个元素集合表示如下：

$$2^{\Theta} = \{\varnothing, \{\theta_1\}, \{\theta_2\}, \cdots, \{\theta_1, \theta_2\}, \cdots, \{\theta_1, \theta_2, \cdots, \theta_N\}\} \qquad (1\text{-}1)$$

相应地，鸢尾花分类问题的识别框架具有幂集 $2^{\Theta} = \{\varnothing, \{$山鸢尾$\}, \{$变色鸢尾$\}, \{$维吉尼亚鸢尾$\}, \{$山鸢尾, 变色鸢尾$\}, \{$山鸢尾, 维吉尼亚鸢尾$\}, \{$变色鸢尾, 维吉尼亚鸢尾$\}, \{$山鸢尾, 变色鸢尾, 维吉尼亚鸢尾$\}\}$。

定义 1-2（基本概率分配）　设 Θ 是识别框架，且 Θ 的幂集表示为 2^{Θ}。对于识别框架 Θ 的任意子集 $A(A \subseteq \Theta)$，若函数 $m: 2^{\Theta} \rightarrow [0, 1]$ 满足以下条件：

$$m(\varnothing) = 0 \qquad (1\text{-}2)$$

$$\sum_{A \subseteq \Theta} m(A) = 1 \qquad (1\text{-}3)$$

$$m(A) \geqslant 0, A \subseteq \Theta \text{ 且 } A \neq \varnothing \qquad (1\text{-}4)$$

则称 m 为基本概率分配（basic probability assignment，BPA），其中 $m(A)$ 为证据对命题 A 的支持程度，或根据证据准确分配给命题 A 的信度[3]。

定义 1-3（焦元）　设 A 为识别框架 Θ 的任意子集，若 $m(A) > 0$，则称 A 为识别框架 Θ 上基本概率分配的焦元（focal element）。

根据定义 1-2 和定义 1-3，可以将 D-S 证据理论表示全局无知、局部无知和概率不确定性的具体形式概述如下。

（1）若焦元 $A = \Theta$，则基本概率分配 $m(A)$ 表示全局无知不确定性。以鸢尾花分类问题为例，若 $A = \{$山鸢尾, 变色鸢尾, 维吉尼亚鸢尾$\}$，则表示由证据完全无法判定鸢尾花属于哪种类型。

（2）若焦元 $A \subsetneqq \Theta$、$A \notin \Theta$ 且 $A \neq \varnothing$，则基本概率分配 $m(A)$ 表示局部无知不确定性。以鸢尾花分类问题为例，若 $A = \{$山鸢尾, 变色鸢尾$\}$，则表示由证据可确定鸢尾花不属于维吉尼亚鸢尾，但无法确定属于山鸢尾还是变色鸢尾。

（3）若焦元 $A \in \Theta$，则基本概率分配 $m(A)$ 表示概率不确定性。以鸢尾花分类问题为例，若 $A = \{$维吉尼亚鸢尾$\}$，则表示由证据可确定鸢尾花属于维吉尼亚鸢尾的概率为 $m(A)$。

定义 1-4（信任函数）　设 m 是识别框架 Θ 上的基本概率分配函数，若 Bel: $2^{\Theta} \rightarrow [0, 1]$ 满足：

$$\text{Bel}(A) = \sum_{B \subseteq A} m(B), \quad A \subseteq \Theta \qquad (1\text{-}5)$$

则称 Bel(A) 是对命题 A 的信任度量（belief measure）。

定义 1-5（似真函数）　设 m 是识别框架 Θ 上的基本概率分配函数，若 $\mathrm{Pl}: 2^{\Theta} \to [0, 1]$ 且对所有 $A \subseteq \Theta$ 满足：

$$\mathrm{Pl}(A) = 1 - \mathrm{Bel}(\overline{A}) = \sum_{B \cap A \neq \varnothing} m(B), \quad A \subseteq \Theta \tag{1-6}$$

则称 $\mathrm{Pl}(A)$ 是对命题 A 的似真度量（plausible measure），其中 $\overline{A}$ 是 A 的补集。

定义 1-6（置信区间）　设 $\mathrm{Bel}(A)$ 和 $\mathrm{Pl}(A)$ 分别表示命题 A 的信任度和似真度，则 $[\mathrm{Bel}(A), \mathrm{Pl}(A)]$ 表示命题 A 的概率上下界或置信区间。

为了解释定义 1-4、定义 1-5 和定义 1-6，以鸢尾花分类问题为例，设识别框架 Θ 的基本概率分配为 $m(\{\text{山鸢尾}\}) = 0.2$、$m(\{\text{山鸢尾, 变色鸢尾}\}) = 0.3$ 和 $m(\{\text{山鸢尾, 变色鸢尾, 维吉尼亚鸢尾}\}) = 0.5$，对于命题 $A = \{\text{山鸢尾, 变色鸢尾}\}$，则 $\mathrm{Bel}(A) = m(\{\text{山鸢尾}\}) + m(\{\text{山鸢尾, 变色鸢尾}\}) = 0.5$ 和 $\mathrm{Pl}(A) = m(\{\text{山鸢尾}\}) + m(\{\text{山鸢尾, 变色鸢尾}\}) + m(\{\text{山鸢尾, 变色鸢尾, 维吉尼亚鸢尾}\}) = 1.0$。因此，命题 A 的置信区间为 $[\mathrm{Bel}(A), \mathrm{Pl}(A)] = [0.5, 1.0]$。

1.2.2　Dempster 合成规则

Dempster 合成规则[2]是 D-S 证据理论的核心之一，其能够将多个独立的证据在统一的识别框架下进行融合，以生成综合所有证据的概率信息。

定义 1-7（Dempster 合成规则）　设两个独立证据在识别框架 $\Theta = \{\theta_1, \theta_2, \cdots, \theta_N\}$ 上的基本概率分配分别为 m_1 和 m_2，经这两个证据合成后的基本概率分配记为 $m_{1,2}$。对于识别框架 Θ 的任意子集 $A(A \subseteq \Theta)$，Dempster 合成规则表示如下：

$$m_{1,2}(A) = (m_1 \oplus m_2)(A) = \begin{cases} 0, & A = \varnothing \\ \dfrac{\sum_{B \cap C = A} m_1(B) m_2(C)}{1 - \sum_{B \cap C = \varnothing} m_1(B) m_2(C)}, & A \subseteq \Theta, A \neq \varnothing \end{cases} \tag{1-7}$$

式中，$\oplus$ 表示正交操作算子；B 和 C 为焦元。

Dempster 合成规则满足以下四个基本的数学性质[10, 11]。

（1）交换律：$m_1 \oplus m_2 = m_2 \oplus m_1$。

（2）结合律：$(m_1 \oplus m_2) \oplus m_3 = m_1 (\oplus m_2 \oplus m_3)$。

（3）同一性：存在幺元 m_s，使 $m_1 \oplus m_s = m_1$。

（4）聚焦性：当两个证据基本概率分配偏向一致时，融合后能够有效降低基本概率分配中的无知不确定性。

为了解释 Dempster 合成规则，以鸢尾花分类问题为例介绍两个独立证据的合成过程，其中假设鸢尾花分类的识别框架为 $\Theta = \{\text{山鸢尾, 变色鸢尾, 维吉尼亚鸢尾}\}$，对于一株待分类的鸢尾花，由两个独立信息源得到不同的证据，记为 m_1 和 m_2，它们的焦元和基本概率分配如表 1-1 所示。

表 1-1 鸢尾花分类的焦元和基本概率分配

证据	焦元		
	山鸢尾	变色鸢尾	维吉尼亚鸢尾
m_1	0.4	0.3	0.3
m_2	0.5	0.1	0.4

根据定义 1-7，当命题 A 分别设为{山鸢尾}、{变色鸢尾}和{维吉尼亚鸢尾}时，经 Dempster 合成规则将两个证据合成的计算过程如下：

$$\sum_{B \cap C = \{山鸢尾\}} m_1(B)m_2(C) = m_1(\{山鸢尾\}) \times m_2(\{山鸢尾\}) \tag{1-8}$$
$$= 0.4 \times 0.5 = 0.2$$

$$\sum_{B \cap C = \{变色鸢尾\}} m_1(B)m_2(C) = m_1(\{变色鸢尾\}) \times m_2(\{变色鸢尾\}) \tag{1-9}$$
$$= 0.3 \times 0.1 = 0.03$$

$$\sum_{B \cap C = \{维吉尼亚鸢尾\}} m_1(B)m_2(C) = m_1(\{维吉尼亚鸢尾\}) \times m_2(\{维吉尼亚鸢尾\})$$
$$= 0.3 \times 0.4 = 0.12$$
$$\tag{1-10}$$

$$\sum_{B \cap C = \varnothing} m_1(B)m_2(C) = m_1(\{山鸢尾\}) \times m_2(\{变色鸢尾\}) + m_1(\{山鸢尾\})$$
$$\times m_2(\{维吉尼亚鸢尾\}) + m_1(\{变色鸢尾\}) \times m_2(\{山鸢尾\})$$
$$+ m_1(\{变色鸢尾\}) \times m_2(\{维吉尼亚鸢尾\})$$
$$+ m_1(\{维吉尼亚鸢尾\}) \times m_2(\{山鸢尾\}) + m_1(\{维吉尼亚鸢尾\})$$
$$\times m_2(\{变色鸢尾\})$$
$$= 0.4 \times 0.1 + 0.4 \times 0.4 + 0.3 \times 0.5 + 0.3 \times 0.4 + 0.3 \times 0.5$$
$$+ 0.3 \times 0.1$$
$$= 0.65$$
$$\tag{1-11}$$

$$m_{1,2}(\{山鸢尾\}) = \frac{0.2}{1 - 0.65} \approx 0.5714 \tag{1-12}$$

$$m_{1,2}(\{变色鸢尾\}) = \frac{0.03}{1 - 0.65} \approx 0.0857 \tag{1-13}$$

$$m_{1,2}(\{维吉尼亚鸢尾\}) = \frac{0.12}{1 - 0.65} \approx 0.3429 \tag{1-14}$$

根据上述 Dempster 合成规则的计算结果，该鸢尾花为山鸢尾、变色鸢尾和维吉尼亚鸢尾的概率分别是 57.14%、8.57%和 34.29%。

1.2.3　证据合成中的 Zadeh 悖论

对于 D-S 证据理论，Dempster 合成规则在融合高冲突的证据时会产生违背直觉的结果[12]，导致在一定程度上影响 D-S 证据理论在实例问题中的应用。为了理解证据之间的冲突程度，下面给出关于冲突系数的定义。

定义 1-8（冲突系数）　设两个独立证据在识别框架 $\Theta = \{\theta_1, \theta_2, \cdots, \theta_N\}$ 上的基本概率分配分别为 m_1 和 m_2，则这两个证据的冲突系数表示如下：

$$k = \sum_{B \cap C = \varnothing} m_1(B) m_2(C), \quad B, C \subseteq \Theta; B, C \neq \varnothing \qquad (1-15)$$

式中，$k(0 \leqslant k \leqslant 1)$ 为证据的冲突系数。当 $k = 1$ 时，表示两个证据中的信息完全冲突；当 $k = 0$ 时，表示两个证据中的信息完全一致。

事实上，证据的冲突系数就是 Dempster 合成规则中分母的子项。下面以鸢尾花分类问题为例介绍冲突系数，其中鸢尾花分类的识别框架为 $\Theta = \{$山鸢尾，变色鸢尾，维吉尼亚鸢尾$\}$，对于一株待分类的鸢尾花，由两个独立信息源得到不同的证据，记为 m_1 和 m_2，它们的焦元和基本概率分配如表 1-2 所示。

表 1-2　鸢尾花分类的焦元和基本概率分配

证据	焦元		
	山鸢尾	变色鸢尾	维吉尼亚鸢尾
m_1	0.99	0.01	0
m_2	0	0.01	0.99

根据表 1-2 中的基本概率分配可知，两个证据所包含的概率信息存在较大的冲突，例如，证据 m_1 反映该鸢尾花大概率是山鸢尾且肯定不是维吉尼亚鸢尾；而证据 m_2 反映该鸢尾花大概率是维吉尼亚鸢尾且肯定不是山鸢尾。根据这一直观的结果，再依据定义 1-8 计算两个证据的冲突系数：

$$k = \sum_{B \cap C = \varnothing} m_1(B) m_2(C) = m_1(\{山鸢尾\}) \times m_2(\{变色鸢尾\})$$
$$+ m_1(\{山鸢尾\}) \times m_2(\{维吉尼亚鸢尾\}) + m_1(\{变色鸢尾\}) \times m_2(\{维吉尼亚鸢尾\})$$
$$= 0.99 \times 0.01 + 0.99 \times 0.99 + 0.01 \times 0.99 = 0.9999$$

$$(1-16)$$

显然，证据的冲突系数 $k = 0.9999$ 正好印证了表 1-2 中的两个证据存在较大的冲突。围绕表 1-2 中的基本概率分配，使用 Dempster 合成规则将两个证据进行合成，以介绍证据合成中的冲突悖论。当命题 A 分别为$\{$山鸢尾$\}$、$\{$变色鸢尾$\}$和$\{$维吉尼亚鸢尾$\}$时，Dempster 合成规则的计算过程如下：

$$\sum\nolimits_{B\cap C=\{山鸢尾\}} m_1(B)m_2(C) = m_1(\{山鸢尾\})\times m_2(\{山鸢尾\})$$
$$= 0.99\times 0 = 0 \tag{1-17}$$

$$\sum\nolimits_{B\cap C=\{变色鸢尾\}} m_1(B)m_2(C) = m_1(\{变色鸢尾\})\times m_2(\{变色鸢尾\})$$
$$= 0.01\times 0.01 = 0.0001 \tag{1-18}$$

$$\sum\nolimits_{B\cap C=\{维吉尼亚鸢尾\}} m_1(B)m_2(C) = m_1(\{维吉尼亚鸢尾\})\times m_2(\{维吉尼亚鸢尾\})$$
$$= 0\times 0.99 = 0 \tag{1-19}$$

$$m_{1,2}(\{山鸢尾\}) = \frac{\sum\nolimits_{B\cap C=\{山鸢尾\}} m_1(B)m_2(C)}{1-k} = \frac{0}{1-0.9999} = 0 \tag{1-20}$$

$$m_{1,2}(\{变色鸢尾\}) = \frac{\sum\nolimits_{B\cap C=\{变色鸢尾\}} m_1(B)m_2(C)}{1-k} = \frac{0.0001}{1-0.9999} = 1 \tag{1-21}$$

$$m_{1,2}(\{维吉尼亚鸢尾\}) = \frac{\sum\nolimits_{B\cap C=\{维吉尼亚鸢尾\}} m_1(B)m_2(C)}{1-k} = \frac{0}{1-0.9999} = 0 \tag{1-22}$$

根据上述 Dempster 合成规则的计算结果，该鸢尾花为变色鸢尾的概率为 100%，而为山鸢尾和维吉尼亚鸢尾的概率均是 0。显然该合成结果有悖于直观结果，即证据合成中的 Zadeh 悖论[13, 14]。

1.2.4 Zadeh 悖论的应对方法

自从 Zadeh 指出 D-S 证据理论中 Dempster 合成规则在处理冲突证据方面的不足，国内外学者对 Zadeh 悖论产生的原因进行了广泛的研究和探讨，并提出了很多应对方法[15]，主要分成以下两类。

（1）问题根源在于 Dempster 合成规则，应修正 Dempster 合成规则。

（2）问题根源在于原始证据，应修正原始证据，再使用 Dempster 合成规则。

对于第一类方法，以下列出几种具有代表性的修正 Dempster 合成规则的方法。

定义 1-9［Yager（亚格尔）合成规则］[16] 设两个独立证据在识别框架 $\Theta = \{\theta_1, \theta_2, \cdots, \theta_N\}$ 上的基本概率分配分别为 m_1 和 m_2，经这两个证据合成后的基本概率分配记为 $m_{1,2}$。对于识别框架 Θ 的任意子集 $A(A\subseteq\Theta)$，Yager 合成规则表示如下：

$$m_{1,2}(A) = \begin{cases} 0, & A=\varnothing \\ \sum\nolimits_{B\cap C=A} m_1(B)m_2(C), & A\subset\Theta, A\neq\varnothing \\ m_1(A)m_2(A)+\sum\nolimits_{B\cap C=\varnothing} m_1(B)m_2(C), & A=\Theta \end{cases} \tag{1-23}$$

定义 1-10［Dubois（杜比奥斯）和 Prade（普拉德）合成规则］[17]　设两个独立证据在识别框架 $\Theta = \{\theta_1, \theta_2, \cdots, \theta_N\}$ 上的基本概率分配分别为 m_1 和 m_2，经这两个证据合成后的基本概率分配记为 $m_{1,2}$。对于识别框架 Θ 的任意子集 $A(A \subseteq \Theta)$，Dubois 和 Prade 合成规则表示如下：

$$m_{1,2}(A) = \begin{cases} 0, & A = \varnothing \\ \sum_{B \cap C = A} m_1(B)m_2(C) + \sum_{B \cup C = A, B \cap C = \varnothing} m_1(B)m_2(C), & A \neq \varnothing \end{cases}$$

（1-24）

定义 1-11[比例冲突再分配（propotional conflict redistribution，PCR）5 合成规则][18]　设两个独立证据在识别框架 $\Theta = \{\theta_1, \theta_2, \cdots, \theta_N\}$ 上的基本概率分配分别为 m_1 和 m_2，经这两个证据合成后的基本概率分配记为 $m_{1,2}$。对于识别框架 Θ 的任意子集 $A(A \subseteq \Theta)$，PCR5 合成规则表示如下：

$$m_{1,2}(A) = \begin{cases} 0, & A = \varnothing \\ \sum_{B \cap C = A} m_1(B)m_2(C) + \sum_{A \cap B = \varnothing} \left[\dfrac{m_1(A)^2 m_2(B)}{m_1(A) + m_2(B)} + \dfrac{m_2(A)^2 m_1(B)}{m_2(A) + m_1(B)} \right], & A \neq \varnothing \end{cases}$$

（1-25）

对于第二类方法，主要以 Shafer 提出的折扣运算为代表[3]。Dempster 合成规则的前提假设之一是证据的基本概率分配是完全可靠的。但在现实中这一前提假设往往很难成立。当证据的基本概率分配不可靠时，经 Dempster 合成规则所得的合成结果就可能是错误的。因此，在使用 Dempster 合成规则对证据进行合成之前，需要找出不可靠的证据，并使用折扣运算对证据的基本概率分配进行修正，以此消除不可靠证据对合成结果产生的错误影响。这类方法在具体应用过程中具有以下一般性步骤。

（1）确定各个证据的权重。

（2）利用权重对证据进行折扣运算，修正原始证据。

（3）使用 Dempster 合成规则对修正的原始证据进行合成。

国内外众多学者根据这一思想提出了很多算法，包括：陈一雷和王俊杰[19]提出利用证据距离来构造待合成证据的支持矩阵，利用该矩阵的特征向量来衡量各个证据的可信度，并以此对原始证据进行修正。王小艺等[20]同样引入证据距离，在求解证据可信度的方法中，利用距离矩阵进行优化得到最短目标优化模型，然后进一步转化为无约束问题模型求解，最终实现对原始证据的修正。

1.3　证据推理方法

ER 方法是在 D-S 证据理论的基础上由英国曼彻斯特大学的 Yang 和 Xu 提出的

一种多属性决策分析（multiple attribute decision analysis，MADA）方法[21]。相比于 D-S 证据理论，ER 方法除了继承 D-S 证据理论的众多优点外，还具有以下特点。

（1）先通过折扣运算修正证据，再利用 ER 方法合成证据。

（2）简化局部无知不确定性的表示，提出置信结构（belief structure）。

目前，ER 方法已被成功应用于医疗诊断、风险评估、故障诊断、数据分类等众多领域。本节将主要介绍 ER 方法的基本概念、迭代算法、解析算法，以及面向复杂决策问题的 ER 方法。

1.3.1　ER 方法的基本概念

定义 1-12（评价框架）　设评价框架具有两层结构，其中顶层有一个综合属性（general attribute）E 和底层有 L 个基础属性（basic attribute）$e_i (i=1, 2, \cdots, L)$，每个基础属性的属性权重为 w_i，如图 1-1 所示。

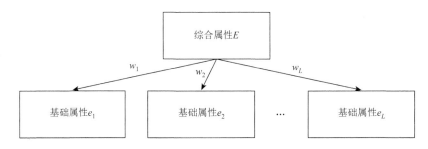

图 1-1　两层结构的多属性评价框架

以鸢尾花分类问题来介绍评价框架[9]，鸢尾花的类型通常由四个特征共同确定，这四个特征分别是：花萼长度、花萼宽度、花瓣长度和花瓣宽度。因此，在鸢尾花分类问题中，将鸢尾花的类型作为综合属性 E，以及将其四个特征作为四个基础属性，即 $\{e_1, e_2, e_3, e_4\}$ = {花萼长度，花萼宽度，花瓣长度，花瓣宽度}。此外，根据四个特征在鸢尾花分类中不同的重要性，可以设定四个基础属性的属性权重。

定义 1-13（置信分布）　设 N 个评价等级 $H_n (n=1, 2, \cdots, N)$ 构成了评价框架 $H = \{H_1, H_2, \cdots, H_N\}$。在评价框架下，$\beta_{n,i}$ 表示第 i 个基础属性 e_i 被评价为第 n 个等级的置信度，则置信分布可以表示如下：

$$S(e_i) = \{(H_n, \beta_{n,i}), n=1, 2, \cdots, N\} \tag{1-26}$$

式中，$0 \leqslant \beta_{n,i} \leqslant 1 (n=1, 2, \cdots, N)$，且 $\sum_{n=1}^{N} \beta_{n,i} \leqslant 1$。

对于置信分布，需要进行以下三点说明。

（1）置信分布中的评价等级可以是 H = {低，中，高}，也可以是 H = {山鸢尾，变色鸢尾，维吉尼亚鸢尾}。

（2）置信分布能够表示概率不确定性，其中置信度 $\beta_{n,i}$ 等同于第 i 个基础属性 e_i 被评价为第 n 个等级的概率。

（3）置信分布能够表示不完整信息，即全局无知不确定性，其中当 $\sum_{n=1}^{N}\beta_{n,i} < 1$ 时，第 i 个基础属性 e_i 的信息是不完整的。

以 1.2.3 节中的表 1-2 为例，设证据 m_1 和证据 m_2 分别代表基础属性 e_1 和 e_2，则相应的置信分布可以分别表示为 $S(e_1)$ = {（山鸢尾，0.99），（变色鸢尾，0.01），（维吉尼亚鸢尾，0）}和 $S(e_2)$ = {（山鸢尾，0），（变色鸢尾，0.01），（维吉尼亚鸢尾，0.99）}，由于这两个置信分布的置信度总和均为 0.99 + 0.01 + 0 = 1.0，因此证据 m_1 和证据 m_2 均表示完整的信息。若证据 m_1 的置信分布调整为 $S(e_1)$ = {（山鸢尾，0.89），（变色鸢尾，0.01），（维吉尼亚鸢尾，0）}，则存在 1–(0.89 + 0.01 + 0) = 0.1 的不完整信息，或证据 m_1 中存在 10%的信息无法确定鸢尾花属于哪种类型。

定义 1-14（基本概率质量）　设多属性评价框架下第 $i(i = 1, 2, \cdots, L)$ 个基础属性 e_i 的置信分布如式（1-26）所示，且该基础属性的属性权重为 w_i，则该基础属性的基本概率质量（basic probability mass，BPM）表示如下：

$$m_{n,i} = m_i(H_n) = w_i\beta_{n,i}, \quad n = 1, 2, \cdots, N; i = 1, 2, \cdots, L \tag{1-27}$$

$$m_{H,i} = m_i(H) = 1 - \sum_{n=1}^{N}m_{n,i} = 1 - w_i\sum_{n=1}^{N}\beta_{n,i}, \quad i = 1, 2, \cdots, L \tag{1-28}$$

$$\bar{m}_{H,i} = \bar{m}_i(H) = 1 - w_i, \quad i = 1, 2, \cdots, L \tag{1-29}$$

$$\tilde{m}_{H,i} = \tilde{m}_i(H) = w_i\left(1 - \sum_{n=1}^{N}\beta_{n,i}\right), \quad i = 1, 2, \cdots, L \tag{1-30}$$

式中

$$m_{H,i} = \bar{m}_{H,i} + \tilde{m}_{H,i} \tag{1-31}$$

$$\sum_{i=1}^{L}w_i = 1 \tag{1-32}$$

$m_{n,i}$ 为第 i 个基础属性在第 n 个评价等级 H_n 上的 BPM；$\bar{m}_{H,i}$ 为第 i 个基础属性因受属性权重的影响，未被分配到任意评价等级 H_n 上的 BPM；$\tilde{m}_{H,i}$ 为第 i 个基础属性因受置信分布的影响，未被分配到任意评价等级 H_n 上的 BPM。

继续以 1.2.3 节中的表 1-2 为例，当证据 m_1 和证据 m_2 所代表的基础属性的属性权重分别为 0.4 和 0.6 时，相应的 BPM 如表 1-3 所示。

表 1-3　鸢尾花分类的 BPM

证据	权重	BPM			$\bar{m}_{H,i}$	$\tilde{m}_{H,i}$
		山鸢尾	变色鸢尾	维吉尼亚鸢尾		
m_1	0.4	0.396	0.004	0	0.6	0
m_2	0.6	0	0.006	0.594	0.4	0

1.3.2　ER 的迭代算法

ER 的迭代算法是 ER 方法中用于证据合成的算法[21]，设多属性评价框架中综合属性 E 包含 L 个基础属性 $e_i(i=1,2,\cdots,L)$，其中第 $i(i=1,2,\cdots,L)$ 个基础属性的 BPM 如式（1-27）～式（1-30）所示。在此基础上，第 i 个和第 j 个基础属性之间的证据合成公式如下：

$$\begin{aligned} m_{n,I(2)} &= K_{I(2)}\left(m_{n,i}m_{n,j} + \tilde{m}_{H,i}m_{n,j} + \bar{m}_{H,i}m_{n,j} + m_{n,i}\tilde{m}_{H,j} + m_{n,i}\bar{m}_{H,j}\right) \\ &= K_{I(2)}[m_{n,i}m_{n,j} + (\tilde{m}_{H,i}+\bar{m}_{H,i})m_{n,j} + m_{n,i}(\tilde{m}_{H,j}+\bar{m}_{H,j})] \\ &= K_{I(2)}\left(m_{n,i}m_{n,j} + m_{H,i}m_{n,j} + m_{n,i}m_{H,j}\right), \quad n=1,2,\cdots,N \end{aligned}$$ （1-33）

$$\tilde{m}_{H,I(2)} = K_{I(2)}\left(\tilde{m}_{H,i}\tilde{m}_{H,j} + \bar{m}_{H,i}\tilde{m}_{H,j} + \tilde{m}_{H,i}\bar{m}_{H,j}\right)$$ （1-34）

$$\bar{m}_{H,I(2)} = K_{I(2)}\left(\bar{m}_{H,i}\bar{m}_{H,j}\right)$$ （1-35）

$$K_{I(2)} = \left[1 - \sum_{t=1}^{N}\sum_{l=1,l\neq t}^{N} m_{t,i}m_{l,j}\right]^{-1}$$ （1-36）

式中，$m_{n,I(2)}$ 表示由置信分布 $S(e_i)$ 和 $S(e_j)$ 合成后在第 n 个等级 H_n 上的合成概率质量；$\tilde{m}_{H,I(2)}$ 表示因受置信分布 $S(e_i)$ 和 $S(e_j)$ 的影响，未被分配到任意评价等级 H_n 上的合成概率质量；$\bar{m}_{H,I(2)}$ 表示因受基础属性 e_i 和 e_j 属性权重的影响，未被分配到任意评价等级 H_n 上的合成概率质量；$K_{I(2)}$ 表示置信分布 $S(e_i)$ 和 $S(e_j)$ 的合成概率质量的归一化因子。

以 1.3.1 节中的表 1-3 所示的 BPM 为例，介绍通过 ER 迭代算法合成两个证据的情形，为了方便叙述，假设 $\{H_1,H_2,H_3\}=\{$山鸢尾，变色鸢尾，维吉尼亚鸢尾$\}$，相应的计算过程如下：

$$\begin{aligned} K_{I(2)} &= [1-(m_{1,1}m_{2,2}+m_{1,1}m_{3,2}+m_{2,1}m_{3,2})]^{-1} \\ &= [1-(0.396\times0.006+0.396\times0.594+0.004\times0.594)]^{-1} \approx 0.760^{-1} \end{aligned}$$

（1-37）

$$m_{1,I(2)} = K_{I(2)}m_{1,1}m_{H,2} = \frac{0.396\times0.4}{0.760} \approx 0.208$$ （1-38）

$$m_{2,I(2)} = K_{I(2)}[m_{2,1}m_{2,2} + m_{2,1}m_{H,2} + m_{H,1}m_{2,2}]$$

$$= \frac{0.004 \times 0.006 + 0.004 \times 0.4 + 0.6 \times 0.006}{0.760} \approx 0.007 \qquad (1\text{-}39)$$

$$m_{3,I(2)} = K_{I(2)}m_{H,1}m_{3,2} = \frac{0.6 \times 0.594}{0.760} \approx 0.469 \qquad (1\text{-}40)$$

$$\tilde{m}_{H,I(2)} = K_{I(2)} \times 0 = 0 \qquad (1\text{-}41)$$

$$\bar{m}_{H,I(2)} = K_{I(2)}\bar{m}_{H,1}\bar{m}_{H,2} = \frac{0.6 \times 0.4}{0.760} \approx 0.316 \qquad (1\text{-}42)$$

根据式（1-33）～式（1-36）中两个基础属性的合成过程，当有 L 个基础属性时，相应的证据合成公式可以表示如下：

$$m_{n,I(i+1)} = K_{I(i+1)}[m_{n,I(i)}m_{n,i+1} + m_{H,I(i)}m_{n,i+1} + m_{n,I(i)}m_{H,i+1}],$$
$$n = 1, 2, \cdots, N; i = 1, 2, \cdots, L-1 \qquad (1\text{-}43)$$

$$m_{n,I(i)} = \tilde{m}_{H,I(i)} + \bar{m}_{H,I(i)}, \quad n = 1, 2, \cdots, N; i = 1, 2, \cdots, L-1 \qquad (1\text{-}44)$$

$$\tilde{m}_{H,I(i+1)} = K_{I(i+1)}[\tilde{m}_{H,I(i)}\tilde{m}_{H,i+1} + \bar{m}_{H,I(i)}\tilde{m}_{H,i+1} + \tilde{m}_{H,I(i)}\bar{m}_{H,i+1}], \quad i = 1, 2, \cdots, L-1$$

$$(1\text{-}45)$$

$$\bar{m}_{H,I(i+1)} = K_{I(i+1)}[\bar{m}_{H,I(i)}\bar{m}_{H,i+1}], \quad i = 1, 2, \cdots, L-1 \qquad (1\text{-}46)$$

$$K_{I(i+1)} = \left[1 - \sum_{t=1}^{N}\sum_{l=1,l\neq t}^{N}m_{t,I(i)}m_{l,i+1}\right]^{-1}, \quad i = 1, 2, \cdots, L-1 \qquad (1\text{-}47)$$

当所有的 L 个基础属性合成后，可以进一步计算综合属性 E 上的置信度：

$$\beta_n = \frac{m_{n,I(L)}}{1 - \bar{m}_{H,I(L)}}, \quad n = 1, 2, \cdots, N \qquad (1\text{-}48)$$

$$\beta_H = \frac{\tilde{m}_{H,I(L)}}{1 - \bar{m}_{H,I(L)}} \qquad (1\text{-}49)$$

式中，β_n 为综合属性 E 被评价为等级 H_n 的置信度；β_H 为综合属性 E 上的全局未知不确定性。

对于表 1-3 所示的鸢尾花分类问题，经式（1-48）和式（1-49）可进一步计算得出在山鸢尾、变色鸢尾和维吉尼亚鸢尾上的置信度，计算过程如下：

$$\beta_1 = \frac{m_{1,I(2)}}{1 - \bar{m}_{H,I(2)}} = \frac{0.208}{1 - 0.316} \approx 0.304 \qquad (1\text{-}50)$$

$$\beta_2 = \frac{m_{2,I(2)}}{1 - \bar{m}_{H,I(2)}} = \frac{0.007}{1 - 0.316} \approx 0.010 \qquad (1\text{-}51)$$

$$\beta_3 = \frac{m_{3,I(2)}}{1 - \bar{m}_{H,I(2)}} = \frac{0.469}{1 - 0.316} \approx 0.686 \tag{1-52}$$

$$\beta_H = \frac{\tilde{m}_{H,I(L)}}{1 - \bar{m}_{H,I(L)}} = \frac{0}{1 - 0.316} = 0 \tag{1-53}$$

根据山鸢尾、变色鸢尾和维吉尼亚鸢尾上的置信度，即 $\beta_3 > \beta_1 > \beta_2$，可以判定鸢尾花属于维吉尼亚鸢尾，且不存在全局未知不确定性，即 $\beta_H = 0$。同时，该分类结果也表明，ER 方法能够避免 D-S 证据理论中出现的 Zadeh 悖论。

1.3.3　ER 的解析算法

ER 的迭代算法从概念的角度诠释了如何将多个证据进行逐个合成，但这样的合成过程往往无法提供灵活的合成框架，导致不适用于具有大量证据环境下证据合成的情形。为此，Wang 等提出了 ER 的解析算法[22]，并通过归纳法给出了严格的证明过程，以说明 ER 的迭代算法和解析算法两者能够相互转换，以及证据合成的结果是一致的。

设多属性评价框架中有 L 个基础属性 $e_i(i = 1, 2, \cdots, L)$，其中第 $i(i = 1, 2, \cdots, L)$ 个基础属性的 BPM 如式（1-27）～式（1-30）所示。在此基础上，这 L 个基础属性可以通过如下的证据合成公式进行一次性合成：

$$m_n = k \left[\prod_{i=1}^{L} (m_{n,i} + \bar{m}_{H,i} + \tilde{m}_{H,i}) - \prod_{i=1}^{L} (\bar{m}_{H,i} + \tilde{m}_{H,i}) \right], \quad n = 1, 2, \cdots, N$$

$$\tag{1-54}$$

$$\tilde{m}_H = k \left[\prod_{i=1}^{L} (\bar{m}_{H,i} + \tilde{m}_{H,i}) - \prod_{i=1}^{L} \bar{m}_{H,i} \right] \tag{1-55}$$

$$\bar{m}_H = k \prod_{i=1}^{L} \bar{m}_{H,i} \tag{1-56}$$

式中，k 为归一化因子，其具体计算公式如下：

$$k^{-1} = \sum_{n=1}^{N} \prod_{i=1}^{L} (m_{n,i} + \bar{m}_{H,i} + \tilde{m}_{H,i}) - (N-1) \prod_{i=1}^{L} (\bar{m}_{H,i} + \tilde{m}_{H,i}) \tag{1-57}$$

当所有的 L 个基础属性合成后，可以进一步计算综合属性 E 上的置信度：

$$\beta_n = \frac{m_n}{1 - \bar{m}_H}, \quad n = 1, 2, \cdots, N \tag{1-58}$$

$$\beta_H = \frac{\tilde{m}_H}{1 - \bar{m}_H} \tag{1-59}$$

以 1.3.1 节中的表 1-3 所示的 BPM 为例，介绍通过 ER 解析算法合成两个证据的情形，为了方便叙述，假设 $\{H_1, H_2, H_3\}$ = {山鸢尾，变色鸢尾，维吉尼亚鸢尾}，相应的计算过程如下：

$$k^{-1} = (0.396 + 0.6) \times 0.4 + (0.004 + 0.6) \times (0.006 + 0.4) \\ + 0.6 \times (0.594 + 0.4) - (3 - 1) \times 0.6 \times 0.4 \approx 0.760 \tag{1-60}$$

$$m_1 = k[(m_{1,1} + \overline{m}_{H,1})\overline{m}_{H,2} - \overline{m}_{H,1}\overline{m}_{H,2}] \\ = \frac{(0.396 + 0.6) \times 0.4 - 0.6 \times 0.4}{0.760} \approx 0.208 \tag{1-61}$$

$$m_2 = k[(m_{2,1} + \overline{m}_{H,1})(m_{2,2} + \overline{m}_{H,2}) - \overline{m}_{H,1}\overline{m}_{H,2}] \\ = \frac{(0.004 + 0.6) \times (0.006 + 0.4) - 0.6 \times 0.4}{0.760} \approx 0.007 \tag{1-62}$$

$$m_3 = k[\overline{m}_{H,1}(m_{3,1} + \overline{m}_{H,2}) - \overline{m}_{H,1}\overline{m}_{H,2}] \\ = \frac{0.6 \times (0.594 + 0.4) - 0.6 \times 0.4}{0.760} \approx 0.469 \tag{1-63}$$

通过对比式（1-38）～式（1-40）和式（1-61）～式（1-63）可以发现，ER 的迭代算法和解析算法能够算得相同的 BPM，这也表明了两个 ER 算法是彼此间等价的。同时，由 ER 解析算法的计算结果同样能够判定鸢尾花属于维吉尼亚鸢尾。

1.3.4　复杂评价框架下的 ER 方法

在多属性决策分析问题中，多层次的评价框架往往更贴近实际情形，设在定义 1-12 的基础上，将评价框架扩展成三层结构，其中第二层中每个基础属性均包含 L 个基础属性，如图 1-2 所示。

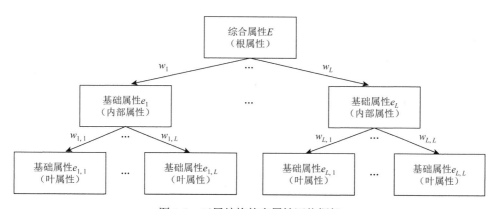

图 1-2　三层结构的多属性评价框架

对于如图 1-2 所示的三层结构评价框架,其实际上可以等同于一个树形结构,为此,傅仰耿等[23]提出了面向复杂评价框架的 ER 方法,其中复杂评价框架是指具有三层及以上层数的评价框架,其定义如下。

定义 1-15(复杂评价框架) 设复杂评价框架中至少具有三层结构,其中顶层的综合属性称为根属性;底层的基础属性称为叶属性;其余的基础属性称为内部属性,每个基础属性都具有各自的属性权重。

在复杂评价框架中应用 ER 方法时,主要包含两种证据合成算法:第一种是自底向上逐层融合置信分布的证据合成算法,具体步骤如下。

(1)初始化复杂评价框架,选取根属性作为被遍历对象。

(2)逐个遍历当前对象所关联的基础属性。

(3)判断当前被遍历的基础属性是否为叶属性,若其为叶属性,则作为待合成属性,执行步骤(4);若其为内部属性,则执行步骤(2)。

(4)判断待合成属性所在内部属性是否均已被遍历,若未完成遍历,则遍历剩余基础属性,执行步骤(3);若完成遍历,则利用 ER 的迭代算法或解析算法将所有叶属性进行合成,以生成内部属性的置信分布,并将该内部属性标记为叶属性,以及回溯到其关联的属性,其中,若关联的属性为内部属性,则继续执行步骤(4);若关联的属性为根属性,则合成算法结束。

对于上述自底向上逐层融合置信分布的证据合成算法,其具有如下特点。

(1)算法步骤采用自顶向下分析和自底向上合成的流程,不断地遍历叶属性并将内部属性转换为叶属性。

(2)在算法自底向上合成的过程中,每层的内部属性都会转换为叶属性,而这转换的过程实质上是置信分布和 BPM 相互转换的过程。

复杂评价框架中应用 ER 方法的第二种算法是自底向上逐层融合属性权重的证据合成算法,具体步骤如下。

(1)初始化复杂评价框架,选取根属性作为被遍历对象。

(2)逐个遍历当前对象所关联的基础属性。

(3)根据当前被遍历基础属性的属性权重,判断当前被遍历的基础属性是否为叶属性,若其为叶属性,则将其作为待合成属性,执行步骤(4);若其为内部属性,则执行步骤(2)。

(4)判断待合成属性所在内部属性是否均已被遍历,若未完成遍历,则遍历剩余基础属性,执行步骤(3);若完成遍历,则利用 ER 的迭代算法或解析算法将所有叶属性及其对应的新属性权重进行合成,以生成根属性的置信分布。

对于上述自底向上逐层融合属性权重的证据合成算法,其具有如下特点。

(1)算法的核心思路是将复杂评价框架简化为两层评价框架,再运用 ER 方法将所有叶属性的置信分布合并成根属性的置信分布。

（2）在计算根属性的置信分布时，通过权重更新操作使内部属性的置信分布不再参与证据合成过程，因此参与证据合成的基本属性数量仅为叶属性数量。

在自底向上逐层融合属性权重的证据合成算法中，叶属性的属性权重更新方法定义如下。

定义 1-16（属性权重更新策略）[23]　在一个复杂评价框架中，若第 i 层中第 j 个基础属性的属性权重表示为 $w_j^i = w(i, j)$，则叶属性的属性权重要根据其到根属性所经过路径上的属性权重经累乘计算获得，具体计算公式为

$$\bar{w}_j^i = \prod_{k=0}^{i} w_{f_j(k)}^k = \prod_{k=0}^{i} w(k, f_j(k)) \tag{1-64}$$

式中，$f_j(0) = 1$ 和 $f_j(i) = j$，且对于任意连续的两个层次，第 $f_j(k + 1)$ 个基础属性为第 $f_j(k)$ 个基础属性的关联属性。由式（1-64）可以进一步推得，从第 i–1 层到第 i 层的属性权重更新公式为

$$\bar{w}_j^i = w_j^i \prod_{k=0}^{i-1} w_{f_j(k)}^k = w_j^i \bar{w}_{f_j(i-1)}^{i-1} \tag{1-65}$$

对于同一个复杂评价框架，可以使用不同的证据合成算法进行求解，而算法复杂度是决策者在选择算法时的主要依据，也是评价算法优劣的主要标准。为此，下面通过控制单一变量的方式，将复杂评价框架分成多层次、多叶属性和随机的三种类型，并对比分析两种证据合成算法的时间复杂度。

下面针对多层次的复杂评价框架，构建一棵高度为 H 的满 k 叉树复杂评价框架，假设该评价框架所用的评价等级数量为 N，节点个数为 T。用自底向上逐层融合置信分布的证据合成算法时，由算法中遍历的特点可知，需合成计算后才能得到置信分布的基础属性数量 X 为

$$\begin{cases} X = 1 + k + k^2 + \cdots + k^{H-1} \\ T = 1 + k + k^2 + \cdots + k^H \end{cases} \Rightarrow X = (T - 1) / k \tag{1-66}$$

由 ER 的解析算法可知，对 X 个基础属性进行合成的时间复杂度为 $O(NX)$，所以合成多层次的复杂评价框架中所有基础属性的时间复杂度为 $O(NT)$。

对于自底向上逐层融合属性权重的证据合成算法，首先要遍历一次评价框架来更新叶属性的权重，该部分的时间复杂度与评价框架的基础属性数量相关，而评价框架中总的基础属性数量为 T，可知遍历评价框架的时间复杂度为 $O(T)$；评价框架中叶属性总数量为 $T–X$，则利用 ER 的解析算法的时间复杂度为 $O(N(T–X))$；所以由上述两部分复杂度累加得到时间复杂度为 $O(NT)$。综上可知，两种自底向上的合成算法在多层次复杂评价框架中的渐进复杂度是一致的。

为了具体化两种不同方式的时间复杂度，将 k 叉树形结构的评价框架弱化为二叉树形结构的评价框架，评价等级的数量为 9。随着评价框架高度的递增，统计两种合成方式所需的时间，其中每组统计时间均采用对测试数据重复计算 100 次后求均值的方式获取。如图 1-3 所示，随着树高的增加，自底向上逐层融合置信分布的证据合成算法所用的时间呈现出明显的递增趋势，而自底向上逐层融合属性权重的证据合成算法所用时间的增长趋势则较缓慢；当树高较小时，两种证据合成算法的合成时间没有明显的区别且均能快速地合成所有的属性；随着树高的进一步增加，两者所用时间的差距增大，自底向上逐层融合属性权重的证据合成算法使用时间小于自底向上逐层融合置信分布的证据合成算法，当树高为 10 时，自底向上逐层融合置信分布的证据合成算法的使用时间大约比自底向上逐层融合属性权重的证据合成算法多使用了 0.7s。由上述分析可知，自底向上逐层融合属性权重的证据合成算法的合成性能优于自底向上逐层融合置信分布的证据合成算法。

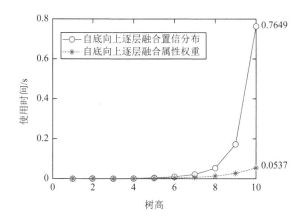

图 1-3　多层次复杂评价框架中的统计时间对比

针对多叶属性的复杂评价框架，构建一棵三层结构的评价框架，如图 1-4 所示，在该评价框架中各个属性的评价等级均一致且等级数量为 N。

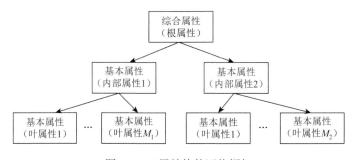

图 1-4　三层结构的评价框架

对于自底向上逐层融合置信分布的证据合成算法，需要应用三次 ER 的解析算法合成非叶属性的置信分布，这三次的时间复杂度分别为 $O(NM_1)$、$O(NM_2)$ 及 $O(N)$，由于评价框架中的层级数量较少，所以总的时间复杂度为 $O(N(M_1 + M_2))$。

对于自底向上逐层融合属性权重的证据合成算法，首先遍历评价框架的时间复杂度为 $O(M_1 + M_2)$，然后一次合成 $M_1 + M_2$ 个叶属性的时间复杂度为 $O(N(M_1 + M_2))$，所以总的时间复杂度也为 $O(N(M_1 + M_2))$。

为了更好地对比两种证据合成算法的时间复杂度，假设图 1-4 所示的评价框架的初始状态为 $M_1 = M_2 = M = 1$，评价等级的数量为 2，随后依次递增叶属性的数量，递增时两个内部属性的叶属性数量保持相同。为了确保实验结果的非偶然性，每组实验数据均采用对测试数据重复计算 100 次并求均值的方式获取。如图 1-5 所示，当叶属性数量为 3000 时，两种证据合成算法所用的时间几乎相等，大约耗时 0.226s；当叶属性数量少于 3000 时，自底向上逐层融合置信分布的证据合成算法优于自底向上逐层融合属性权重的证据合成算法，但两种证据合成算法的使用时间差距不大；当叶属性数量大于 3000 时，自底向上逐层融合属性权重的证据合成算法逐渐显示出更省时的特点，其中当叶属性数量为 10 000 时，自底向上逐层融合置信分布的证据合成算法合成的使用时间大约比自底向上逐层融合属性权重的证据合成算法多 0.7s。

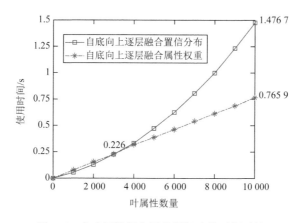

图 1-5　多叶属性复杂评价框架中的时间对比

在实际决策问题中，由于需要考虑的因素多且复杂，因此对随机的复杂评价框架展开分析。假设构建一个高度为 5 的评价框架，评价等级的数量为 9，规定评价框架中各个内部属性的分支数最少为 1，并在指定的最大分支数中随机构建评价框架。随着各个属性的最大分支数递增，统计两种合成算法所需的时间，如图 1-6 所示，两种证据合成算法在合成随机的评价框架中表现的相关特性与在合成复杂评价框架中表现的特性相似，整体表现出自底向上逐层融合置信分布的证据合成算法劣于自底向上逐层融合属性权重的证据合成算法，当最大分支数为 10 时，前者的使用时间大约是后者的 5 倍。

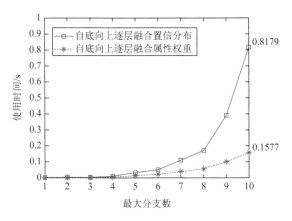

图 1-6　随机复杂评价框架中的时间对比

为了对比两种合成算法的准确性，以鸢尾花分类问题为例，其中鸢尾花的类型由花瓣和花萼两个内部属性决定，且它们的重要性（属性权重）分别为 0.35 和 0.65，而花瓣和花萼又分别包含长度和宽度相关的叶属性，包括：花瓣长度（属性权重为 0.5）、花瓣宽度（属性权重为 0.5）、花萼长度（属性权重为 0.4）和花萼宽度（属性权重为 0.6），如图 1-7 所示。

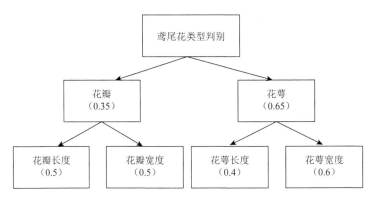

图 1-7　鸢尾花类型判别的复杂评价框架

评价框架中各个属性的评价等级所组成的识别框架为 $H = \{H_1, H_2, H_3\}$ = {山鸢尾，变色鸢尾，维吉尼亚鸢尾}。同时，在鸢尾花分类的算例中，有三组不同的鸢尾花方案，它们在四个叶属性上的置信分布如表 1-4 所示。

表 1-4 叶属性的置信分布

属性 方案		花瓣长度（0.5）	花瓣宽度（0.5）	花萼长度（0.4）	花萼宽度（0.6）
	H_1	0.0	0.0	0.0380	0.0
方案 S_1	H_2	0.0167	0.0021	0.2130	0.0044
	H_3	0.9833	0.9979	0.7490	0.9956
	H_1	0.0	0.0	0.0431	0.0
方案 S_2	H_2	0.0018	0.0	0.0023	0.0971
	H_3	0.9982	1.0	0.9546	0.8776
	H_1	0.0	0.0	0.0061	0.0
方案 S_3	H_2	0.0085	0.0	0.0172	0.4618
	H_3	0.9915	1.0	0.9767	0.5092

在对三个方案进行鸢尾花类型判别时，为了体现两种合成算法在处理多属性决策问题时的差异性，对于自底向上融合属性权重的证据合成算法，将合成过程分成两个步骤：①应用权重更新算法，更新评价框架中叶属性的权重，并利用更新权重后的叶属性及根属性建立一个两层评价结构；②应用 ER 的解析算法合成两层评价框架中的叶属性。对于自底向上融合置信分布的证据合成算法，直接使用 ER 的解析算法自底向上合成。最后再比较两种证据合成算法计算所得的置信分布。

首先，由定义 1-16 可得评价框架中各个叶属性更新后的权重为

$$\bar{w}(花瓣长度) = w(花瓣长度) \times w(花瓣) = 0.5 \times 0.35 = 0.175 \tag{1-67}$$

$$\bar{w}(花瓣宽度) = w(花瓣宽度) \times w(花瓣) = 0.5 \times 0.35 = 0.175 \tag{1-68}$$

$$\bar{w}(花萼长度) = w(花萼长度) \times w(花萼) = 0.4 \times 0.65 = 0.26 \tag{1-69}$$

$$\bar{w}(花萼宽度) = w(花萼宽度) \times w(花萼) = 0.6 \times 0.65 = 0.39 \tag{1-70}$$

由于自底向上融合属性权重的证据合成算法只与叶属性相关，通过预处理叶属性权重可将三层评价框架化简成两层评价框架，如图 1-8 所示。

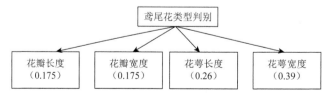

图 1-8 鸢尾花类型判别的两层评价框架

根据化简后的评价框架，代入各个候选方案的置信分布，再使用 ER 的解析算法可求解得出根属性的置信分布。对于自底向上融合置信分布的证据合成算法，

同样利用 ER 的解析算法对图 1-7 中的评价框架进行合成，并求得根属性的置信分布。两种证据合成算法的合成结果如表 1-5 所示。

表 1-5　两种证据合成算法的合成结果

置信度 方案		自底向上融合置信分布 根属性置信分布	自底向上融合属性权重 根属性置信分布
方案 S_1	H_1	0.0048	0.0063
	H_2	0.0297	0.0387
	H_3	0.9654	0.9550
方案 S_2	H_1	0.0055	0.0071
	H_2	0.0272	0.0292
	H_3	0.9604	0.9563
方案 S_3	H_1	0.0009	0.0011
	H_2	0.1573	0.1562
	H_3	0.8322	0.8332

由表 1-5 可知，两种证据合成方式计算所得的根属性置信分布大致相同。实例分析的结果验证了两种证据合成方式在处理同一多属性决策问题时所得到的结果是接近的，同时也说明了自底向上融合属性权重的证据合成算法的有效性。

参 考 文 献

[1] Yang J B, Liu J, Wang J, et al. Belief rule-base inference methodology using the evidential reasoning approach-RIMER[J]. IEEE Transactions on Systems, Man, and Cybernetics-Part A: Systems and Humans, 2006, 36 (2) : 266-285.

[2] Dempster A P. Upper and lower probabilities induced by a multivalued mapping[J]. The Annals of Mathematical Statistics, 1967, 38 (2) : 325-339.

[3] Shafer G. A mathematical Theory of Evidence[M]. Princeton: Princeton University Press, 1976.

[4] 周志杰, 唐帅文, 胡昌华, 等. 证据推理理论及其应用[J]. 自动化学报, 2021, 47 (5) : 970-984.

[5] 徐晓滨, 郑进, 徐冬玲, 等. 基于证据推理规则的信息融合故障诊断方法[J]. 控制理论与应用, 2015, 32 (9) : 1170-1182.

[6] 韩德强, 杨艺, 韩崇昭. DS 证据理论研究进展及相关问题探讨[J]. 控制与决策, 2014, 29 (1) : 1-11.

[7] Fu C, Xu C, Xue M, et al. Data-driven decision making based on evidential reasoning approach and machine learning algorithms[J]. Applied Soft Computing, 2021, 110: 107622.

[8] Chen S Q, Wang Y M, Shi H L, et al. Evidential reasoning with discrete belief structures[J]. Information Fusion, 2018, 41: 91-104.

[9] Markelle K, Rachel L, Kolby N. The UCI machine learning repository[EB/OL]. [2024-03-29]. https://archive.ics.uci.edu.

[10] 周光中. 基于 D-S 证据理论的科学基金立项评估问题研究[D]. 合肥: 合肥工业大学, 2009.

[11]　蒋雯, 邓鑫洋. D-S 证据理论信息建模与应用[M]. 北京: 科学出版社, 2018.

[12]　Zadeh L. Review of mathematical theory of evidence by Glenn Shafer[J]. AI Magazine, 1984, 5 (3) : 81-83.

[13]　Zadeh L. A simple view of the Dempster-Shafer theory of evidence and its implication for the rule of combination[J]. AI Magazine, 1986, 7 (2) : 85-90.

[14]　Zadeh L. On the Validity of Dempster's Rule of Combination of Evidence[M]. Berkeley: University of California, 1979.

[15]　汤潮, 蒋雯, 陈运东, 等. 新不确定度量下的冲突证据融合[J]. 系统工程理论与实践, 2015, 35 (9) : 2394-2400.

[16]　Yager R R. On the Dempster-Shafer framework and new combination rules[J].Information Sciences, 1987, 41 (2) : 93-137.

[17]　Dubois D, Prade H. Representation and combination of uncertainty with belief functions and possibility measures[J]. Computational Intelligence, 1988, 4 (3) : 244-264.

[18]　Smarandache F, Dezert J. Advances and Applications of DSmT for Information Fusion[M]. Champaign: American Research Press, 2015.

[19]　陈一雷, 王俊杰. 一种 D-S 证据推理的改进方法[J]. 系统仿真学报, 2004, 16 (1) : 28-30.

[20]　王小艺, 刘载文, 侯朝桢, 等. 一种基于最优权重分配的 D-S 改进算法[J]. 系统工程理论与实践, 2006, 26 (11) : 103-107.

[21]　Yang J B, Xu D L. On the evidential reasoning algorithm for multiple attribute decision analysis under uncertainty[J]. IEEE Transactions on Systems, Man, and Cybernetics-Part A: Systems and Humans, 2002, 32 (3) : 289-304.

[22]　Wang Y M, Yang J B, Xu D L. Environmental impact assessment using the evidential reasoning approach[J]. European Journal of Operational Research, 2006, 174 (3) : 1885-1913.

[23]　傅仰耿, 杨隆浩, 吴英杰. 面向复杂评价模型的证据推理方法[J]. 模式识别与人工智能, 2014, 27 (4) : 313-326.

第2章 置信规则库推理模型的常见类型

2.1 概　述

　　BRB 推理模型[1]的核心部件包括：BRB 和基于 BRB 的规则推理方法。前者为存储信息和知识的规则库；后者则根据具体问题对 BRB 中的规则进行激活和合成，以生成相应问题的推理结果。在 BRB 推理模型的发展历程中，经历了两次比较重要的模型完善：第一次是英国阿尔斯特大学的 Liu 等[2]在 2013 年扩展了 BRB 的规则表示和推理，使得在建模过程中降低了对数据规模和维度的要求；第二次是国内的 Chang 等[3]在 2016 年完善了 BRB 在高维度数据情形中的规则表示和规则激活。图 2-1 给出了 BRB 推理模型的基本框架，包括 BRB 的构建方法、BRB 和基于 BRB 的规则推理方法，而依据上述发展历程可以将 BRB 分成：CBRB，即 BRB 中前提属性之间逻辑关系为交集假设；DBRB，即 BRB 中前提属性之间逻辑关系为并集假设；EBRB，即经 Liu 等[2]对 BRB 推理模型扩展后的BRB。为了更好地理解 BRB 推理模型，本章将重点介绍不同 BRB 推理模型所涉及的核心部件。

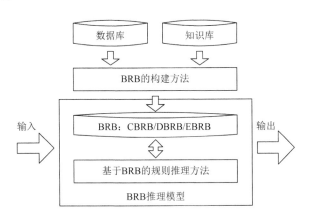

图 2-1　BRB 推理模型的基本框架

2.2　类型一：CBRB 推理模型

　　CBRB 是 BRB 推理模型中应用最为广泛的，由一系列前提属性间为交集逻辑关系的置信规则组成。相比于传统的 IF-THEN 规则，CBRB 中的置信规则不仅在 THEN 部分嵌入了置信分布，还增加了权重，进而提升了置信规则库表示数据中不确定性信息的能力。本节以 CBRB 作为核心，将主要介绍 CBRB 的表示与构建、基于 CBRB 的规则推理方法以及 CBRB 推理模型的示例。

2.2.1　CBRB 的表示与构建

为了说明 CBRB 的表示形式，假定有 M 个前提属性 $U_i(i=1,2,\cdots,M)$ 和 1 个结果属性 D，其中每个前提属性有 J_i 个候选等级 $A_{i,j}(j=1,2,\cdots,J_i)$，结果属性有 N 个结果等级 $D_n(n=1,2,\cdots,N)$。据此，CBRB 中第 $k(k=1,2,\cdots,L)$ 条置信规则表示如下：

$$R_k: \text{IF } U_1 \text{ is } A_1^k \wedge \cdots \wedge U_M \text{ is } A_M^k, \text{THEN } D \text{ is } \left\{ (D_n, \beta_n^k); n=1,2,\cdots,N \right\}$$

（2-1）

式中，A_i^k 表示第 k 条规则中与第 i 个前提属性相关的候选等级，即 $A_i^k\{A_{i,j}; j=1,2,\cdots,J_i\}$；$\left\{ (D_n, \beta_n^k); n=1,2,\cdots,N \right\}$ 表示在结果属性上的置信框架，其中 β_n^k 表示第 k 条规则在第 n 个结果等级上的置信度，当第 k 条规则在结果属性上的信息完整时，$\sum_{n=1}^{N}\beta_n^k=1$；否则，$\sum_{n=1}^{N}\beta_n^k<1$；此外，以 θ_k 表示第 k 条规则的规则权重，δ_i 表示第 i 个前提属性的属性权重。

下面以文献[4]为例介绍构建 CBRB 的主要步骤，其中图 2-2 为构建 CBRB 的基本流程。

（1）生成 CBRB 的所有置信规则。利用专家知识确定所有前提属性 $U_i(i=1,2,\cdots,M)$ 及其所有候选等级 $A_{i,j}(j=1,2,\cdots,J_i)$、结果属性 D 及其所有结果等级 $D_n(n=1,2,\cdots,N)$。通过组合遍历所有前提属性中每个候选等级构建式（2-1）所示的置信规则，其中由此构建的规则数量为 $\prod_{i=1}^{M}J_i$。

（2）初始化 CBRB 的参数取值。根据专家知识初始化候选等级 $A_{i,j}$ 的效用值 $u(A_{i,j})$、结果等级 D_n 的效用值 $u(D_n)$、前提属性的属性权重 $\delta_i(i=1,2,\cdots,M)$、置信规则的规则权重 $\theta_k(k=1,2,\cdots,L)$ 和结果属性中的置信度 $\beta_n^k(n=1,2,\cdots,N)$。

（3）训练 CBRB 的参数取值。首先，针对决策问题收集 T 个训练数据 $<x_t, y_t>(t=1,2,\cdots,T)$，其中 x_t 表示第 t 个输入值向量，以及 $x_t=(x_{t,1},\cdots,x_{t,M})$；$y_t$ 表示第 t 个输出值；然后，通过式（2-2）所示的参数学习模型训练 CBRB 的参数取值。

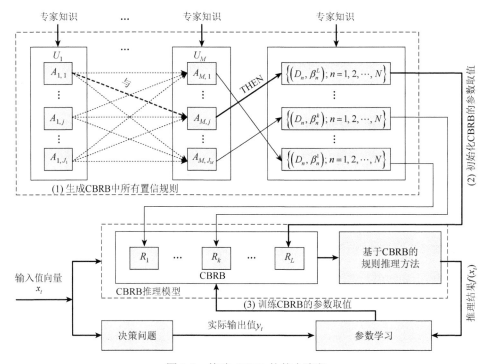

图 2-2　构建 CBRB 的基本流程

$$\min \sum_{t=1}^{T} (f(x_t) - y_t)^2$$

$$\text{s.t.} \sum_{n=1}^{N} \beta_n^k = 1, \quad k = 1, 2, \cdots, L$$

$$0 \leqslant \beta_n^k \leqslant 1, \quad n = 1, 2, \cdots, N; k = 1, 2, \cdots, L$$ 　　　　（2-2）

$$0 \leqslant \theta_k, \delta_i \leqslant 1, \quad k = 1, 2, \cdots, L; i = 1, 2, \cdots, M$$

$$u(A_{i,j}) - u(A_{i,j+1}) \leqslant V_i, \quad i = 1, 2, \cdots, M; j = 1, 2, \cdots, J_i - 1$$

$$u(A_{i,1}) = \text{lb}_i, \quad u(A_{i,J_i}) = \text{ub}_i, \quad i = 1, 2, \cdots, M$$

式中，$f(x_t)$ 为 CBRB 推理模型的推理结果，具体参见 2.2.2 节；V_i 为第 i 个前提属性中相邻候选等级的最小效用值间距；lb_i 和 ub_i 为第 i 个前提属性取值的下界和上界。

2.2.2　基于 CBRB 的规则推理方法

基于 CBRB 的规则推理方法是 BRB 推理模型的推理机，其基本原理为：依据给定决策问题的输入值激活 BRB 中的规则，再利用 ER 方法合成相应的推理结果。本节主要介绍 CBRB 下基于 ER 的规则推理方法，具体有如下三个步骤。

（1）计算个体匹配度。假设决策问题的输入值向量为 $x = (x_1, \cdots, x_M)$，通过基于效用的信息转换技术[5]，可以将输入值向量中每个输入值转换为分布式的表示形式：

$$S(x_i) = \{(A_{i,j}, \alpha_{i,j}); j = 1, 2, \cdots, J_i\} \tag{2-3}$$

式中

$$\alpha_{i,j} = \frac{u(A_{i,j+1}) - x_i}{u(A_{i,j+1}) - u(A_{i,j})} \text{ 且 } \alpha_{i,j+1} = 1 - \alpha_{i,j}, \quad u(A_{i,j}) \leqslant x_i \leqslant u(A_{i,j+1}) \tag{2-4}$$

$$\alpha_{i,t} = 0, \quad t = 1, 2, \cdots, J_i \text{ 且 } t \neq j, j+1 \tag{2-5}$$

由此，第 k 条交集置信规则中第 i 个前提属性的个体匹配度计算公式为

$$S^k(x_i, U_i) = \alpha_{i,j}, \quad A_i^k = A_{i,j} \tag{2-6}$$

（2）计算激活权重。根据个体匹配度 $S^k(x_i, U_i)$、规则权重 θ_k 和前提属性权重 δ_i，第 k 条交集置信规则的激活权重计算公式为

$$w_k = \frac{\theta_k \prod\limits_{i=1}^{M} \left(S^k(x_i, U_i) \right)^{\overline{\delta_i}}}{\sum\limits_{l=1}^{L} \left(\theta_l \prod\limits_{i=1}^{M} \left(S^l(x_i, U_i) \right)^{\overline{\delta_i}} \right)}, \quad \overline{\delta_i} = \frac{\delta_i}{\max\limits_{j=1,2,\cdots,M} \{\delta_j\}} \tag{2-7}$$

根据激活权重的大小确定当前规则是否需要被激活，即 $w_k > 0$ 时表示第 k 条交集置信规则为激活规则。

（3）合成激活规则。利用 ER 方法的解析公式[6]将所有激活规则中结果属性的置信分布合成新的置信分布，其中第 n 个结果等级 D_n 上置信度合成公式如下：

$$\beta_n = \frac{\prod\limits_{k=1}^{L} \left(w_k \beta_n^k + 1 - w_k \sum\limits_{i=1}^{N} \beta_i^k \right) - \prod\limits_{k=1}^{L} \left(1 - w_k \sum\limits_{i=1}^{N} \beta_i^k \right)}{\sum\limits_{i=1}^{N} \prod\limits_{i=1}^{N} \left(w_k \beta_i^k + 1 - w_k \sum\limits_{j=1}^{N} \beta_j^k \right) - (N-1) \prod\limits_{k=1}^{L} \left(1 - w_k \sum\limits_{j=1}^{N} \beta_j^k \right) - \prod\limits_{k=1}^{L} (1 - w_k)}$$

$$\tag{2-8}$$

当决策问题为回归问题时，假定 $u(D_n)$ 是第 $n(n = 1, 2, \cdots, N)$ 个结果等级 D_n 的效用值，则 CBRB 推理模型的推理结果为

$$f(x) = \sum_{i=1}^{N} (u(D_i)\beta_i) + \frac{u(D_1) + u(D_N)}{2} \left(1 - \sum_{i=1}^{N} \beta_i \right) \tag{2-9}$$

当决策问题为分类问题时，假定结果等级 D_n 是第 $n(n = 1, 2, \cdots, N)$ 个分类，则 CBRB 推理模型的推理结果为

$$f(x) = D_n, \quad n = \arg\max_{i=1,2,\cdots,N} \{\beta_i\} \tag{2-10}$$

2.2.3　CBRB 推理模型的示例

以鸢尾花分类问题[7]为例介绍 CBRB 推理模型，鸢尾花的类型通常由四个特征共同确定，这四个特征分别是花萼长度、花萼宽度、花瓣长度和花瓣宽度。同时，在鸢尾花分类问题中，总共收集了 150 个与鸢尾花类别相关的数据，这些数据的信息统计如表 2-1 所示。

表 2-1　鸢尾花类别的数据基本信息

名称	数据类型	数据信息
花萼长度	数值型	最小值：4.30；最大值：7.90
花萼宽度	数值型	最小值：2.00；最大值：4.40
花瓣长度	数值型	最小值：1.00；最大值：6.90
花瓣宽度	数值型	最小值：0.10；最大值：2.50
鸢尾花类别	标签型	标签集{山鸢尾，变色鸢尾，维吉尼亚鸢尾}

在构建 CBRB 时，将表 2-1 中的四个特征作为四个前提属性$\{U_1, U_2, U_3, U_4\}$ = {花萼长度，花萼宽度，花瓣长度，花瓣宽度}，并设定每个前提属性具有三个候选等级$\{A_{i,j}; j = 1, 2, 3\}$ = {小，中，大}（i = 1，2，3，4），其中每个候选等级所对应的效用值如表 2-2 所示；此外，将鸢尾花类别作为 CBRB 的结果属性，D = 鸢尾花类别，并设定结果属性具有三个结果等级：$\{D_1, D_2, D_3\}$ = {山鸢尾，变色鸢尾，维吉尼亚鸢尾}。根据 2.2.1 节中所介绍的 CBRB 的构建步骤，具体的建模过程如下。

表 2-2　专家给定的前提属性权重和效用值

名称	类型	简记	属性权重	$u(A_{i,1})$	$u(A_{i,2})$	$u(A_{i,3})$
花萼长度	前提属性	U_1	0.1760	4.30	6.41	7.90
花萼宽度	前提属性	U_2	0.3258	2.00	3.23	4.40
花瓣长度	前提属性	U_3	0.0214	1.00	4.63	6.90
花瓣宽度	前提属性	U_4	0.3001	0.10	0.75	2.50

首先，由于每个前提属性均含有 3 个候选等级，则共计可以构建$3\times3\times3\times3 = 81$ 条置信规则，并通过专家知识对这 81 条置信规则中所包含参数

的取值进行初始化，具体的置信规则参见附录 A 中的表 A-1。由于专家知识往往受限于专家自身知识不足或仅对特定领域有较好的认识等问题，因此由专家初始化的置信规则通常无法保证 CBRB 推理模型具有理想的准确性。为此，需要根据 2.2.1 节中的参数学习模型优化置信规则中的参数取值，其中将 150 个鸢尾花类别数据集分成两组，分别为包含 120 个数据的训练数据集 $<x_t^{\text{tra}}, y_t^{\text{tra}}> \ (t = 1, 2, \cdots, 120)$ 和包含 30 个数据的测试数据集 $<x_t^{\text{tst}}, y_t^{\text{tst}}> \ (t = 1, 2, \cdots, 30)$，其中 $x_t^{\text{tra}} = \left(x_{t,1}^{\text{tra}}, x_{t,2}^{\text{tra}}, x_{t,3}^{\text{tra}}, x_{t,4}^{\text{tra}}\right)$，$x_t^{\text{tst}} = \left(x_{t,1}^{\text{tst}}, x_{t,2}^{\text{tst}}, x_{t,3}^{\text{tst}}, x_{t,4}^{\text{tst}}\right)$。相应的参数学习模型如下：

$$\min \sum_{t=1}^{120} \left(f\left(x_t^{\text{tra}}\right) - y_t^{\text{tra}}\right)^2$$

$$\begin{aligned}
\text{s.t.} \ & \sum_{n=1}^{3} \beta_n^k = 1, \quad k = 1, 2, \cdots, 81 \\
& 0 \leqslant \beta_n^k \leqslant 1, \quad n = 1, 2, 3; \ k = 1, 2, \cdots, 81 \\
& 0 \leqslant \theta_k, \delta_i \leqslant 1, \quad k = 1, 2, \cdots, 81; \ i = 1, 2, 3, 4 \\
& u(A_{i,j}) - u(A_{i,j+1}) \leqslant 0, \quad i = 1, 2, 3, 4; \ j = 1, 2 \qquad (2\text{-}11) \\
& u(A_{1,1}) = 4.30, \quad u(A_{1,3}) = 7.90 \\
& u(A_{2,1}) = 2.00, \quad u(A_{2,3}) = 4.40 \\
& u(A_{3,1}) = 1.00, \quad u(A_{3,3}) = 6.90 \\
& u(A_{4,1}) = 0.10, \quad u(A_{4,3}) = 2.50
\end{aligned}$$

　　然后，经参数学习后，四个前提属性中所对应的效用值如表 2-3 所示，以及 81 条置信规则中的参数取值如附录 A 中的表 A-2 所示。

表 2-3　参数学习后的前提属性权重和效用值（一）

名称	类型	简记	属性权重	$u(A_{i,1})$	$u(A_{i,2})$	$u(A_{i,3})$
花萼长度	前提属性	U_1	0.2855	4.30	5.61	7.90
花萼宽度	前提属性	U_2	0.2651	2.00	2.89	4.40
花瓣长度	前提属性	U_3	0.8000	1.00	4.48	6.90
花瓣宽度	前提属性	U_4	0.4473	0.10	1.02	2.50

　　当任意给定一个数据时，CBRB 推理模型便可依据 2.2.2 节中的规则推理方法生成相应的推理结果。假设测试数据集中的一个输入数据为 $x_t^{\text{tst}} = \left(x_{t,1}^{\text{tst}}, x_{t,2}^{\text{tst}}, x_{t,3}^{\text{tst}}, x_{t,4}^{\text{tst}}\right) = (4.6, 3.4, 1.4, 0.3)$，相应的推理过程如下。

　　首先，根据表 2-3 中的效用值和 2.2.2 节中的式（2-3）~式（2-5）可计算得出置信分布，以 $x_{t,1}^{\text{tst}} = 4.6$ 为例介绍置信分布的计算过程：

$$\alpha_{1,1}^t = \frac{u(A_{1,2}) - x_{t,1}^{\text{tst}}}{u(A_{1,2}) - u(A_{1,1})} = \frac{5.61 - 4.6}{5.61 - 4.30} \approx 0.7710, \quad \alpha_{1,2}^t = 1 - \alpha_{1,1}^t = 0.2290, \quad \alpha_{1,3}^t = 0$$

$$(2\text{-}12)$$

类似地，可计算得出 x_t^{tst} 的四个置信分布，如表 2-4 所示。

表 2-4　前提属性的置信分布（一）

名称	类型	简记	输入值	置信分布		
				$A_{i,1}$	$A_{i,2}$	$A_{i,3}$
花萼长度	前提属性	U_1	4.6	0.7710	0.2290	0
花萼宽度	前提属性	U_2	3.4	0	0.6623	0.3377
花瓣长度	前提属性	U_3	1.4	0.8851	0.1149	0
花瓣宽度	前提属性	U_4	0.3	0.7826	0.2174	0

然后，根据表 2-4 中每个前提属性的置信分布和 2.2.2 节中的式（2-6）和式（2-7）可知，附录 A 中表 A-2 所示的 16 条置信规则会被激活并用于生成输入数据 x_t^{tst} 的推理结果，其中规则激活情况如表 2-5 所示。

表 2-5　置信规则的个体匹配度激活权重

规则编号（R_k）	规则权重	个体匹配度				激活权重
		$S^k\left(x_{t,1}^{\text{tst}}, U_1\right)$	$S^k\left(x_{t,2}^{\text{tst}}, U_2\right)$	$S^k\left(x_{t,3}^{\text{tst}}, U_3\right)$	$S^k\left(x_{t,4}^{\text{tst}}, U_4\right)$	
R_{10}	0.6532	0.7710	0.6623	0.8851	0.7826	0.2412
R_{11}	0.6501	0.7710	0.6623	0.8851	0.2174	0.1173
R_{13}	0.1931	0.7710	0.6623	0.1149	0.7826	0.0093
R_{14}	0.6093	0.7710	0.6623	0.1149	0.2174	0.0143
R_{19}	0.7700	0.7710	0.3377	0.8851	0.7826	0.2275
R_{20}	0.4701	0.7710	0.3377	0.8851	0.2174	0.0679
R_{23}	0.4286	0.7710	0.3377	0.1149	0.7826	0.0321
R_{24}	0.6312	0.7710	0.3377	0.1149	0.2174	0.0080
R_{37}	0.3117	0.2290	0.6623	0.8851	0.7826	0.0746
R_{38}	0.9488	0.2290	0.6623	0.8851	0.2174	0.1110
R_{40}	0.4251	0.2290	0.6623	0.1149	0.7826	0.0132
R_{41}	0.4887	0.2290	0.6623	0.1149	0.2174	0.0074
R_{46}	0.1461	0.2290	0.3377	0.8851	0.7826	0.0280
R_{47}	0.3087	0.2290	0.3377	0.8851	0.2174	0.0289
R_{49}	0.3277	0.2290	0.3377	0.1149	0.7826	0.0081
R_{50}	0.9302	0.2290	0.3377	0.1149	0.2174	0.0113

最后，根据表 2-5 中的激活权重、附录 A 中表 A-2 所对应规则的置信分布以及 2.2.2 节中的式（2-8）可算得合成的置信分布，即 $\{\,(D_1,\ 0.5452),\ (D_2,\ 0.1704),\ (D_3,\ 0.2844)\,\}$。由于 D_1 中具有最大的置信度，因此 x_t^{tst} 的推理结果 $f\left(x_t^{\mathrm{tst}}\right)$ 是山鸢尾。依据上述计算过程，可算出 30 个测试数据的推理结果，如图 2-3 所示，其中在纵轴中 1 表示 D_1，即山鸢尾；2 表示 D_2，即变色鸢尾；3 表示 D_3，即维吉尼亚鸢尾。

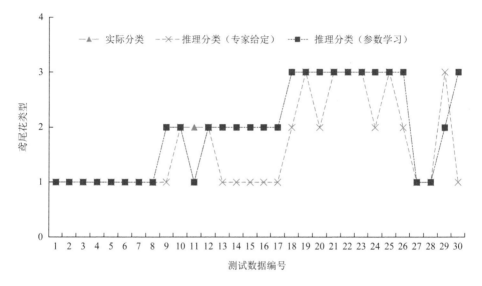

图 2-3　测试数据的推理结果（一）

由图 2-3 可知，当 CBRB 的参数取值由专家给定时，其推理所得的分类结果与实际分类存在一定的偏差；而经过参数学习优化 CBRB 中的参数取值后，其推理所得的分类结果与实际分类基本一致。

2.3　类型二：DBRB 推理模型

2.3.1　DBRB 的表示与构建

DBRB 与 CBRB 具有相似的规则表示，唯一的区别是：DBRB 是由一系列前提属性间逻辑关系为并集的置信规则组成的。据此，DBRB 中第 $k(k=1,2,\cdots,L)$ 条置信规则表示为

$$R_k:\mathrm{IF}\ U_1\ \mathrm{is}\ A_1^k\vee\cdots\vee U_M\ \mathrm{is}\ A_M^k,\ \mathrm{THEN}\ D\ \mathrm{is}\ \left\{\left(D_n,\beta_n^k\right);n=1,2,\cdots,N\right\} \quad (2\text{-}13)$$

式（2-13）中的参数含义与式（2-1）的参数含义相同，包括：A_i^k 表示第 k 条规则中与第 i 个前提属性相关的候选等级，即 $A_i^k \in \{A_{i,j}; j = 1, 2, \cdots, J_i\}$；$\left\{(D_n, \beta_n^k); n = 1, 2, \cdots, N\right\}$ 表示在结果属性上的置信分布，其中 β_n^k 表示第 k 条规则在第 n 个结果等级上的置信度，当第 k 条规则在结果属性上的信息完整时，$\sum_{n=1}^{N} \beta_n^k = 1$；否则，$\sum_{n=1}^{N} \beta_n^k < 1$；此外，以 θ_k 表示第 k 条规则的规则权重，δ_i 表示第 i 个前提属性的属性权重。

下面以文献[3]为例介绍构建 DBRB 的主要步骤，其中图 2-4 为构建 DBRB 的基本流程。

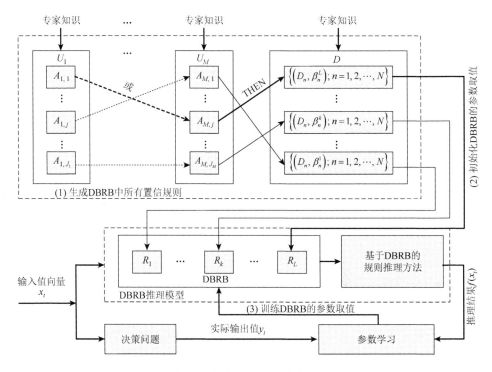

图 2-4　构建 DBRB 的基本流程

（1）生成 DBRB 的所有置信规则。利用专家知识确定所有前提属性 $U_i(i = 1, 2, \cdots, M)$ 及其所有候选等级 $A_{i,j}(j = 1, 2, \cdots, J_i)$、结果属性 D 及其所有结果等级 $D_n(n = 1, 2, \cdots, N)$ 和置信规则的数量 L，其中每个前提属性中候选等级的数量与置信规则的数量相同，即 $J_i = L(i = 1, 2, \cdots, M)$。通过为每条置信规则的每个前提属性分配一个候选等级，构建如式（2-13）所示的置信规则。

（2）初始化 DBRB 的参数取值。由专家知识初始化候选等级 $A_{i,j}$ 的效用值

$u(A_{i,j})$、结果等级 D_n 的效用值 $u(D_n)$、前提属性的属性权重 $\delta_i(i=1,2,\cdots,M)$、置信规则的规则权重 $\theta_k(k=1,2,\cdots,L)$ 和结果属性中的置信度 $\beta_n^k(n=1,2,\cdots,N)$。

（3）训练 DBRB 的参数取值。首先，针对决策问题收集 T 个训练数据 $<x_t,y_t>(t=1,2,\cdots,T)$，其中 x_t 表示第 t 个输入值向量，以及 $x_t=(x_{t,1},\cdots,x_{t,M})$；$y_t$ 表示第 t 个输出值；然后，通过式（2-14）所示的参数学习模型训练 DBRB 的参数取值。

$$\min \sum_{t=1}^{T}(f(x_t)-y_t)^2$$

$$\text{s.t.} \sum_{n=1}^{N}\beta_n^k=1, \quad k=1,2,\cdots,L$$

$$0\leqslant\beta_n^k\leqslant1, \quad n=1,2,\cdots,N; k=1,2,\cdots,L$$

$$0\leqslant\theta_k\leqslant1, \quad k=1,2,\cdots,L; i=1,2,\cdots,M \quad (2\text{-}14)$$

$$\text{lb}_i\leqslant u\left(A_i^k\right)\leqslant\text{ub}_i, \quad i=1,2,\cdots,M; k=1,2,\cdots,L$$

$$u\left(A_i^1\right)=\text{lb}_i, \quad u\left(A_i^L\right)=\text{ub}_i, \quad i=1,2,\cdots,M$$

式中，$f(x_t)$ 为 DBRB 推理模型的推理结果，具体参见 2.3.2 节；$u(A_i^k)$ 为第 k 条规则第 i 个前提属性的候选等级效用值；lb_i 和 ub_i 分别为第 i 个前提属性取值的下界和上界。

2.3.2　基于 DBRB 的规则推理方法

对于 DBRB，由于其与 CBRB 在规则表示上不尽相同，因此基于 ER 的规则推理方法也与 2.2.2 节中所介绍的规则推理方法存在部分差异。本节将围绕 DBRB 介绍规则推理方法，具体步骤如下。

（1）计算个体匹配度。假设决策问题的输入值向量为 $x=(x_1,\cdots,x_M)$，通过基于效用的信息转换技术[5]，可以将输入值向量中每个输入值转换为分布式的表示形式：

$$S(x_i)=\{(A_{i,j},\alpha_{i,j}); j=1,2,\cdots,J_i\} \quad (2\text{-}15)$$

式中

$$\alpha_{i,j}=\frac{u(A_{i,j+1})-x_i}{u(A_{i,j+1})-u(A_{i,j})} \text{ 且 } \alpha_{i,j+1}=1-\alpha_{i,j}, \quad u(A_{i,j})\leqslant x_i\leqslant u(A_{i,j+1}) \quad (2\text{-}16)$$

$$\alpha_{i,t}=0, \quad t=1,2,\cdots,J_i \text{ 且 } t\neq j, j+1 \quad (2\text{-}17)$$

由此，第 k 条并集置信规则中第 i 个前提属性的个体匹配度计算公式为

$$S^k(x_i,U_i)=\alpha_{i,j}, \quad A_i^k=A_{i,j} \quad (2\text{-}18)$$

（2）计算激活权重。根据个体匹配度 $S^k(x_i,U_i)$、规则权重 θ_k 和前提属性权重 δ_i，第 k 条并集置信规则的激活权重计算公式为

$$w_k = \frac{\theta_k \sum_{i=1}^{M}(S^k(x_i, U_i))^{\overline{\delta}_i}}{\sum_{l=1}^{L}\left(\theta_l \sum_{i=1}^{M}(S^l(x_i, U_i))^{\overline{\delta}_i}\right)}, \quad \overline{\delta}_i = \frac{\delta_i}{\max_{j=1,2,\cdots,M}\{\delta_j\}} \qquad (2\text{-}19)$$

根据激活权重的大小确定当前规则是否需要被激活，即 $w_k>0$ 时表示第 k 条并集置信规则为激活规则。

（3）合成激活规则。利用 ER 方法的解析公式[6]将所有激活规则中结果属性的置信分布合成新置信分布，其中第 n 个结果等级 D_n 上置信度合成公式如下：

$$\beta_n = \frac{\prod_{k=1}^{L}\left(w_k\beta_n^k + 1 - w_k\sum_{i=1}^{N}\beta_i^k\right) - \prod_{k=1}^{L}\left(1 - w_k\sum_{i=1}^{N}\beta_i^k\right)}{\sum_{i=1}^{N}\prod_{k=1}^{L}\left(w_k\beta_i^k + 1 - w_k\sum_{j=1}^{N}\beta_j^k\right) - (N-1)\prod_{k=1}^{L}\left(1 - w_k\sum_{j=1}^{N}\beta_j^k\right) - \prod_{k=1}^{L}(1-w_k)}$$

$$(2\text{-}20)$$

当决策问题为回归问题时，假定 $u(D_n)$ 是第 $n(n=1,2,\cdots,N)$ 个结果等级 D_n 的效用值，则 DBRB 推理模型的推理结果为

$$f(x) = \sum_{i=1}^{N}\left(u(D_i)\beta_i\right) + \frac{u(D_1)+u(D_N)}{2}\left(1 - \sum_{i=1}^{N}\beta_i\right) \qquad (2\text{-}21)$$

当决策问题为分类问题时，假定结果等级 D_n 是第 $n(n=1,2,\cdots,N)$ 个分类，则 DBRB 推理模型的推理结果为

$$f(x) = D_n, \quad n = \arg\max_{i=1,2,\cdots,N}\{\beta_i\} \qquad (2\text{-}22)$$

2.3.3　DBRB 推理模型的示例

为了与 CBRB 推理模型形成对比，本节沿用 2.2.3 节中鸢尾花分类问题的建模设定，包括：①鸢尾花的四个特征作为前提属性，即 $\{U_1, U_2, U_3, U_4\}$ = {花萼长度，花萼宽度，花瓣长度，花瓣宽度}；②每个前提属性设定三个候选等级，即 $\{A_{i,j}; j=1, 2, 3\}$ = {小，中，大}（i = 1，2，3，4）；③鸢尾花类别作为结果属性，即 D = 鸢尾花类别；④结果属性设定三个结果等级，即 $\{D_1, D_2, D_3\}$ = {山鸢尾，变色鸢尾，维吉尼亚鸢尾}；⑤由专家给定的效用值如 2.2.3 节中的表 2-2 所示；⑥150 个鸢尾花类别数据集分成训练数据集 $<x_t^{tra}, y_t^{tra}>$（t = 1,2,$\cdots$,120）和测试数据集 $<x_t^{tst}, y_t^{tst}>$（t = 1,2,$\cdots$,30），其中 $x_t^{tra} = \left(x_{t,1}^{tra}, x_{t,2}^{tra}, x_{t,3}^{tra}, x_{t,4}^{tra}\right)$，$x_t^{tst} = \left(x_{t,1}^{tst}, x_{t,2}^{tst}, x_{t,3}^{tst}, x_{t,4}^{tst}\right)$。

根据 2.3.1 节中所介绍的 DBRB 的构建步骤，具体建模过程如下。

首先，由于每个前提属性均含有 3 个评价等级，则共计可以构建 3 条置信规则，并通过专家知识对这 3 条置信规则中所包含参数的取值进行初始化，具体的置信规则如表 2-6 所示。

表 2-6　专家给定的 DBRB

规则编号	规则权重	前提属性				结果属性		
		U_1	U_2	U_3	U_4	D_1	D_2	D_3
R_1	0.2323	$A_{1,1}$	$A_{2,1}$	$A_{3,1}$	$A_{4,1}$	0.6786	0.2626	0.0588
R_2	0.5646	$A_{1,2}$	$A_{2,2}$	$A_{3,2}$	$A_{4,2}$	0.4146	0.4338	0.1516
R_3	0.5849	$A_{1,3}$	$A_{2,3}$	$A_{3,3}$	$A_{4,3}$	0.1398	0.2681	0.5921

然后，根据 2.3.1 节中所介绍的参数学习模型优化 DBRB 的参数取值，当有 120 个数据的训练集 $< x_t^{\text{tra}}, y_t^{\text{tra}} > (t=1,2,\cdots,120)$ 时，实例化后的参数学习模型如下：

$$\min \sum_{t=1}^{120} \left(f\left(x_t^{\text{tra}}\right) - y_t^{\text{tra}} \right)^2$$

$$\text{s.t.} \sum_{n=1}^{3} \beta_n^k = 1, \quad k=1,2,3$$

$$0 \leqslant \beta_n^k \leqslant 1, \quad n=1,2,3; k=1,2,3$$

$$0 \leqslant \theta_k, \delta_i \leqslant 1, \quad k=1,2,3; i=1,2,3,4$$

$$u(A_{i,j}) - u(A_{i,j+1}) \leqslant 0, \quad i=1,2,3,4; j=1,2 \qquad (2\text{-}23)$$

$$u(A_{1,1}) = 4.30, \quad u(A_{1,3}) = 7.90$$

$$u(A_{2,1}) = 2.00, \quad u(A_{2,3}) = 4.40$$

$$u(A_{3,1}) = 1.00, \quad u(A_{3,3}) = 6.90$$

$$u(A_{4,1}) = 0.10, \quad u(A_{4,3}) = 2.50$$

经参数学习后，四个前提属性中所对应的权重和效用值如表 2-7 所示，以及 3 条置信规则中的参数取值如表 2-8 所示。

表 2-7　参数学习后的前提属性权重和效用值（二）

名称	类型	简记	属性权重	$u(A_{i,1})$	$u(A_{i,2})$	$u(A_{i,3})$
花萼长度	前提属性	U_1	0.5290	4.30	6.71	7.90
花萼宽度	前提属性	U_2	0.4994	2.00	3.52	4.40
花瓣长度	前提属性	U_3	0.6596	1.00	4.71	6.90
花瓣宽度	前提属性	U_4	0.7608	0.10	1.22	2.50

表 2-8　参数学习后的 DBRB

规则编号	规则权重	前提属性				结果属性		
		U_1	U_2	U_3	U_4	D_1	D_2	D_3
R_1	0.2179	$A_{1,1}$	$A_{2,1}$	$A_{3,1}$	$A_{4,1}$	0.5985	0.1641	0.2374
R_2	0.2659	$A_{1,2}$	$A_{2,2}$	$A_{3,2}$	$A_{4,2}$	0.1114	0.4867	0.4019
R_3	0.6059	$A_{1,3}$	$A_{2,3}$	$A_{3,3}$	$A_{4,3}$	0.3169	0.2251	0.4580

当任意给定一个数据时，DBRB 推理模型便可依据 2.3.2 节中的规则推理方法生成相应的输出。假设测试数据集中的一个输入数据为 $x_t^{\text{tst}} = \left(x_{t,1}^{\text{tst}}, x_{t,2}^{\text{tst}}, x_{t,3}^{\text{tst}}, x_{t,4}^{\text{tst}} \right) = (4.6, 3.4, 1.4, 0.3)$，相应的推理过程如下。

首先，根据表 2-7 中的效用值和 2.3.2 节的式（2-16）和式（2-17）可算得置信分布，以 $x_{t,1}^{\text{tst}} = 4.6$ 为例介绍置信分布的计算过程：

$$\alpha_{1,1}^t = \frac{u(A_{1,2}) - x_{t,1}^{\text{tst}}}{u(A_{1,2}) - u(A_{1,1})} = \frac{6.71 - 4.6}{6.71 - 4.30} \approx 0.8755, \quad \alpha_{1,2}^t = 1 - \alpha_{1,1}^t = 0.1245, \quad \alpha_{1,3}^t = 0$$

（2-24）

类似地，可计算得到 x_t^{tst} 的四个置信分布，如表 2-9 所示。

表 2-9　前提属性的置信分布（二）

名称	类型	简记	输入值	置信分布		
				$A_{i,1}$	$A_{i,2}$	$A_{i,3}$
花萼长度	前提属性	U_1	4.6	0.8755	0.1245	0
花萼宽度	前提属性	U_2	3.4	0.0789	0.9211	0
花瓣长度	前提属性	U_3	1.4	0.8922	0.1078	0
花瓣宽度	前提属性	U_4	0.3	0.8214	0.1786	0

其次，根据表 2-9 中的置信分布以及式（2-18）和式（2-19）可知，表 2-6 所示的 3 条置信规则会被激活并用于生成输入数据 x_t^{tst} 的推理结果，其中规则激活情况如表 2-10 所示。

表 2-10　置信规则的激活权重

规则编号	规则权重	个体匹配度				激活权重
		$S^k\left(x_{t,1}^{\text{tst}}, U_1\right)$	$S^k\left(x_{t,2}^{\text{tst}}, U_2\right)$	$S^k\left(x_{t,3}^{\text{tst}}, U_3\right)$	$S^k\left(x_{t,4}^{\text{tst}}, U_4\right)$	
R_1	0.2179	0.8755	0.0789	0.8922	0.8214	0.5729
R_2	0.2659	0.1245	0.9211	0.1078	0.1786	0.4271
R_3	0.6059	0	0	0	0	0

最后，根据表 2-10 中的激活权重、表 2-8 所对应规则的置信分布以及 2.3.2 节中的式（2-20）可算得合成的置信分布，即 $\{(D_1, 0.4090), (D_2, 0.2846), (D_3, 0.3064)\}$。由于 D_1 中具有最大的置信度，因此 x_t^{tst} 的推理结果 $f(x_t^{\text{tst}})$ 是山鸢尾。依据上述计算过程，可算得 30 个测试数据的推理结果，如图 2-5 所示，其中在纵轴中 1 表示 D_1，即山鸢尾；2 表示 D_2，即变色鸢尾；3 表示 D_3，即维吉尼亚鸢尾。

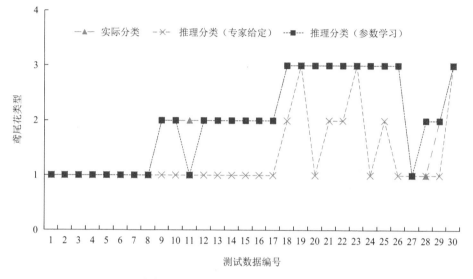

图 2-5　测试数据的推理结果（二）

由图 2-5 可知，当 DBRB 的参数取值由专家给定时，其推理所得的分类结果与实际分类存在一定的偏差；而经过参数学习优化 DBRB 中的参数取值后，其推理所得的分类结果与实际分类基本一致。

2.4　类型三：EBRB 推理模型

2.4.1　EBRB 的表示与构建

EBRB 是由一系列的扩展置信规则组成的。相比于式（2-1）所示的交集置信规则，扩展置信规则还将置信分布嵌入所有的前提属性中。据此，第 $k(k = 1, 2, \cdots, L)$ 条扩展置信规则表示为

$$R_k : \text{IF } U_1 \text{ is } \left\{\left(A_{1,j}, \alpha_{1,j}^k\right); j = 1, 2, \cdots, J_1\right\} \wedge \cdots \wedge U_M \text{ is}$$

$$\left\{\left(A_{M,j}, \alpha_{M,j}^k\right); j = 1, 2, \cdots, J_M\right\}, \text{THEN } D \text{ is } \left\{\left(D_n, \beta_n^k\right); n = 1, 2, \cdots, N\right\}$$

$$(2-25)$$

除了与式（2-1）中相同的参数外，$\left\{\left(A_{i,j}, \alpha_{i,j}^k\right); j=1,2,\cdots,J_i\right\}$ 表示第 i 个前提属性的置信分布，其中 $\alpha_{i,j}^k$ 表示第 k 条规则中候选等级 $A_{i,j}$ 的置信度，当第 k 条规则在第 i 个前提属性上的信息完整时，$\sum_{j=1}^{J_i}\alpha_{i,j}^k=1$；否则，$\sum_{j=1}^{J_i}\alpha_{i,j}^k<1$。

值得注意的是：当 $\alpha_{i,j_i}^k=1(j_i\in\{1,2,\cdots,J_i\})$ 且 $\alpha_{i,j}^k=0(t=1,2,\cdots,J_i;t\neq j_i)$ 时，第 k 条扩展置信规则可以简写为

$$R_k: \text{IF } U_1 \text{ is } A_{1,j_1} \wedge \cdots \wedge U_M \text{ is } A_{M,j_M}, \text{THEN } D \text{ is } \left\{\left(D_n, \beta_n^k\right); n=1,2,\cdots,N\right\}$$

$$(2\text{-}26)$$

式中，$A_{i,j_i}\in\{A_{i,j}; j=1,2,\cdots,J_i\}(i=1,2,\cdots,M)$；通过对比分析式（2-1）中的交集置信规则、式（2-13）中的并集置信规则和式（2-25）中的扩展置信规则可知，CBRB 是 EBRB 的特例。

下面以文献[2]为例介绍构建 EBRB 的主要步骤，其中图 2-6 为构建 EBRB 的基本流程。

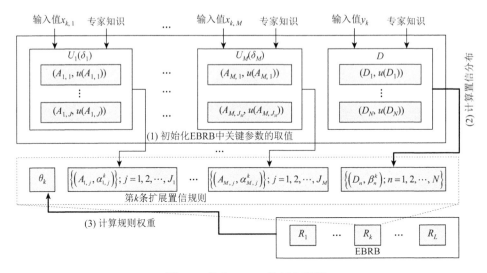

图 2-6 构建 EBRB 的基本流程

（1）初始化 EBRB 中关键参数的取值。利用专家知识给定所有前提属性 $U_i(i=1,2,\cdots,M)$ 中所有候选等级 $A_{i,j}(j=1,2,\cdots,J_i)$ 的效用值 $u(A_{i,j})$、结果属性 D 中所有结果等级 $D_n(n=1,2,\cdots,N)$ 的效用值 $u(D_n)$ 和所有前提属性的属性权重 $\delta_i(i=1,2,\cdots,M)$。

（2）计算置信分布。首先，针对决策问题收集 T 个训练数据 $<x_k,y_k>(k=1,2,\cdots,T)$，其中 $x_k=(x_{k,1},\cdots,x_{k,M})$ 表示第 k 个输入值向量，$x_{k,i}$ 表示第 k 个输入值向

量中与第 i 个前提属性对应的输入值，y_k 表示第 k 个输出值；其次，通过基于效用的信息转换技术[5]将 T 个数据转换为扩展置信规则中前提属性和结果属性的置信分布，其中第 i 个前提属性中置信分布的计算公式如下：

$$S(x_{k,i}) = \left\{ \left(A_{i,j}, \alpha_{i,j}^k \right); j = 1, 2, \cdots, J_i \right\} \tag{2-27}$$

式中

$$\alpha_{i,j} = \frac{u(A_{i,j+1}) - x_i}{u(A_{i,j+1}) - u(A_{i,j})} \text{ 且 } \alpha_{i,j+1} = 1 - \alpha_{i,j}, \quad u(A_{i,j}) \leqslant x_i \leqslant u(A_{i,j+1}) \tag{2-28}$$

$$\alpha_{i,t}^k = 0, \quad t = 1, 2, \cdots, J_i \text{ 且 } t \neq j, j+1 \tag{2-29}$$

同理，由输出值 y_k 可计算得到结果属性的置信分布：

$$S(y_k) = \left\{ \left(D_n, \beta_n^k \right); n = 1, 2, \cdots, N \right\} \tag{2-30}$$

（3）计算规则权重。首先，利用步骤（2）中所得的 T 组前提属性和结果属性置信分布组成 T 条扩展置信规则；其次，再以此计算规则前项相似性（similarity of rule antecedent，SRA）和规则后项相似性（similarity of rule consequent，SRC）：

$$\mathrm{SRA}(R_l, R_k) = 1 - \max_{t=1,2,\cdots,M} \left\{ \sqrt{\sum_{j=1}^{J_t} \left(\alpha_{t,j}^l - \alpha_{t,j}^k \right)^2} \right\}, \quad l = 1, 2, \cdots, L; l \neq k \tag{2-31}$$

$$\mathrm{SRC}(R_l, R_k) = 1 - \sqrt{\sum_{n=1}^{N} \left(\beta_n^l - \beta_n^k \right)^2}, \quad l = 1, 2, \cdots, L; l \neq k \tag{2-32}$$

再次，计算第 k 条扩展置信规则的不一致度：

$$\mathrm{ID}(R_k) = \sum_{l=1, l \neq k}^{L} \left(1 - \exp\left\{ - \frac{\left(\frac{\mathrm{SRA}(R_l, R_k)}{\mathrm{SRC}(R_l, R_k)} - 1 \right)^2}{\left(\frac{1}{\mathrm{SRA}(R_l, R_k)} \right)^2} \right\} \right) \tag{2-33}$$

最后，计算第 k 条扩展置信规则的规则权重：

$$\theta_k = 1 - \frac{\mathrm{ID}(R_k)}{\sum_{j=1}^{L} \mathrm{ID}(R_j)} \tag{2-34}$$

2.4.2　基于 EBRB 的规则推理方法

相比于 CBRB 和 DBRB 中的规则表示，EBRB 在规则表示中增加了前提属性的置信分布，因此在规则推理过程中需要根据前提属性中置信分布之间的相似性激活规则，以及利用 ER 方法进行合成规则，基本流程如图 2-7 所示。

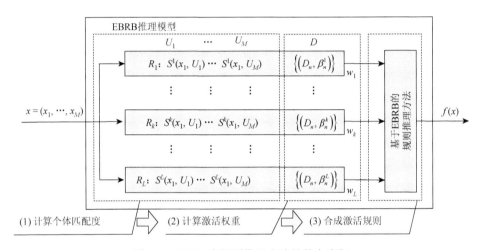

图 2-7　EBRB 中规则推理方法的基本流程

由图 2-7 可知，EBRB 的规则推理方法具有如下三个步骤。

（1）计算个体匹配度。假设决策问题的输入值向量为 $x = (x_1, \cdots, x_M)$，通过基于效用的信息转换技术[5]，将输入值向量中的输入值转换为分布式的表示形式：

$$S(x_i) = \{(A_{i,j}, \alpha_{i,j}); j = 1, 2, \cdots, J_i\} \tag{2-35}$$

式中

$$\alpha_{i,j} = \frac{u(A_{i,j+1}) - x_i}{u(A_{i,j+1}) - u(A_{i,j})} \text{ 且 } \alpha_{i,j+1} = 1 - \alpha_{i,j}, \quad u(A_{i,j}) \leqslant x_i \leqslant u(A_{i,j+1}) \tag{2-36}$$

$$\alpha_{i,t} = 0, \quad t = 1, 2, \cdots, J_i \text{ 且 } t \neq j, j+1 \tag{2-37}$$

由此，第 k 条扩展置信规则中第 i 个前提属性的个体匹配度计算公式为

$$S^k(x_i, U_i) = 1 - \sqrt{\sum_{j=1}^{J_i} \left(\alpha_{i,j} - \alpha_{i,j}^k\right)^2} \tag{2-38}$$

这里需要注意的是，由于式（2-38）在计算个体匹配度时，可能会出现负数的情况（参见附录 B），因此可以将个体匹配度的计算公式修正如下：

$$S^k(x_i, U_i) = 1 - \sqrt{\frac{\sum_{j=1}^{J_i}\left(\alpha_{i,j} - \alpha_{i,j}^k\right)^2}{2}} \qquad (2\text{-}39)$$

（2）计算激活权重。根据个体匹配度 $S^k(x_i, U_i)$、规则权重 θ_k 和前提属性权重 δ_i，第 k 条扩展置信规则的激活权重计算公式为

$$w_k = \frac{\theta_k \prod_{i=1}^{M}\left(S^k(x_i, U_i)\right)^{\overline{\delta}_i}}{\sum_{l=1}^{L}\left(\theta_l \prod_{i=1}^{M}\left(S^l(x_i, U_i)\right)^{\overline{\delta}_i}\right)}, \quad \overline{\delta}_i = \frac{\delta_i}{\max_{j=1,2,\cdots,M}\{\delta_j\}} \qquad (2\text{-}40)$$

根据激活权重的大小确定当前规则是否需要被激活，即 $w_k > 0$ 时表示第 k 条扩展置信规则为激活规则。

（3）合成激活规则。利用 ER 方法的解析公式[6]将所有激活规则中结果属性的置信分布合成新置信分布，其中第 n 个结果等级 D_n 上置信度合成公式如下：

$$\beta_n = \frac{\prod_{k=1}^{L}\left(w_k\beta_n^k + 1 - w_k\sum_{i=1}^{N}\beta_i^k\right) - \prod_{k=1}^{L}\left(1 - w_k\sum_{i=1}^{N}\beta_i^k\right)}{\sum_{i=1}^{N}\prod_{k=1}^{L}\left(w_k\beta_i^k + 1 - w_k\sum_{j=1}^{N}\beta_j^k\right) - (N-1)\prod_{k=1}^{L}\left(1 - w_k\sum_{j=1}^{N}\beta_j^k\right) - \prod_{k=1}^{L}(1 - w_k)}$$

$$(2\text{-}41)$$

当决策问题为回归问题时，假定 $u(D_n)$ 是第 $n(n = 1, 2, \cdots, N)$ 个结果等级 D_n 的效用值，则 EBRB 推理模型的推理结果为

$$f(x) = \sum_{i=1}^{N}\left(u(D_i)\beta_i\right) + \frac{u(D_1) + u(D_N)}{2}\left(1 - \sum_{i=1}^{N}\beta_i\right) \qquad (2\text{-}42)$$

当决策问题为分类问题时，假定结果等级 D_n 是第 $n(n = 1, 2, \cdots, N)$ 个分类，则 EBRB 推理模型的推理结果为

$$f(x) = D_n, \quad n = \arg\max_{i=1,2,\cdots,N}\{\beta_i\} \qquad (2\text{-}43)$$

2.4.3　EBRB 推理模型的示例

为了与 CBRB 推理模型和 DBRB 推理模型形成对比，本节沿用 2.2.3 节中的鸢尾花分类问题的建模设定，包括：①鸢尾花的四个特征作为前提属性，即 $\{U_1, U_2, U_3, U_4\}$ = {花萼长度，花萼宽度，花瓣长度，花瓣宽度}；②每个前提属性设定三个候选等级，即 $\{A_{i,j}; j = 1, 2, 3\}$ = {小，中，大}（$i = 1, 2, 3, 4$）；③鸢尾花类别作为结果属性，即 D = 鸢尾花类别；④结果属性设定三个结果等级，即 $\{D_1, D_2, D_3\}$ = {山鸢尾，变色鸢尾，维吉尼亚鸢尾}；⑤由专家给定的效用值

如2.2.3节中的表2-2所示；⑥150个鸢尾花类别数据集分成训练数据集$<x_t^{\text{tra}}, y_t^{\text{tra}}>$ $(t=1,2,\cdots,120)$和测试数据集$<x_t^{\text{tst}}, y_t^{\text{tst}}>$ $(t=1,2,\cdots,30)$，其中$x_t^{\text{tra}}=\left(x_{t,1}^{\text{tra}}, x_{t,2}^{\text{tra}}, x_{t,3}^{\text{tra}}, x_{t,4}^{\text{tra}}\right)$，$x_t^{\text{tst}}=\left(x_{t,1}^{\text{tst}}, x_{t,2}^{\text{tst}}, x_{t,3}^{\text{tst}}, x_{t,4}^{\text{tst}}\right)$。

根据2.4.1节中所介绍的EBRB的构建步骤，具体建模过程如下。

首先，由于鸢尾花类别数据集中有120个训练数据，则可以构建120条扩展置信规则。考虑到构建120条扩展置信规则的过程过于复杂，从120个数据中选取如表2-11所示的6个数据，用于介绍EBRB的建模过程。

表 2-11　鸢尾花分类问题的6个训练数据

数据编号	$x_{t,1}^{\text{tra}}$	$x_{t,2}^{\text{tra}}$	$x_{t,3}^{\text{tra}}$	$x_{t,4}^{\text{tra}}$	y_t^{tra}
1	5.1	3.5	1.4	0.2	山鸢尾
2	4.9	3.0	1.4	0.2	山鸢尾
3	7.0	3.2	4.7	1.4	变色鸢尾
4	6.4	3.2	4.5	1.5	变色鸢尾
5	6.3	3.3	6.0	2.5	维吉尼亚鸢尾
6	5.8	2.7	5.1	1.9	维吉尼亚鸢尾

其次，根据2.2.3节中的表2-2给出的效用值和2.4.1节中的式（2-24）～式（2-27）可将6个训练数据全部转化为置信分布，如表2-12所示。

表 2-12　训练数据的置信分布

数据编号	U_1			U_2			U_3		
	$A_{1,1}$	$A_{1,2}$	$A_{1,3}$	$A_{2,1}$	$A_{2,2}$	$A_{2,3}$	$A_{3,1}$	$A_{3,2}$	$A_{3,3}$
1	0.6216	0.3784	0	0	0.7677	0.2323	0.8899	0.1101	0
2	0.7162	0.2838	0	0.1854	0.8146	0	0.8899	0.1101	0
3	0	0.6057	0.3943	0.0225	0.9775	0	0	0.9702	0.0298
4	0.0067	0.9933	0	0.0225	0.9775	0	0.0365	0.9635	0
5	0.0540	0.9460	0	0	0.9382	0.0618	0	0.3969	0.6031
6	0.2905	0.7095	0	0.4298	0.5702	0	0	0.7938	0.2062

数据编号	U_4			D		
	$A_{4,1}$	$A_{4,2}$	$A_{4,3}$	D_1	D_2	D_3
1	0.8458	0.1542	0	1.0000	0	0
2	0.8458	0.1542	0	1.0000	0	0
3	0	0.6281	0.3719	0	1.0000	0
4	0	0.5710	0.4290	0	1.0000	0
5	0	0	1.0000	0	0	1.0000
6	0	0.3426	0.6574	0	0	1.0000

最后，根据六个数据对应的置信分布以及 2.4.1 节中的步骤（3），可进一步计算扩展置信规则的规则权重，其中规则的前项相似性如表 2-13 所示，规则后项相似性如表 2-14 所示，扩展置信规则的不一致度和规则权重如表 2-15 所示。

表 2-13　扩展置信规则的前项相似性

SRA	R_1	R_2	R_3	R_4	R_5	R_6
R_1	1.0000	0.7872	0.1246	0.1466	0.0675	0.1932
R_2	0.7872	1.0000	0.1246	0.1466	0.0675	0.1932
R_3	0.1246	0.1246	1.0000	0.6091	0.3719	0.5927
R_4	0.1466	0.1466	0.6091	1.0000	0.4143	0.5927
R_5	0.0675	0.0675	0.3719	0.4143	1.0000	0.5975
R_6	0.1932	0.1932	0.5927	0.5927	0.5975	1.0000

表 2-14　扩展置信规则的后项相似性

SRC	R_1	R_2	R_3	R_4	R_5	R_6
R_1	1.0000	1.0000	0	0	0	0
R_2	1.0000	1.0000	0	0	0	0
R_3	0	0	1.0000	1.0000	0	0
R_4	0	0	1.0000	1.0000	0	0
R_5	0	0	0	0	1.0000	1.0000
R_6	0	0	0	0	1.0000	1.0000

表 2-15　扩展置信规则的不一致度和规则权重

规则编号	不一致度	规则权重
R_1	4.0277	0.8341
R_2	4.0277	0.8341
R_3	4.0551	0.8330
R_4	4.0551	0.8330
R_5	4.0562	0.8329
R_6	4.0562	0.8329

当任意给定一个数据时，EBRB 推理模型便可依据 2.4.2 节中的规则推理方法生成相应的输出。假设测试数据集中的一个输入数据为 $x_t^{\text{tst}} = \left(x_{t,1}^{\text{tst}}, x_{t,2}^{\text{tst}}, x_{t,3}^{\text{tst}}, x_{t,4}^{\text{tst}} \right) = (4.6, 3.4, 1.4, 0.3)$，相应的推理过程如下。

首先，根据表 2-2 中的效用值和 2.4.2 节中的式（2-36）～式（2-37）可算得每个前提属性的置信分布，如表 2-16 所示。

表 2-16　前提属性的置信分布

名称	类型	简记	输入值	置信分布		
				$A_{i,1}$	$A_{i,2}$	$A_{i,3}$
花萼长度	前提属性	U_1	4.6	0.8578	0.1422	0
花萼宽度	前提属性	U_2	3.4	0	0.8547	0.1453
花瓣长度	前提属性	U_3	1.4	0.8898	0.1102	0
花瓣宽度	前提属性	U_4	0.3	0.6923	0.3077	0

其次，根据表 2-12 中的 6 条扩展置信规则的置信分布、表 2-16 中测试数据的置信分布和式（2-38）～式（2-39）可算得 6 条扩展置信规则的个体匹配度和激活权重，如表 2-17 所示。

表 2-17　扩展置信规则的个体匹配度和激活权重

规则编号	规则权重	个体匹配度				激活权重
		$S^k\left(x_{t,1}^{tst}, U_1\right)$	$S^k\left(x_{t,2}^{tst}, U_2\right)$	$S^k\left(x_{t,3}^{tst}, U_3\right)$	$S^k\left(x_{t,4}^{tst}, U_4\right)$	
R_1	0.8341	0.7638	0.9130	0.9999	0.8465	0.3813
R_2	0.8341	0.8584	0.8310	0.9999	0.8465	0.3696
R_3	0.8330	0.2563	0.8645	0.1247	0.3999	0.0874
R_4	0.8330	0.1489	0.8645	0.1467	0.3948	0.0651
R_5	0.8329	0.1962	0.9165	0.2133	0.1129	0.0259
R_6	0.8329	0.4327	0.6213	0.1933	0.3245	0.0707

最后，根据表 2-17 中的激活权重、表 2-12 所对应规则的置信分布以及式（2-40）可算得合成的置信分布，即 { （D_1, 0.8496）, （D_2, 0.0935）, （D_3, 0.0569）}。由于 D_1 中具有最大的置信度，因此 x_t^{tst} 的推理结果 $f\left(x_t^{tst}\right)$ 是山鸢尾。依据上述计算过程，以 120 个训练数据构建 EBRB，再计算 30 个测试数据的推理结果，最终推理结果如图 2-8 所示，其中在纵轴中 1 表示 D_1，即山鸢尾；2 表示 D_2，即变色鸢尾；3 表示 D_3，即维吉尼亚鸢尾。

由图 2-8 可知，虽然 EBRB 的参数取值是由专家给定的，但其推理所得的分类结果与实际分类完全一样；因此，相比 CBRB 推理模型和 DBRB 推理模型，EBRB 推理模型无须依赖参数学习模型。

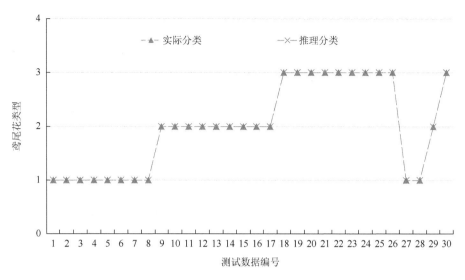

图 2-8　测试数据的最终推理结果

2.5　BRB 推理模型的对比分析

依据 BRB 推理模型的现有研究方向, BRB 推理模型共分成 CBRB 推理模型、DBRB 推理模型和 EBRB 推理模型, 这些推理模型在规则表示和规则推理上均存在一定的差异。因此, 本节将对这三类 BRB 推理模型的差异进行进一步的介绍。

首先, 对于规则的表示, 表 2-18 总结了三类 BRB 的差异, 其中 CBRB 和 EBRB 均采用了交集假设的逻辑关系关联前提属性, 而 DBRB 则采用了并集假设的逻辑关系关联前提属性, 因此在选择 BRB 推理模型时, 若决策问题中属性的逻辑关系为交集, 则可选取 CBRB 和 EBRB 进行建模; 若所应对决策问题中的属性存在并集逻辑关系, 则可选取 DBRB 进行建模。在置信分布的应用上, 由于 EBRB 除了结构属性, 还将置信分布应用到了前提属性上, 因此 EBRB 具有更完备的不确定性信息表示能力。

表 2-18　三类 BRB 中的规则表示

规则库类型	属性间逻辑关系	置信分布位置	权重参数
CBRB	交集关联	结果属性	规则、前提属性
DBRB	并集关联	结果属性	规则、前提属性
EBRB	交集关联	前提属性、结果属性	规则、前提属性

其次, 在规则表示差异的基础上, 进一步对比分析三类 BRB 的规则数量, 如

表 2-19 所示，其中 CBRB 和 DBRB 中的规则数量只与前提属性数量和每个前提属性中的候选等级数量相关，而 EBRB 中的规则数量只与建模数据数量相关。相比于 DBRB，CBRB 中规则数量的最小值和最大值均等于 $\prod_{i=1}^{M} J_i$，这是因为 CBRB 的构建需要覆盖所有的前提属性及每个属性的候选等级，相应的构建过程可理解为：每个前提属性 U_i 表示一个节点，候选等级 $A_{i,j}$ 表示节点之间的边，从 U_1 到结果属性 D 所形成的路径均可以表示一条置信规则，而所有可能的路径就表示 CBRB，如图 2-9 所示，例如，当前提属性的数量为 5（即 $M=5$）且每个前提属性候选值的个数均为 3（即 $J_i=3$）时，那么所构建 CBRB 的规则数量为 $3^5=243$ 条，显然，CBRB 中的规则数量是一个指数量级的规模，因此当问题过于复杂时，容易引起 CBRB 中规则数量的"组合爆炸"问题[8]。另外，由于 EBRB 中的数据数量与建模数据数量直接相关，这导致当可用的建模数据不断增加时，EBRB 中的数据也会呈现出不断增加的趋势，也就是当 T 无穷大时，EBRB 中的规则数量也为无穷大，即 EBRB 中规则数量的"规模膨胀"问题。

表 2-19 三类 BRB 中的规则数量

规则库类型	前提属性数量	第 i 个前提属性候选等级数量	建模数据数量	规则数量	
				最小值	最大值
CBRB	M	J_i	T	$\prod_{i=1}^{M} J_i$	$\prod_{i=1}^{M} J_i$
DBRB	M	J_i	T	$\max_{i=1}^{M}\{J_i\}$	$\prod_{i=1}^{M} J_i$
EBRB	M	J_i	T	T	T

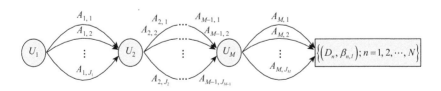

图 2-9 交集置信规则的图形化表示

再次，对比分析三类 BRB 中参数初始化过程，如表 2-20 所示，其中 CBRB 和 DBRB 均需要依赖参数学习，才能保证这两类 BRB 推理模型具有良好的决策准确性。同时，由于参数学习模型本质上是非线性优化问题，因此参数学习是一个十分费时的过程，这导致 CBRB 和 DBRB 无法有效适用于大数据相关问题。相比于 CBRB 和 DBRB，EBRB 的构建并不依赖参数学习，这保证了 EBRB 推理模型在应对大数据相关问题时，能够进行高效的建模。

表 2-20　三类 BRB 的参数学习

规则库类型	参数学习 必要性	规则 数量	结果等级 数量	需专家初始化的 参数数量
CBRB	是	L	N	$L\times(N+1)+M+\sum_{i=1}^{M}J_i$
DBRB	是	L	N	$L\times(N+1)+M+\sum_{i=1}^{M}J_i$
EBRB	否	L	N	$M+\sum_{i=1}^{M}J_i$

最后，对比分析三类 BRB 的规则推理方法，如表 2-21 所示。相比于 EBRB，CBRB 和 DBRB 在计算个体匹配度时，均与前提属性的置信度相关，例如，当规则中第 i 个前提属性中的候选等级为 $A_{i,j}$ 时，对应的个体匹配度为在 $A_{i,j}$ 上的置信度 $\alpha_{i,j}$，如式（2-6）和式（2-18）所示。对于 EBRB 而言，个体匹配度的计算继续依据规则中的置信分布和输入数据的置信分布，即通过两个置信度的相似性来计算个体匹配度，由于置信分布相似性的取值范围为 0～1，这导致存在一个极端情形：所有规则的个体匹配度均为 0，并最终无法激活任何一条规则。

表 2-21　三类 BRB 的规则推理

规则库类型	个体匹配度计算	激活规则合成	激活规则数量	
			最小值	最大值
CBRB	置信度	ER 方法	1	2^M
DBRB	置信度	ER 方法	1	$\prod_{i=1}^{M}J_i$
EBRB	置信分布相似性	ER 方法	0	T

参 考 文 献

[1]　Yang J B, Liu J, Wang J, et al. Belief rule-base inference methodology using the evidential reasoning approach-RIMER[J]. IEEE Transactions on Systems, Man, and Cybernetics-Part A: Systems and Humans, 2006, 36 (2) : 266-285.

[2]　Liu J, Martínez L, Calzada A, et al. A novel belief rule base representation, generation and its inference methodology[J]. Knowledge-Based Systems, 2013, 53: 129-141.

[3]　Chang L L, Zhou Z J, You Y, et al. Belief rule based expert system for classification problems with new rule

activation and weight calculation procedures[J]. Information Sciences, 2016, 336: 75-91.

[4]　Chen Y W, Yang J B, Xu D L, et al. Inference analysis and adaptive training for belief rule based systems[J]. Expert Systems with Applications, 2011, 38 (10) : 12845-12860.

[5]　Yang J B. Rule and utility based evidential reasoning approach for multiattribute decision analysis under uncertainties[J]. European Journal of Operational Research, 2001, 131 (1) : 31-61.

[6]　Wang Y M, Yang J B, Xu D L. Environmental impact assessment using the evidential reasoning approach[J]. European Journal of Operational Research, 2006, 174 (3) : 1885-1913.

[7]　Markelle K, Rachel L, Kolby N. The UCI machine learning repository[EB/OL]. [2024-03-29]. https://archive.ics. uci.edu.

[8]　Chang L L, Zhou Y, Jiang J, et al. Structure learning for belief rule base expert system: A comparative study[J]. Knowledge-Based Systems, 2013, 39: 159-172.

第3章 置信规则库推理模型的研究现状

3.1 概　　述

BRB 推理模型是由英国曼彻斯特大学的 Yang 等在 2006 年提出的一种以 BRB 和 ER 方法为核心的决策模型[1]。由于该类 BRB 推理模型在后续的应用和研究中主要是基于交集假设的前提属性间逻辑关系,因此本书称其为 CBRB 推理模型。随后,BRB 推理模型经历了两次比较重要的模型完善,进而出现了 EBRB 推理模型[2]和 DBRB 推理模型[3]。由于相比于其他基于数据的决策方法,如人工神经网络和模糊规则库系统等,BRB 推理模型具有更加透明的决策过程和较高的准确性,以及展现出适用于不同数据规模和维度的潜力,因此近年来越来越多的国内外学者在 BRB 推理模型领域开展了理论和应用研究。利用中国知网数据库对关键词"置信规则库"以及 Web of Science 数据库对关键词 Belief Rule Base 自 2006 年 1 月至 2022 年 7 月的已发表论文进行检索,相关的数据如图 3-1 所示。

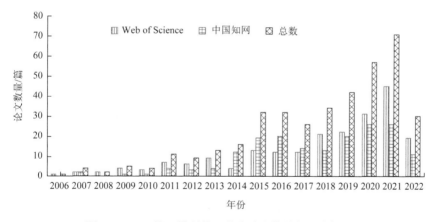

图 3-1　BRB 推理模型的已发表论文数量与对应年份

从图 3-1 可以看出,自 2006 年 BRB 推理模型被提出以来,国内外相关的研究整体上呈现逐年递增的趋势,其中早期的研究成果主要发表在 Web of Science 收录的期刊。随后,国内学者才陆续对 BRB 推理模型进行研究并发表中文论文。而在每年发表论文的数量对比中,2006 年起的早期研究中 Web of Science 收录论文的数量多于中国知网收录论文的数量;在 2014～2017 年,中国知网收录论文的数量开始超过 Web of Science 收录论文的数量；在 2018 年之后，Web of Science 收录论文的数据再次多于中国知网收录论文的数据。为了进一步分析 BRB 推理模型的现有研究成果，本章围绕研究者所在的机构统计了在 Web of Science 和中国知网中已发表论文数量为前 10 名的机构名称和论文数量，相关的数据如表 3-1 所示。

表 3-1　机构名称和论文数量

中国知网数据库			Web of Science 数据库		
机构名称	论文数量/篇	数量占比	机构名称	论文数量/篇	数量占比
福州大学	30	17.05%	西安高新技术研究所	54	25.35%
中国人民解放军火箭军工程大学	29	16.48%	英国曼彻斯特大学	50	23.47%
长春工业大学	20	11.36%	福州大学	37	17.37%
杭州电子科技大学	16	9.09%	长春工业大学	26	12.21%
国防科技大学	14	7.95%	清华大学	21	9.86%
武汉理工大学	10	5.68%	英国阿尔斯特大学	20	9.39%
昆明理工大学	9	5.11%	杭州电子科技大学	19	8.92%
哈尔滨师范大学	8	4.55%	海南师范大学	17	7.98%
中国人民解放军空军工程大学	6	3.41%	西安工业大学	15	7.04%
哈尔滨理工大学	6	3.41%	西班牙哈恩大学	14	6.57%

　　从表 3-1 可以看出，BRB 推理模型的研究主要分布在国内高校，在国外的高校中仅有英国的曼彻斯特大学、英国阿尔斯特大学和西班牙哈恩大学能位列 Web of Science 数据库的前 10 名。此外，在中国知网数据库中，福州大学、火箭军工程大学和长春工业大学位列前三，而在 Web of Science 数据库中，西安高新技术研究所、英国曼彻斯特大学和福州大学位列前三。为了进一步梳理 BRB 推理模型的现有研究，图 3-2 展示了详细的研究分类。

　　由图 3-2 中的研究分类可知，与 CBRB 推理模型相关的现有研究可以归纳成五类，而与 DBRB 推理模型和 EBRB 推理模型相关的现有研究分别可以归纳成两类。本节将对这些研究内容进行介绍和评述。

3.2　CBRB 推理模型的相关研究

　　CBRB 推理模型是 BRB 推理模型领域中最先被国内外学者所关注的研究对象，主要特征是：以交集关联前提属性，并且通过参数学习训练 BRB 的参数取值。依据图 3-2，与 CBRB 推理模型相关的研究可以总结为五个小类，下面将围绕这五个小类进行文献综述。

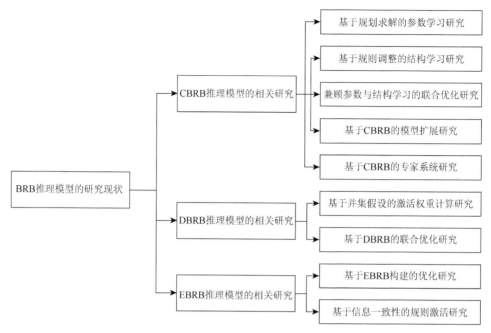

图 3-2　BRB 推理模型的研究分类

3.2.1　基于规划求解的参数学习研究

参数学习是指在知识库和数据库的辅助下依托规划求解训练 CBRB 的参数取值，从而提高 CBRB 推理模型的准确性。在 CBRB 推理模型刚被提出时，CBRB 的参数均依赖专家知识进行赋值。当决策问题过于复杂时，这种人为因素占主导地位的赋值方式无法保证 CBRB 推理模型的准确性。因此，国内外学者开始重视和研究如何通过参数学习训练 CBRB 中的参数取值，相关的研究可以细分成如下的两个方面。

一是以完善参数学习模型为出发点的参数学习研究。在 CBRB 参数学习的早期研究中，国内外学者主要研究如何用准确的数学模型表示 CBRB 的参数学习。为此，Yang 等[4]在考虑 CBRB 推理模型为单值输出和多值输出的不同情形中首次提出适用于 CBRB 参数学习的数学模型，并将该参数学习模型扩展到多层次结构的决策问题中。本质上，CBRB 的参数学习模型是带有约束条件的单目标或多目标非线性优化模型。目前，该参数学习模型已被证明能够在输油管道检漏[5]和工程系统安全分析[6]等决策问题中大幅度地提升 CBRB 推理模型的准确性；为了完善 Yang 等[4]所提的参数学习模型，Chen 等[7]将 CBRB 中前提属性的候选等级效用值作为参数学习模型中新的待优化参数，建立 CBRB 的全局参数学习模型，并分别在输油管道检漏问题和发动机故障诊断问题中，验证全局参数学习模型能够让 CBRB 推理模型具有更高的准确性；针对参数学习模型仅考虑待优化参数的取值范围，缺少保证待优化参数可解释性的约束条件的问题，Zhou 等[8]通过总结输油管道中油液泄漏时的基本模式，提出专家干预下的参数学习模型；王韩杰等[9]为进一步完善专家干预下的参数学习模型，除了在 Chen 等[7]所提的参数学习模型基础上进一步增加待优化参数外，还在参数学习模型中设定符合决策者思维逻辑的约束条件，保证经参数学习后的 CBRB 具有更理想的解释性；针对现有参数学习模型无法保证 CBRB 的一致性的问题，Liu 等[10]提出将置信规则间相似性测量值添加到参数学习模型的目标函数中，通过参数学习提升 CBRB 的一致性；常雷雷等[11]提出基于主导从属框架的 CBRB 多目标优化方法，该方法主要是在主导优化过程中开展协同优化和在从属优化过程中开展分布式优化。针对 CBRB 中的前提属性多被假定成独立关系的现象，Feng 等[12]提出将属性间的关联度作为 CBRB 的新参数，并建立考虑关联度的参数学习模型，确保 CBRB 推理模型能够更有效地适用于实际工程系统。

二是以改进参数学习算法为出发点的参数学习研究。参数学习模型有效地将 CBRB 的参数学习转化为数学模型，但除了依靠参数学习模型，还需要通过参数学习算法才能最终获得 CBRB 中所有参数的最优取值。在这一方面的早期研究[4-6, 13]中，参数学习算法主要是基于 MATLAB 优化工具箱中的 Fmincon 函数，由于 Fmincon 函数是 MATLAB 的内置函数，通过熟悉函数的调用方式便可以实现 CBRB 的参数学习，为国内外学者研究 CBRB 的参数学习提供了极大的便利；为了提升参数学习的收敛精度和克服 MATLAB 语言在训练大型 CBRB 时编程比较烦琐的不足，王继东等[14]结合梯度法和二分法提出了新的参数学习算法；接着，常瑞和张速[15]提出了基于优化步长和梯度法的参数学习算法，该算法除了利用梯度法搜索下降方向[16]外，还根据参数学习模型中的约束条件确定目标函数的最小优化步长；在此基础上，吴伟昆等[17]进一步利用梯度法提出基于加速梯度求法的参数学习方法。由于参数学习算法本质上属于迭代算法，具有较高的时间复杂度。为此，Zhou 等[18]通过推导参数学习模型的解析解，提出基于极大似然估计方法的在线参数学习算法。这一参数学习算法已在故障诊断问题[19-22]中用于实时地更新 CBRB 的参数取值。随后，基于消息传递接口[23]的并行编程方式，杨隆浩等[24]提出并行的参数学习算法，在多台计算机中并行地对 CBRB 进行参数学习；此外，在参数学习算法的研究中，还有一类被广泛使用的算法是基于群智能算法的参数学习算法，包括：苏群等[25]首次引入粒子群优化（particle swarm optimization，PSO）算法[26]，通过对失去速度的粒子重新赋予速度，提出基于变速 PSO 的参数学习算法；为了平衡 PSO 算法中种群搜索和局部搜索能力，杨慧等[27]提出逐步减小惯性权重的 PSO 算法，并以此用于 CBRB 的参数学习；王倩倩等[28]和 Qian 等[29]依次将基于 PSO 的参数学习算法用于水松纸透气度的在线检测中；在金属膜电容器的剩余寿命预测中，Chang 等[30]引入差分进化（differential evolution，DE）算法，提出基于 DE 的参数学习算法；随后，基于 DE 的参数学习算法依次被用于装备储存寿命评估问题[31, 32]和数据分类问题[33]中；除此之外，在淋巴结转移的病情诊断中，Zhou 等[34, 35]先后将克隆选择算法和合作协同进化算法用于 CBRB 的参数学习；在网络安全的态势预测[36]中，Hu 和 Qiao[37]首次将协方差矩阵自适应进化策略（covariance matrix adaption evolution strategy，CMA-ES）算法[38]用于 CBRB 的参数学习，其中基于 CMA-ES 的参数学习算法还分别在工程系统的隐性行为预测[39, 40]和网络入侵检测[41]中被用于构建 CBRB；李敏等[42]在输油管道检漏问题中提出了基于布谷鸟算法的参数学习算法，进一步提升了 CBRB 参数学习的收敛精度。Zhu 等[43]提出了并行多种群优化的 DBRB 学习方法，以此实现参数学习。

综上所述，CBRB 的参数学习已被国内外学者表示成不同种类的参数学习模型，并且还提出了大量的参数学习算法，保证了参数学习的可行性和经参数学习后的 CBRB 具有最优的参数取值。但参数学习的相关研究只是关注了参数的赋值问题，并未考虑到参数的数量同样会影响 CBRB 推理模型的准确性。

3.2.2　基于规则调整的结构学习研究

相比于参数学习，结构学习则是以优化 CBRB 的规则数为目的的。在这一方面的研究中，国内外学者主要侧重于如何避免因属性数量过多造成 CBRB 中规则数的"组合爆炸"问题。例如，Wang 等[44]先将决策问题中的所有属性通过矩阵分解计算主成分的特征向量和特征值，再通过累计贡献度把原来的高维度数据转化为低维度数据，避免 CBRB 中规则数量的"组合爆炸"问题；接着，Yang 等[45]通过筛选主成分的方式构建 CBRB，实现有效地控制 CBRB 中的规则数量；此外，相似的结构学习方法还包括：夏旻旻等[46]运用关联规则理论从实证数据中挖掘规则，并选择大于特定偏好值的属性用于构建 CBRB；Yang 等[47]通过引入探索性与验证性因子分析方法，从属性集合中抽取小规模的属性构建 CBRB；常雷雷等[48]基于主成分分析和载荷矩阵筛选关键属性，并以此构建 CBRB；接着，基于关联系数标准差[49]和基于条件广义方差极小法[50]的关键属性筛选方法也被提出并用于构建 CBRB。为了对比不同属性筛选方法对 CBRB 推理模型准确性的影响，Chang 等[51]分析了主成分分析、多尺度分析和灰靶分析等方法，并总结出主成分分析法比其他的方法更有助于保持 CBRB 推理模型的准确性。除了上述以前提属性为单位对 CBRB 进行结构学习的方法外，部分学者还提出筛选前提属性中候选等级的结构学习方法，例如，在 K 均值和模糊 C 均值的基础上，李彬等[52]提出置

信 K 均值聚类算法，用于确定每个前提属性中候选等级的数量，从而保证每个前提属性不会有过多的候选等级；陈婷婷和王应明[53]在置信 K 均值聚类算法的基础上，利用自回归模型对时间序列数据进行动态聚类分析，进而确定候选等级数量；王应明等[54]基于粗糙集理论提出候选等级的约简方法，相比基于主成分分析的结构学习方法，该方法在装甲装备能力评估问题中能够更有效地约简 CBRB 的规则数和保证 CBRB 推理模型的准确性。

综上所述，现有的结构学习方法通过约简前提属性的数量或候选等级的数量，在一定程度上缓解了 CBRB 中规则数的"组合爆炸"问题。但这些结构学习方法并没有考虑规则数不足的情形及其对 CBRB 推理模型准确性的影响。

3.2.3　兼顾参数与结构学习的联合优化研究

参数学习和结构学习分别体现了 CBRB 构建中训练参数取值和优化规则数量的重要性。在现实生活的决策问题中，如果仅以参数学习或结构学习为目标构建 CBRB，往往无法保证 CBRB 推理模型的准确性。因此，国内外学者逐渐开始从兼顾参数学习和结构学习的角度研究 CBRB 的联合优化方法。例如，Zhou 等[55]提出基于统计效用的序贯学习方法，核心思想是：在每次参数学习后对新数据和置信规则进行效用统计，以确定是否需要增加或删减规则，确保 CBRB 同时具有最优的参数取值和规则数量；随后，在延迟焦化装置的状态评估问题中，Yu 等[56]针对规则约简的情形完善了置信规则的效用统计方式，并以此构建具有最优参数取值和紧致结构的 CBRB；为了进一步完善序贯学习方法，司小胜等[57]不仅定义了 CBRB 的完整性准则，还让置信规则的删减过程无须依据输入样本的概率密度函数；除了上述依据效用统计的联合优化方法外，部分学者开始对 CBRB 的结构特征进行研究，例如，杨隆浩等[58]先在不同规则数量中分析了 CBRB 推理模型的基本特征，然后结合基于 MATLAB 的参数学习算法提出面向 CBRB 最佳决策结构的联合优化方法；Wang 等[59]针对多维度的数据情形进一步扩展杨隆浩等[58]的研究工作，提出了 CBRB 的规则动态调整方法；依据连续候选等级中置信规则输出值的单调性，Ke 等[60]提出冗余候选等级的约简方法，保证 CBRB 的最优参数取值和规则数量；Yang 等[61]引入了霍夫丁不等式提出兼顾推理准确性和规则数量的泛化误差，并以此用于 CBRB 的参数和结构学习；为了在时间序列数据中确定 CBRB 的前提属性，Zhang 等[62]利用赤池信息准则（Akaike information criterion, AIC）将时间序列数据中的延迟步数和准确性构建成统一的目标函数，从而获取 CBRB 的最优参数取值和前提属性数量；随后，同样依据 AIC，Chang 等[63]将参数学习和规则数量构建成统一的目标函数，实现 CBRB 参数和结构的联合优化；接着，孙建彬等[64]进一步完善基于 AIC 的 CBRB 联合优化方法，并在输油管道检漏问题中验证了基于 AIC 联合优化方法的有效性；You 等[65]设计了衡量模型复杂性和准确性的单目标优化框架，并以此建立了 CBRB 的联合优化方法。

综上所述，由于参数学习和结构学习的局限性，国内外学者逐渐将 CBRB 推理模型的相关研究聚焦于兼顾参数和结构学习的联合优化上，并且提出了一定数量的联合优化方法。考虑到联合优化研究对 CBRB 推理模型的重要性，本书将以此作为研究重点进一步丰富 CBRB 推理模型的联合优化方法。

3.2.4　基于 CBRB 的模型扩展研究

现有 CBRB 推理模型的研究中除了涉及参数学习、结构学习和联合优化外，还有一部分研究是关于 CBRB 推理模型的模型扩展，这方面的研究可以细分为两类。这里需要说明的是：DBRB 推理模型和 EBRB 推理模型也属于 CBRB 推理模型的扩展模型，但相比于本节介绍的扩展模型，DBRB 推理模型和 EBRB 推理模型表现出了更好的应用前景，因此，已有国内外学者对其进行研究，而本节介绍的扩展模型并未获得足够的重视或应用到不同的决策问题中。

一是面向区间信息的模型扩展研究。CBRB 推理模型中信息的表示和合成均是基于概率值的，但实际上采用区间数能够更准确地表示数据信息。为此，部分国内外学者将 CBRB 推理模型扩展成适用于区间数的决策模型。例如，随着 ER 方法的发展和应用[66-69]，Li 等[70]将区间 ER 方法[71, 72]引入 CBRB 推理模型中来替换原先的 ER 方法，并在输入值为区间的情形下，通过求最小值和最大值的非线性优化模型计算区间置信度；为了进一步完善面向区间信息的 CBRB 推理模型，Zhu 等[73]不仅将区间 ER 方法应用到基于 ER 的推理方法中，还将置信规则中前提属性和结构属性的置信度扩展成区间型，提出面向区间信息的激活权重计算和置信度合成公式；除此之外，Chen 等[74]为了用 CBRB 推理模型拟合不确定的非线性系统，分别基于最小均方误差、无穷范式和置信规则的最小平均不确定性建立 CBRB 的参数学习模型，确保 CBRB 推理模型的推理结果能够准确地覆盖区间信息；依托于模糊 ER 方法[75]与 CBRB 推理模型相结合，Liu 等[76]提出了新的模糊失效模式和影响分析方法，由于以模糊 ER 方法作为推理机，CBRB 推理模型能够处理和表示区间等级的置信度；Dymova 和 Sevastjanov[77]将直觉模糊数和证据理论的识别框架共同用于扩展 ER 方法，并以此将 CBRB 推理模型的推理结果表示成直觉模糊数；随后，Qiu 等[78]将识别框架应用到结果属性中表示区间等级的置信度，还将置信规则的规则权重表示成区间类型，提升 CBRB 推理模型表示和处理区间信息的能力。

二是与现有理论相结合的模型扩展研究。为了扩展 CBRB 推理模型，部分国内外学者还将 CBRB 推理模型与现有理论相结合，例如，在输油管道检漏问题中，

Zhou 等[79]将贝叶斯推理方法应用于 CBRB 推理模型,提出基于贝叶斯推理的 CBRB 推理模型;Chen 等[80]将统计学中的条件概率表和 ER 法则[81]用于完善 CBRB 推理模型的规则构建和规则推理过程,并且让 CBRB 的规则数量仅等于所有前提属性中候选等级数量的总和;不同于 Chen 等[80]的研究,Jiao 等[82]将 CBRB 中的置信框架用于扩展模糊规则库分类系统,提出基于 CBRB 的分类系统;随后,Jiao 等[83]进一步将 CBRB 分成数据驱动的 CBRB 和知识驱动的 CBRB,提出基于混合 CBRB 的分类系统;AbuDahab 等[84]通过提出广义的置信规则提升 CBRB 表示不确定信息的能力,同时还以 ER 法则作为面向广义置信规则的推理方法,确保改进后的 CBRB 推理模型能够处理多种不确定信息;在其他的模型扩展研究中,考虑到 CBRB 推理模型容易受训练数据分布不均匀或数据量较少的影响,吴伟昆等[85]通过将 Bagging 算法和 AdaBoost 算法与 CBRB 相结合,提出基于集成学习的 CBRB 推理模型;为了降低 CBRB 中参数学习的时间复杂度,Sun 等[86]利用扩展的因果强度逻辑(causal strength logic,CAST)将 CBRB 中的规则参数表示成因果强度逻辑参数,提出基于扩展因果强度逻辑的 CBRB 推理模型;Zhang 等[87]提出基于向量的 CBRB,不仅避免了规则数组合爆炸问题,还以此形成了非线性因果关系的推理方法。

综上所述,现有的研究已将 CBRB 推理模型与各类理论相结合,进一步强化了 CBRB 推理模型的机能,并且以此衍生出各种扩展的 CBRB 推理模型,丰富与完善了 BRB 推理模型的相关理论与方法。

3.2.5　基于 CBRB 的专家系统研究

随着国内外学者对 CBRB 推理模型研究的不断加深,以及从数学角度证明 CBRB 推理模型能够以任意的准确性拟合确定性和随机性系统[88, 89],CBRB 推理模型被当作专家系统应用于各个领域中,这些领域可以分成如下几大类。

(1)应急决策中基于 CBRB 推理模型的专家系统。例如,为了应对突发事件中数据的不确定性,张恺[90]将 CBRB 推理模型用于应急方案生成中,确保所生成方案的高精准度;宋英华等[91]针对城市洪灾应急案例的检索问题,提出基于 CBRB 推理模型的应急案例索引技术;随后,通过与案例推理[92]相结合,郑晶等[93]提出基于 CBRB 推理模型的应急案例调整方法,再一次验证了 CBRB 推理模型在应急决策中的适用性;在应急决策的其他应用中,曲毅等[94]针对突发事件中演变规律复杂和数据类型多样等问题,提出基于 CBRB 推理模型的突发事件链式演变推理方法;为了降低过程变量的不确定性对报警结果的影响,徐海洋等[95]提出基于 CBRB 推理模型的证据滤波报警器设计方法;此外,CBRB 推理模型还被应用于核电站异常状态[96]中,提高了在突发事件中应急决策的科学性和准确性。

（2）临床诊断中基于 CBRB 推理模型的专家系统。例如，为了准确表示临床决策支持系统中的医学知识和临床症状，Kong 等[97]介绍了如何将 CBRB 推理模型应用于构建临床决策支持系统，并验证了 CBRB 推理模型在临床诊断中的可行性，包括：将 CBRB 推理模型作为临床决策支持系统用于心源性胸痛的临床风险评估中[98]，以及将 CBRB 推理模型用于帮助内科医生预测急诊部门中创伤患者的住院死亡率和重症监护室住院率[99]；在复杂疾病的分类中，Zhou 等[34, 35]针对胃癌淋巴结转移中四个阶段的诊断，先后提出基于两层 CBRB 结构和基于独立协作 CBRB 结构的临床决策支持系统；而在急性冠脉综合征诊断和肺结核诊断中，Hossain 等[100, 101]同样以 CBRB 推理模型为核心理论提出临床决策支持系统，为 CBRB 推理模型应用于临床诊断添加了新的成功案例。

（3）偏好预测中基于 CBRB 推理模型的专家系统。例如，Wang 等[44]依据消费者偏好和橙汁感官属性间的隐含关系构建 CBRB，并以此将 CBRB 推理模型应用于橙汁产品的消费者偏好预测中；相似地，CBRB 推理模型还被用于柠檬水产品的消费者偏好预测中[45]；针对新产品研发的复杂性与伴随的高风险，Tang 等[102]将 CBRB 推理模型应用于消费者感知风险评估中，从而降低新产品研发过程中的高风险；接着，为了提高新产品的竞争优势，Tang 等[103]依据消费者需求和产品配置间的复杂关系构建 CBRB，并以此将 CBRB 推理模型应用于用户满意度评估中；在新产品的需求供给分析中，夏旻旻等[46]以消费者偏好作为新产品研发投入的关键因素，针对国内茶叶市场的消费者偏好构建 CBRB 推理模型，辅助生产商在茶叶方面的生产投入；随后，同样针对茶叶市场，Yang 等[47]也构建了基于消费者偏好的 CBRB 推理模型，用于预测不同季度中茶叶的销售情况；在交通出行方面，杨隆浩等[104]结合全球定位系统（global positioning system，GPS）数据和路网数据，提出了基于 CBRB 推理模型的乘车概率在线预测方法，可为出行用户提供准确的乘车信息。

（4）故障诊断中基于 CBRB 推理模型的专家系统。例如，针对工程系统故障诊断问题，Zhou 等[105]和 Si 等[106]先后基于 CBRB 推理模型提出系统行为预测方法，为 CBRB 推理模型应用于故障诊断领域奠定了理论基础；Zhou 等[39, 40, 107, 108]进一步扩展了 CBRB 推理模型在故障诊断中的应用范畴，针对工程系统中的隐性行为，提出了基于 CBRB 推理模型的预测方法。除此之外，CBRB 推理模型还被应用于器械故障的原因诊断，包括发动机故障诊断[109]、数控机床伺服系统故障诊断[110, 111]、输电系统故障诊断[112, 113]、飞行器故障诊断[114]、船用柴油机故障诊断[115, 116]和无线传感网络故障诊断[117, 118]，以及器械的健康状态评估，包括计算机化数控健康状态评估[119, 120]、涡扇发动机气体通道健康状态评估[121]、轨道车辆健康状态评估[122, 123]、惯性平台健康状态评估[124]、在轨卫星的锂电池含量评估[125]。

（5）军事领域中基于 CBRB 推理模型的专家系统。例如，在军事领域的早期应用研究中，针对武器装备体系中的能力需求满意度评估问题，程贲等[126]提出基于 CBRB 推理模型的满意度评估方法；随后，为了准确预测航天项目中存在的风险，蔡秋慧和李孟军[127]提出了基于 CBRB 推理模型的航天项目风险评估方法；与此同时，针对雷达目标跟踪中数据相关联的问题，刘威等[128]提出了基于 CBRB 推理模型的雷达目标跟踪方法；随着理论研究的深入，CBRB 推理模型被应用到军事领域的更多方面，郭小川等[129]针对导弹预警反击作战中体系和效能评价过于复杂的问题，提出了基于 CBRB 推理模型的体系和效能评估方法；杨晓等[130]为了解决作战方案评估中存在指标种类多且不能回溯评估结果的问题，提出基于 CBRB 推理模型的作战方案评估方法；针对武器装备体系研究，常雷雷[131]将 CBRB 推理模型用于武器装备体系的技术成熟度和满意度评估中。

（6）其他领域中基于 CBRB 推理模型的专家系统。例如，针对非平稳需求中的库存控制问题，李彬等[132]提出基于 CBRB 推理模型的库存控制方法，并以此为基础，针对不确定需求情况下的集约生产规划问题，建立了基于 CBRB 推理模型的专家系统[133, 134]；Hossain 等[135]为了重新设计现有的数据中心，提出基于 CBRB 推理模型的数据中心电源使用效率预测系统；Zhang 等[136]为了有效保护海上交通安全和避免环境污染，在海上交通事故历史数据和专家调查的基础上，提出了基于 CBRB 推理模型的海上安全管理绩效评估方法；除此之外，以 CBRB 推理模型为理论核心的专家系统还被应用于驾驶员情绪识别[137]、电子政务管理[138]、水质监控[139]、双边匹配问题[140]、纹理图像分类[141]、证券投资组合优化[142]、传感器异常数据监测[143]、工业报警设计[144]、空气质量监测[145]中。

3.3　DBRB 推理模型的相关研究

在 BRB 推理模型的发展历程中，DBRB 推理模型是与 CBRB 推理模型一起被提出的，但相关的研究仍处于起步阶段。相比于 CBRB 推理模型，DBRB 推理模型的主要特征是：以并集关联前提属性。而归功于这一区别，DBRB 推理模型能够适用于高维度的数据情形，并且不会出现规则数的"组合爆炸"问题。依据图 3-2，DBRB 推理模型的相关研究可以分成以下两类。

3.3.1　基于并集假设的激活权重计算研究

在 Yang 等[1]提出的 BRB 推理模型中，BRB 的表示和基于 BRB 的规则推理方法均分成面向交集和面向并集两种类型，即 CBRB 推理模型和 DBRB 推理模型，但由于决策问题中不同属性间的逻辑关系主要是以交集为主，因此 DBRB 推理模型未能被国内外的学者所重视。随着 CBRB 中规则数的"组合爆炸"问题逐渐成为高维度数据情形中 BRB 推理模型的应用壁垒,不少学者开始将关注点由 CBRB 推理模型转移至 DBRB 推理模型中。例如,Chang 等[3]通过分析不完备 CBRB 中基于 CBRB 的规则推理方法的"零激活规则"问题,提出将激活权重的累乘算子改为累加算子,使得在高维度的数据情形中能够通过构建 DBRB 避免规则数的"组合爆炸"问题,同时也避免"零激活规则"问题;随后,基于激活权重累加算子的 BRB 推理模型分别应用于空中目标识别[146]、超声检测缺陷识别[147]、防空目标意图识别[148]和军事威胁等级评估[149, 150]等决策问题中,其中需要说明的是:这些问题所涉及的数据维度分别是 4、5、6 和 7,而以此构建的规则数分别是 3、3、3 和 5,但在相同条件下所构建的 CBRB 规则数分别高达 81、243、729 和 78 125。为了进一步完善面向并集的激活权重累加算子,叶青青等[151]将输入数据到置信规则的距离倒数作为个体匹配度,提出新的激活权重累加算子,并在数据维度为 4、9 和 30 的分类问题中验证新算子的有效性。为了区别交集假设下激活权重的累乘算子,之后的研究将激活权重的累加算子归类为并集假设下基于 ER 的规则推理方法。

综上所述,激活权重计算的研究确保了 DBRB 推理模型能够适用于高维度的数据情形,让国内外学者在应对 CBRB 的"组合爆炸"问题时,有了更有效的解决方案。

3.3.2　基于 DBRB 的联合优化研究

由于 DBRB 中前提属性间的逻辑关系为并集,因此置信规则的构建不同于交集假设下的规则构建方式,不再是组合遍历每个前提属性的所有候选等级。为此,Chang 等[3]建议先确定置信规则的数量,然后分配每条置信规则的候选等级,从而构建 DBRB 中的置信规则。同时,依据新的置信规则构建方式,Chang 等还提出了适用于 DBRB 的参数学习模型。相比于已有的 CBRB 参数学习模型,该 DBRB 参数学习模型弱化了前提属性间的重要性差异和候选等级效用值之间的约束条件。为此,Yang 等[152]通过可靠性分析提出 DBRB 参数学习的动态模型,实现了对 DBRB 中参数取值的全局优化;针对分类问题中分类数量与 DBRB 中置信规则数量的内在联系,叶青青等[151]提出将 DBRB 中的规则数量设定为分类问题中分类数量的结构学习方法;方志坚等[153]引入数据分解策略将多分类数据集划分成若干个二分类数据集,再依据二分类数据集和有向无环图构建多个 DBRB,从而建立集成的 DBRB 推理模型,该 DBRB 推理模型在多个公认的分类数据集中均表现出了更高的分类准确性;为了进一步研究 DBRB 的参数和结构学习,Chang 等[154]在 DBRB 参数学习模型的基础上,基于赤池信息准则将 DBRB 推理模型的准确性和规则数量纳入统一的目标，建立了兼顾 DBRB 参数学习和结构学习的联合优化方法，其中在优化 DBRB 的规则数量时，采用了在特定区间中穷举规则数的方式。孙建彬等[64]进一步总结了 DBRB 的联合优化方法，并在输油管道检漏问题中验证了该联合优化方法的有效性；随后，韩润繁等[155]将 DBRB 的联合优化方法应用到海基系统性能退化机理分析和预测中，从而构建规则数较少且具有理想准确性的 DBRB 推理模型。

综上所述，DBRB 推理模型正逐渐引起国内外学者的关注，在已取得的研究成果中，参数学习和结构学习方法确保了 DBRB 具有合理的参数取值和规则数量。

3.4　EBRB 推理模型的相关研究

为了避免 BRB 的参数学习具有过高的时间复杂度，Liu 等[2]以 BRB 推理模型为基础进一步提出 EBRB 推理模型，主要特征是：在无须参数学习的前提下，通过数据转换规则的方式生成 EBRB 中的扩展置信规则，并且由输入数据与扩展置信规则间的相似性确定激活规则。依据图 3-2，现有的与 EBRB 推理模型相关的研究可以总结为以下两类。

3.4.1　基于 EBRB 构建的优化研究

相比于 CBRB 和 DBRB 推理模型，EBRB 推理模型的主要优势是 EBRB 的构建方法具有较低的时间复杂度。因此，在 EBRB 推理模型的早期研究中，EBRB 推理模型就被成功地应用到美国国家航空航天局的软件缺陷预测[2]和英国北爱尔兰公众健康状态评估[156]等具有大规模数据的决策问题中。此后，国内外学者针对 EBRB 的构建方法开展了诸多优化研究，例如，在优化 EBRB 的规则检索方面，苏群等[157]引入树形数据结构提出 EBRB 的结构优化框架，以此降低在基于 ER 的规则推理方法中规则检索的时间复杂度；随后，针对 EBRB 处于低维度和高维度两种数据情形，Yang 等[158]分别提出基于 K 维树（K-dimensional tree，KDT）和布克哈德-凯勒树（Burkhard-Keller tree，BKT）的规则索引框架，进而降低 EBRB 中规则检索的时间复杂度；接着，Lin 等[159]引入制高点（vantage point，VP）树和多制高点（multi-vantage point，MVP）树来进一步降低规则检索的时间复杂度，并且通过 K 均值聚类算法提升 EBRB 推理模型的准确性；此外，Yang 等[160]通过对输入空间进行区域分割，再以不同区域为最小单位生成新的规则，从而降低规则检索的时间复杂度。在优化 EBRB 的信息表示方面，余瑞银等[161]将训练数据的输入值作为前提属性的候选等级，简化扩展置信规则的表示形式，并提出新的规则权重计算方法，降低构建 EBRB 的时间复杂度；Jin 等[162]引用确定度表示在前提属性和结果属性中的数值型、字符型、语言变量型和混合型信息，提升扩展置信规则的信息表示能力；在此基础上，Jin 和 Fang[163]进一步提出区间确定度，提升 EBRB 表示区间信息的能力；针对 EBRB 中只有一个结果属性且需要将确定因子转换为置信度的不足，靳留乾等[164]提出基于确定因子且包含多个结果属性的 EBRB 构建方法。在优化 EBRB 的属性选择方面，Espinilla 等[165]分别基于依赖性和相似性的属性选择方法，在智能家居的活动识别中筛选关键属性，并将这些关键属性作为前提属性构建 EBRB；在参数和结构学习方面，Yang 等[166]引入 CBRB 中的参数学习方法，并以此训练 EBRB 中关键参数的取值，提高 EBRB 推理模型的准确性；Yang 等[167]引入数据包络分析方法，提出基于有效性分析的 EBRB 规则约简方法，确保 EBRB 具有合理的规则数量；吕靖等[168]提出一种新的基于 EBRB 联合优化的海岛袭击事件风险预测模型；Bi 等[169]提出基于贪心策略和参数学习的 EBRB 构建框架，从而保证 EBRB 中参数取值和规则数量最优。

综上所述，针对 EBRB 的构建方法，国内外学者从多个方面提出了改进和完善方法，这些研究成果进一步优化了 EBRB 推理模型的时间复杂度和准确性。但从研究的深度而言，EBRB 构建方法及其现有研究还不足以保证 EBRB 推理模型能够适用于各类决策问题。

3.4.2　基于信息一致性的规则激活研究

在 EBRB 推理模型中，基于 ER 的规则推理方法是以输入数据与规则间的相似性确定激活规则，其中相似性是依据输入数据与扩展置信规则间的欧氏距离来计算的。由此可知，EBRB 推理模型需要激活近乎所有的扩展置信规则用于生成推理结果，而这一情形容易因激活规则集合中包含不一致的信息而影响 EBRB 推理模型的准确性。为此，余瑞银等[161]引入了 80/20 法则改进规则激活策略，通过保留前 20%的激活规则保证激活规则集合的信息一致性，该激活规则策略不仅提升了 EBRB 推理模型的准确性，还降低了基于证据推理的规则推理方法的时间复杂度；Calzada 等[170]在原激活权重计算公式的基础上增设了幂乘运算，提出了基于惩罚和奖励策略的激活权重计算方法，从而保证激活规则集合的信息一致性；随后，以 Calzada 等[170]的研究工作为基准，Yang 等[171, 172]分别通过扩展置信规则的一致性分析和激活域划分，提出适用于规则推理过程的激活规则筛选方法；林燕清和傅仰耿[173]通过探讨个体匹配度计算过程中可能存在的负值，提出基于加权欧氏距离的相似性度量方法，确保激活规则集合的信息不一致性最小；在此基础上，林燕清和傅仰耿[174]将多目标优化应用到 EBRB 推理模型的规则推理中，提出基于快速非支配排序遗传算法的规则激活方法；在处理智能家居的活动识别问题中，Espinilla 等[165]以汉明距离计算扩展置信规则与输入值之间的相似性，并且通过事先设定的阈值筛选激活规则，确保激活规则集合的信息一致性；Fu 等[175]提出了新的规则权重计算和激活规则选择方法，并以此保证 EBRB 推理模型能够成功用于甲状腺结节的诊断。

综上所述，针对 EBRB 推理模型的不一致性问题，国内外学者已陆续开展相关的研究工作，并取得了一定的研究成果。但这些研究成果主要是以激活权重为衡量标准来减少激活规则的数量，缺少规则与规则间和规则与输入值间的相似性度量。

参 考 文 献

[1]　Yang J B, Liu J, Wang J, et al. Belief rule-base inference methodology using the evidential reasoning approach-RIMER[J]. IEEE Transactions on Systems, Man, and Cybernetics-Part A: Systems and Humans, 2006, 36 (2) : 266-285.

[2]　Liu J, Martínez L, Calzada A, et al. A novel belief rule base representation, generation and its inference methodology[J]. Knowledge-Based Systems, 2013, 53: 129-141.

[3]　Chang L L, Zhou Z J, You Y, et al. Belief rule based expert system for classification problems with new rule activation and weight calculation procedures[J]. Information Sciences, 2016, 336: 75-91.

[4]　Yang J B, Liu J, Xu D L, et al. Optimization models for training belief-rule-based systems[J]. IEEE Transactions on Systems, Man, and Cybernetics-Part A: Systems and Humans, 2007, 37 (4) : 569-585.

[5]　Xu D L, Liu J, Yang J B, et al. Inference and learning methodology of belief-rule-based expert system for pipeline leak detection[J]. Expert Systems with Applications, 2007, 32 (1) : 103-113.

[6]　Liu J, Yang J B, Ruan D, et al. Self-tuning of fuzzy belief rule bases for engineering system safety analysis[J]. Annals of Operations Research, 2008, 163 (1) : 143-168.

[7]　Chen Y W, Yang J B, Xu D L, et al. Inference analysis and adaptive training for belief rule based systems[J]. Expert Systems with Applications, 2011, 38 (10) : 12845-12860.

[8]　Zhou Z J, Hu C H, Yang J B, et al. Online updating belief rule based system for pipeline leak detection under expert intervention[J]. Expert Systems with Applications, 2009, 36 (4) : 7700-7709.

[9]　王韩杰, 杨隆浩, 傅仰耿, 等. 专家干预下置信规则库参数训练的差分进化算法[J]. 计算机科学, 2015, 42 (5) : 88-93.

[10]　Liu J, Martínez L, Ruan D, et al. Optimization algorithm for learning consistent belief rule-base from examples[J]. Journal of Global Optimization, 2011, 51 (2) : 255-270.

[11]　常雷雷, 徐晓滨, 徐晓健. 基于主导从属框架的变结构置信规则库多目标优化方法[J]. 系统工程理论与实践, 2022, 42 (2) : 514-526.

[12]　Feng Z C, Zhou Z J, Hu C H, et al. Fault diagnosis based on belief rule base with considering attribute correlation[J]. IEEE Access, 2018, 6: 2055-2067.

[13]　刘佳俊, 胡昌华, 周志杰, 等. 基于证据推理和置信规则库的装备寿命评估[J]. 控制理论与应用, 2015, 32 (2) : 231-238.

[14]　王继东, 常瑞, 苏海滨, 等. 一种改进的专家系统自学习算法的研究[J]. 微计算机信息, 2009, 25 (18) : 263-264, 250.

[15]　常瑞, 张速. 基于优化步长和梯度法的置信规则库参数学习方法[J]. 华北水利水电学院学报, 2011, 32 (1) : 154-157.

[16] 郑秋华, 姚敏, 钱沄涛. 基于拉格朗日松弛和次梯度法的网络故障定位新方法[J]. 系统工程理论与实践, 2008, 28 (11) : 155-164.

[17] 吴伟昆, 杨隆浩, 傅仰耿, 等. 基于加速梯度求法的置信规则库参数训练方法[J]. 计算机科学与探索, 2014, 8 (8) : 989-1001.

[18] Zhou Z J, Hu C H, Yang J B, et al. Online updating belief-rule-base using the RIMER approach[J]. IEEE Transactions on Systems, Man, and Cybernetics-Part A: Systems and Humans, 2011, 41 (6) : 1225-1243.

[19] Zhou Z J, Hu C H, Wang W B, et al. Condition-based maintenance of dynamic systems using online failure prognosis and belief rule base[J]. Expert Systems with Applications, 2012, 39 (6) : 6140-6149.

[20] Zhou Z J, Hu C H, Han X X, et al. A model for online failure prognosis subject to two failure modes based on belief rule base and semi-quantitative information[J]. Knowledge-Based Systems, 2014, 70: 221-230.

[21] Zhou Z J, Hu C H, Xu D L, et al. A model for real-time failure prognosis based on hidden Markov model and belief rule base[J]. European Journal of Operational Research, 2010, 207 (1) : 269-283.

[22] Jiang J, Zhou Z J, Han X X, et al. A new BRB based method to establish hidden failure prognosis model by using life data and monitoring observation[J]. Knowledge-Based Systems, 2014, 67: 270-277.

[23] 章隆兵, 吴少刚, 蔡飞, 等. PC 机群上共享存储与消息传递的比较[J]. 软件学报, 2004, 15 (6) : 842-849.

[24] 杨隆浩, 傅仰耿, 巩晓婷. 置信规则库参数学习的并行差分进化算法[J]. 山东大学学报 (工学版), 2015, 45 (1) : 30-36.

[25] 苏群, 杨隆浩, 傅仰耿, 等. 基于变速粒子群优化的置信规则库参数训练方法[J]. 计算机应用, 2014, 34 (8) : 2161-2165, 2174.

[26] 王皓, 欧阳海滨, 高立群. 一种改进的全局粒子群优化算法[J]. 控制与决策, 2016, 31 (7) : 1161-1168.

[27] 杨慧, 吴沛泽, 倪继良. 基于改进粒子群置信规则库参数训练算法[J]. 计算机工程与设计, 2017, 38 (2) : 400-404.

[28] 王倩倩, 胡蓉, 周志杰, 等. 基于置信规则库的水松纸透气度在线检测研究[J]. 控制工程, 2016, 23 (9) : 1361-1368.

[29] Qian B, Wang Q Q, Hu R, et al. An effective soft computing technology based on belief-rule-base and particle swarm optimization for tipping paper permeability measurement[J]. Journal of Ambient Intelligence and Humanized Computing, 2019, 10 (3) : 841-850.

[30] Chang L L, Sun J B, Jiang J, et al. Parameter learning for the belief rule base system in the residual life probability prediction of metalized film capacitor[J]. Knowledge-Based Systems, 2015, 73: 69-80.

[31] 刘佳俊, 胡昌华, 周志杰, 等. 基于置信规则库和差分进化的设备寿命评估方法[J]. 科学技术与工程, 2015, 15 (1) : 245-249, 284.

[32] Zhou Z J, Chang L L, Hu C H, et al. A new BRB-ER-based model for assessing the lives of products using both failure data and expert knowledge[J]. IEEE Transactions on Systems, Man, and Cybernetics: Systems, 2016, 46 (11) : 1529-1543.

[33] 刘莛玲, 王韩杰, 傅仰耿, 等. 基于差分进化算法的置信规则库推理的分类方法[J]. 中国科学技术大学学报, 2016, 46 (9) : 764-773.

[34] Zhou Z G, Liu F, Jiao L C, et al. A bi-level belief rule based decision support system for diagnosis of lymph node metastasis in gastric cancer[J]. Knowledge-Based Systems, 2013, 54: 128-136.

[35] Zhou Z G, Liu F, Li L L, et al. A cooperative belief rule based decision support system for lymph node metastasis diagnosis in gastric cancer[J]. Knowledge-Based Systems, 2015, 85: 62-70.

[36] Hu G Y, Zhou Z J, Zhang B C, et al. A method for predicting the network security situation based on hidden BRB

model and revised CMA-ES algorithm[J]. Applied Soft Computing, 2016, 48: 404-418.

[37] Hu G Y, Qiao P L. Cloud belief rule base model for network security situation prediction[J]. IEEE Communications Letters, 2016, 20 (5) : 914-917.

[38] 胡冠宇. 基于置信规则库的网络安全态势感知技术研究[D]. 哈尔滨: 哈尔滨理工大学, 2016.

[39] Zhou Z J, Hu C H, Hu G Y, et al. Hidden behavior prediction of complex systems under testing influence based on semiquantitative information and belief rule base[J]. IEEE Transactions on Fuzzy Systems, 2015, 23 (6) : 2371-2386.

[40] Zhou Z J, Hu G Y, Zhang B C, et al. A model for hidden behavior prediction of complex systems based on belief rule base and power set[J]. IEEE Transactions on Systems, Man, and Cybernetics: Systems, 2018, 48 (9) : 1649-1655.

[41] Zhang B C, Hu G Y, Zhou Z J, et al. Network intrusion detection based on directed acyclic graph and belief rule base[J]. ETRI Journal, 2017, 39 (4) : 592-604.

[42] 李敏, 傅仰耿, 刘莞玲, 等. 置信规则库参数训练的布谷鸟搜索算法[J]. 小型微型计算机系统, 2018, 39 (6) : 1149-1155.

[43] Zhu W, Chang L L, Sun J B, et al. Parallel multi-population optimization for belief rule base learning[J]. Information Sciences, 2021, 556: 436-458.

[44] Wang Y M, Yang J B, Xu D L, et al. Consumer preference prediction by using a hybrid evidential reasoning and belief rule-based methodology[J]. Expert Systems with Applications, 2009, 36 (4) : 8421-8430.

[45] Yang J B, Wang Y M, Xu D L, et al. Belief rule-based methodology for mapping consumer preferences and setting product targets[J]. Expert Systems with Applications, 2012, 39 (5) : 4749-4759.

[46] 夏昊旻, 李兴国, 付磊, 等. 基于置信规则库系统茶叶市场消费者偏好测度[J]. 合肥工业大学学报 (自然科学版), 2015, 38 (10) : 1404-1409.

[47] Yang Y, Fu C, Chen Y W, et al. A belief rule based expert system for predicting consumer preference in new product development[J]. Knowledge-Based Systems, 2016, 94: 105-113.

[48] 常雷雷, 李孟军, 鲁延京, 等. 基于主成分分析的置信规则库结构学习方法[J]. 系统工程理论与实践, 2014, 34 (5) : 1297-1304.

[49] 杨隆浩, 王晓东, 傅仰耿. 基于关联系数标准差融合的置信规则库规则约简方法[J]. 信息与控制, 2015, 44 (1) : 21-28, 37.

[50] Li G L, Zhou Z J, Hu C H, et al. A new safety assessment model for complex system based on the conditional generalized minimum variance and the belief rule base[J]. Safety Science, 2017, 93: 108-120.

[51] Chang L L, Zhou Y, Jiang J, et al. Structure learning for belief rule base expert system: A comparative study[J]. Knowledge-Based Systems, 2013, 39: 159-172.

[52] 李彬, 王红卫, 杨剑波, 等. 置信规则库结构识别的置信 K 均值聚类算法[J]. 系统工程, 2011, 29 (5) : 85-91.

[53] 陈婷婷, 王应明. 基于 AR 模型的置信规则库结构识别算法[J]. 计算机科学, 2018, 45 (S1) : 79-84.

[54] 王应明, 杨隆浩, 常雷雷, 等. 置信规则库规则约简的粗糙集方法[J]. 控制与决策, 2014, 29 (11) : 1943-1950.

[55] Zhou Z J, Hu C H, Yang J B, et al. A sequential learning algorithm for online constructing belief-rule-based systems[J]. Expert Systems with Applications, 2010, 37 (2) : 1790-1799.

[56] Yu X D, Huang D X, Jiang Y H, et al. Iterative learning belief rule-base inference methodology using evidential reasoning for delayed coking unit[J]. Control Engineering Practice, 2012, 20 (10) : 1005-1015.

[57] 司小胜, 胡昌华, 张琪, 等. 基于进化信度规则库的故障预测[J]. 控制理论与应用, 2012, 29 (12) : 1579-1586.

[58] 杨隆浩, 傅仰耿, 吴英杰. 面向最佳决策结构的置信规则库结构学习方法[J]. 计算机科学与探索, 2014, 8 (10) :

1216-1230.

[59] Wang Y M, Yang L H, Fu Y G, et al. Dynamic rule adjustment approach for optimizing belief rule-base expert system[J]. Knowledge-Based Systems, 2016, 96: 40-60.

[60] Ke X L, Ma L Y, Wang Y. A modified belief rule based model for uncertain nonlinear systems identification[J]. Journal of Intelligent & Fuzzy Systems, 2017, 32 (6) : 3879-3891.

[61] Yang L H, Wang Y M, Liu J, et al. A joint optimization method on parameter and structure for belief-rule-based systems[J]. Knowledge-Based Systems, 2018, 142: 220-240.

[62] Zhang B C, Han X X, Zhou Z J, et al. Construction of a new BRB based model for time series forecasting[J]. Applied Soft Computing, 2013, 13 (12) : 4548-4556.

[63] Chang L L, Zhou Z J, Chen Y W, et al. Akaike Information Criterion-based conjunctive belief rule base learning for complex system modeling[J]. Knowledge-Based Systems, 2018, 161: 47-64.

[64] 孙建彬, 常雷雷, 谭跃进, 等. 基于双层模型的置信规则库参数与结构联合优化方法[J]. 系统工程理论与实践, 2018, 38 (4) : 983-993.

[65] You Y Q, Sun J B, Guo Y, et al. Interpretability and accuracy trade-off in the modeling of belief rule-based systems[J]. Knowledge-Based Systems, 2022, 236: 107491.

[66] 傅仰耿, 杨隆浩, 吴英杰. 面向复杂评价模型的证据推理方法[J]. 模式识别与人工智能, 2014, 27 (4) : 313-326.

[67] 朱卫东, 刘芳, 王东鹏, 等. 科学基金项目立项评估: 综合评价信息可靠性的多指标证据推理规则研究[J]. 中国管理科学, 2016, 24 (10) : 141-148.

[68] 陈浩, 王睿, 孙荣丽, 等. DSIT: 面向传感网信息融合的证据推理方法[J]. 计算机研究与发展, 2015, 52 (4) : 972-982.

[69] 周志杰, 刘涛源, 李方志, 等. 一种基于证据推理的装备保障资源评估方法[J]. 控制与决策, 2018, 33 (6) : 1048-1054.

[70] Li B, Wang H W, Yang J B, et al. A belief-rule-based inventory control method under nonstationary and uncertain demand[J]. Expert Systems with Applications, 2011, 38 (12) : 14997-15008.

[71] Wang Y M, Yang J B, Xu D L, et al. The evidential reasoning approach for multiple attribute decision analysis using interval belief degrees[J]. European Journal of Operational Research, 2006, 175 (1) : 35-66.

[72] Guo M, Yang J B, Chin K S, et al. Evidential reasoning based preference programming for multiple attribute decision analysis under uncertainty[J]. European Journal of Operational Research, 2007, 182 (3) : 1294-1312.

[73] Zhu H, Zhao J B, Xu Y, et al. Interval-valued belief rule inference methodology based on evidential reasoning-IRIMER[J]. International Journal of Information Technology & Decision Making, 2016, 15 (6) : 1345-1366.

[74] Chen Y W, Yang J B, Pan C C, et al. Identification of uncertain nonlinear systems: Constructing belief rule-based models[J]. Knowledge-Based Systems, 2015, 73 (1) : 124-133.

[75] Guo M, Yang J B, Chin K S, et al. Evidential reasoning approach for multiattribute decision analysis under both fuzzy and interval uncertainty[J]. IEEE Transactions on Fuzzy Systems, 2009, 17 (3) : 683-697.

[76] Liu H C, Liu L, Lin Q L. Fuzzy failure mode and effects analysis using fuzzy evidential reasoning and belief rule-based methodology[J]. IEEE Transactions on Reliability, 2013, 62 (1) : 23-36.

[77] Dymova L, Sevastjanov P. A new approach to the rule-base evidential reasoning in the intuitionistic fuzzy setting[J]. Knowledge-Based Systems, 2014, 61: 109-117.

[78] Qiu S Q, Sallak M, Schön W, et al. A valuation-based system approach for risk assessment of belief rule-based

expert systems[J]. Information Sciences, 2018, 466: 323-336.

[79] Zhou Z J, Hu C H, Xu D L, et al. Bayesian reasoning approach based recursive algorithm for online updating belief rule based expert system of pipeline leak detection[J]. Expert Systems with Applications, 2011, 38 (4) : 3937-3943.

[80] Chen Y, Chen Y W, Xu X B, et al. A data-driven approximate causal inference model using the evidential reasoning rule[J]. Knowledge-Based Systems, 2015, 88: 264-272.

[81] Yang J B, Xu D L. Evidential reasoning rule for evidence combination[J]. Artificial Intelligence, 2013, 205: 1-29.

[82] Jiao L M, Pan Q, Denœux T, et al. Belief rule-based classification system: Extension of FRBCS in belief functions framework[J]. Information Sciences, 2015, 309: 26-49.

[83] Jiao L M, Denoeux T, Pan Q. A hybrid belief rule-based classification system based on uncertain training data and expert knowledge[J]. IEEE Transactions on Systems, Man, and Cybernetics: Systems, 2016, 46 (12) : 1711-1723.

[84] AbuDahab K, Xu D L, Chen Y W. A new belief rule base knowledge representation scheme and inference methodology using the evidential reasoning rule for evidence combination[J]. Expert Systems with Applications, 2016, 51: 218-230.

[85] 吴伟昆, 傅仰耿, 苏群, 等. 基于 GDA 的置信规则库参数训练的集成学习方法[J]. 计算机科学与探索, 2016, 10 (12) : 1651-1661.

[86] Sun J B, Huang J X, Chang L L, et al. BRBcast: A new approach to belief rule-based system parameter learning via extended causal strength logic[J]. Information Sciences, 2018, 444: 51-71.

[87] Zhang Z J, Xu X B, Chen P, et al. A novel nonlinear causal inference approach using vector-based belief rule base[J]. International Journal of Intelligent Systems, 2021, 36: 5005-5027.

[88] Chen Y W, Yang J B, Xu D L, et al. On the inference and approximation properties of belief rule based systems[J]. Information Sciences, 2013, 234: 121-135.

[89] 郭敏. 基于置信规则库推理的不确定性建模研究[J]. 系统工程理论与实践, 2016, 36 (8) : 1975-1982.

[90] 张恺. 基于置信规则库的应急方案生成方法[J]. 福建工程学院学报, 2015, 13 (6) : 584-589.

[91] 宋英华, 李旭彦, 高维义, 等. 城市洪灾应急案例检索中的 RIMER 方法研究[J]. 中国安全科学学报, 2015, 25 (7) : 153-158.

[92] 封超, 杨乃定, 桂维民, 等. 基于案例推理的突发事件应急方案生成方法[J]. 控制与决策, 2016, 31 (8) : 1526-1530.

[93] 郑晶, 王应明, 王韩杰. 基于置信规则库的应急方案调整方法[J]. 信息与控制, 2016, 45 (5) : 634-640.

[94] 曲毅, 仲秋雁, 马骁霏. 基于信度规则库的突发事件链式演变推理方法[J]. 管理工程学报, 2017, 31 (1) : 142-148.

[95] 徐海洋, 徐晓滨, 文成林, 等. 基于置信规则库推理的证据滤波报警器设计[J]. 山东科技大学学报 (自然科学版) , 2017, 36 (4) : 45-50.

[96] 钱虹, 马萃萃. 基于事件触发机制的核电站智能诊断专家系统置信规则库的研究[J]. 原子能科学技术, 2017, 51 (3) : 485-493.

[97] Kong G L, Xu D L, Liu X B, et al. Applying a belief rule-base inference methodology to a guideline-based clinical decision support system[J]. Expert Systems, 2009, 26 (5) : 391-408.

[98] Kong G L, Xu D L, Body R, et al. A belief rule-based decision support system for clinical risk assessment of cardiac chest pain[J]. European Journal of Operational Research, 2012, 219 (3) : 564-573.

[99] Kong G L, Xu D L, Yang J B, et al. Belief rule-based inference for predicting trauma outcome[J]. Knowledge-Based Systems, 2016, 95: 35-44.

[100] Hossain M S, Rahaman S, Mustafa R, et al. A belief rule-based expert system to assess suspicion of acute coronary

syndrome (ACS) under uncertainty[J]. Soft Computing, 2018, 22 (22) : 7571-7586.

[101] Hossain M S, Ahmed F, Fatema T J, et al. A belief rule based expert system to assess tuberculosis under uncertainty[J]. Journal of Medical Systems, 2017, 41 (3) : 1-11.

[102] Tang D W, Yang J B, Chin K S, et al. A methodology to generate a belief rule base for customer perception risk analysis in new product development[J]. Expert Systems with Applications, 2011, 38 (5) : 5373-5383.

[103] Tang D W, Wong T C, Chin K S, et al. Evaluation of user satisfaction using evidential reasoning-based methodology[J]. Neurocomputing, 2014, 142: 86-94.

[104] 杨隆浩, 蔡芷铃, 黄志鑫, 等. 出租车乘车概率预测的置信规则库推理方法[J]. 计算机科学与探索, 2015, 9 (8) : 985-994.

[105] Zhou Z J, Hu C H, Xu D L, et al. New model for system behavior prediction based on belief rule based systems[J]. Information Sciences, 2010, 180 (24) : 4834-4864.

[106] Si X S, Hu C H, Yang J B, et al. A new prediction model based on belief rule base for system's behavior prediction[J]. IEEE Transactions on Fuzzy Systems, 2011, 19 (4) : 636-651.

[107] 周志杰, 杨剑波, 胡昌华, 等. 置信规则库专家系统与复杂系统建模[M]. 北京: 科学出版社, 2011.

[108] 周志杰. 置信规则库在线建模方法与故障预测[D]. 西安: 第二炮兵工程大学, 2010.

[109] 张伟, 石菖蒲, 胡昌华, 等. 基于置信规则库专家系统的发动机故障诊断[J]. 系统仿真技术, 2011, 7 (1) : 11-15.

[110] 张邦成, 尹晓静, 王占礼, 等. 利用置信规则库的数控机床伺服系统故障诊断[J]. 振动·测试与诊断, 2013, 33 (4) : 694-700, 729.

[111] Zhang B C, Yin X J, Wang Z L, et al. A BRB based fault prediction method of complex electromechanical systems[J]. Mathematical Problems in Engineering, 2015, 1: 1-8.

[112] 陈金强. 基于 RIMER 专家系统和 DGA 的变压器故障诊断[J]. 高压电器, 2013, 49 (11) : 76-81.

[113] 薛士敏, 孙文鹏, 高峰, 等. 基于精确隐性故障模型的输电系统连锁故障风险评估[J]. 电网技术, 2016, 40 (4) : 1012-1017.

[114] Zhao X, Wang S C, Zhang J S, et al. Real-time fault detection method based on belief rule base for aircraft navigation system[J]. Chinese Journal of Aeronautics, 2013, 26 (3) : 717-729.

[115] Xu X J, Yan X P, Sheng C X, et al. A belief rule-based expert system for fault diagnosis of marine diesel engines[J]. IEEE Transactions on Systems, Man, and Cybernetics: Systems, 2017, 50 (2) : 656-672.

[116] Yan X P, Xu X J, Sheng C X, et al. Intelligent wear mode identification system for marine diesel engines based on multi-level belief rule base methodology[J]. Measurement Science and Technology, 2018, 29 (1) : 1-13.

[117] He W, Qiao P L, Zhou Z J, et al. A new belief-rule-based method for fault diagnosis of wireless sensor network[J]. IEEE Access, 2018, 6: 9404-9419.

[118] He W, Hu G Y, Zhou Z J, et al. A new hierarchical belief-rule-based method for reliability evaluation of wireless sensor network[J]. Microelectronics Reliability, 2018, 87: 33-51.

[119] Yin X J, Zhang B C, Zhou Z J, et al. A new health estimation model for CNC machine tool based on infinite irrelevance and belief rule base[J]. Microelectronic Reliability, 2018, 84: 187-196.

[120] Yin X J, Wang Z L, Zhang B C, et al. A double layer BRB model for health prognostics in complex electromechanical system[J]. IEEE Access, 2017, 5: 23833-23847.

[121] Yin X J, Wang Z L, Zhang B C, et al. Health estimation of fan based on belief-rule-base expert system in turbofan engine gas-path[J]. Advances in Mechanical Engineering, 2017, 9 (3) : 1-11.

[122] 张邦成, 步倩影, 周志杰, 等. 基于置信规则库专家系统的司控器开关量健康状态评估[J]. 控制与决策,

2019, 34 (4) : 805-810.

[123]　徐晓滨, 汪艳辉, 文成林, 等. 基于置信规则库推理的轨道高低不平顺检测方法[J]. 铁道学报, 2014, 36 (12) : 70-78.

[124]　胡昌华, 司小胜. 基于信度规则库的惯性平台健康状态参数在线估计[J]. 航空学报, 2010, 31 (7) : 1454-1465.

[125]　Zhao D, Zhou Z J, Tang S W, et al. Online estimation of satellite lithium-ion battery capacity based on approximate belief rule base and hidden Markov model[J]. Energy, 2022, 256: 124632.

[126]　程贲, 姜江, 谭跃进, 等. 基于证据推理的武器装备体系能力需求满足度评估方法[J]. 系统工程理论与实践, 2011, 31 (11) : 2210-2216.

[127]　蔡秋慧, 李孟军. 基于 RIMER 的航天项目风险评估方法[J]. 科技和产业, 2012, 12 (10) : 64-66, 80.

[128]　刘威, 陈先桥, 初秀民. 基于置信规则推理方法的雷达目标跟踪[J]. 哈尔滨工程大学学报, 2016, 37 (6) : 826-831.

[129]　郭小川, 陈桂明, 常雷雷, 等. 基于 DoDAF 与 RIMER 的导弹预警反击作战体系效能评估[J]. 电光与控制, 2017, 24 (6) : 28-33.

[130]　杨晓, 朱昱, 武健. RIMER 的作战行动方案评估方法研究[J]. 现代防御技术, 2018, 46 (3) : 80-85, 183.

[131]　常雷雷. 武器装备体系技术贡献度评估方法研究[D]. 长沙: 国防科技大学, 2014.

[132]　李彬, 王红卫, 杨剑波, 等. 基于置信规则推理的库存控制方法[J]. 华中科技大学学报 (自然科学版) , 2011, 39 (7) : 76-79.

[133]　Li B, Wang H W, Yang J B, et al. A belief-rule-based inference method for aggregate production planning under uncertainty[J]. International Journal of Production Research, 2013, 51 (1) : 83-105.

[134]　李彬. 置信规则推理方法及其在库存与生产运作管理中的应用[D]. 武汉: 华中科技大学, 2012.

[135]　Hossain M S, Rahaman S, Kor A, et al. A belief rule based expert system for datacenter PUE prediction under uncertainty[J]. IEEE Transactions on Sustainable Computing, 2017, 2 (2) : 140-153.

[136]　Zhang J F, Yan X P, Zhang D, et al. Safety management performance assessment for Maritime Safety Administration (MSA) by using generalized belief rule base methodology[J]. Safety Science, 2014, 63: 157-167.

[137]　万平, 吴超仲, 林英姿, 等. 基于置信规则库的驾驶人愤怒情绪识别模型[J]. 交通运输系统工程与信息, 2015, 15 (5) : 96-102.

[138]　Hossain M S, Zander P O, Kamal M S, et al. Belief-rule-based expert systems for evaluation of e-government: A case study[J]. Expert Systems, 2015, 32 (5) : 563-577.

[139]　Aminravan F, Sadiq R, Hoorfar M, et al. Multi-level information fusion for spatiotemporal monitoring in water distribution networks[J]. Expert Systems with Applications, 2015, 42 (7) : 3813-3831.

[140]　方志坚, 杨隆浩, 傅仰耿, 等. 基于置信规则库推理的多属性双边匹配决策方法[J]. 南京大学学报 (自然科学) , 2016, 52 (4) : 672-681.

[141]　方志坚, 傅仰耿, 陈建华. 纹理图像分类的置信规则库推理方法[J]. 应用科学学报, 2017, 35 (5) : 545-558.

[142]　Chen Y W, Poon S H, Yang J B, et al. Belief rule-based system for portfolio optimisation with nonlinear cash-flows and constraints[J]. European Journal of Operational Research, 2012, 223 (3) : 775-784.

[143]　Ul Islam R, Hossain M S, Andersson K. A novel anomaly detection algorithm for sensor data under uncertainty[J]. Soft Computing, 2018, 22 (5) : 1623-1639.

[144]　Xu X B, Xu H Y, Wen C L, et al. A belief rule-based evidence updating method for industrial alarm system design[J]. Control Engineering Practice, 2018, 81: 73-84.

[145]　Kabir S, Islam R U, Hossain M S, et al. An integrated approach of belief rule base and convolutional neural network to monitor air quality in Shanghai[J]. Expert Systems with Applications, 2022, 206: 117905.

[146] 赵福均, 周志杰, 胡昌华, 等. 基于置信规则库和证据推理的空中目标意图识别方法[J]. 电光与控制, 2017, 24 (8) : 15-19.

[147] 王力, 周志杰, 胡昌华, 等. 基于置信规则和证据推理的超声检测缺陷识别[J]. 中国测试, 2017, 43 (4) : 6-10, 67.

[148] 和钰, 常雷雷, 姜江, 等. 基于置信规则库的防空目标意图识别方法[J]. 火力与指挥控制, 2017, 42 (9) : 7-12.

[149] Zhou Y, Chang L L, Qian B. A belief-rule-based model for information fusion with insufficient multi-sensor data and domain knowledge using evolutionary algorithms with operator recommendations[J]. Soft Computing, 2019, 23 (13) : 5129-5142.

[150] Chang L L, Jiang J, Sun J B, et al. Disjunctive belief rule base spreading for threat level assessment with heterogeneous, insufficient, and missing information[J]. Information Sciences, 2019, 476: 106-131.

[151] 叶青青, 杨隆浩, 傅仰耿, 等. 基于改进置信规则库推理的分类方法[J]. 计算机科学与探索, 2016, 10 (5) : 709-721.

[152] Yang L H, Wang Y M, Chang L L, et al. A disjunctive belief rule-based expert system for bridge risk assessment with dynamic parameter optimization model[J]. Computers & Industrial Engineering, 2017, 113 : 459-474.

[153] 方志坚, 傅仰耿, 陈建华. 基于置信规则库推理的二择众仓分类方法[J]. 数据采集与处理, 2018, 33 (3) : 477-486.

[154] Chang L L, Zhou Z J, Chen Y W, et al. Belief rule base structure and parameter joint optimization under disjunctive assumption for nonlinear complex system modeling[J]. IEEE Transactions on Systems, Man, and Cybernetics: Systems, 2018, 48 (9) : 1542-1554.

[155] 韩润繁, 陈桂明, 常雷雷, 等. 基于置信规则库的海基系统性能退化机理分析与预测[J]. 控制与决策, 2019, 34 (3) : 479-486.

[156] Calzada A, Liu J, Wang H, et al. Application of a spatial intelligent decision system on self-rated health status estimation[J]. Journal of Medical Systems, 2015, 39 (11) : 1-18.

[157] 苏群, 杨隆浩, 傅仰耿, 等. 基于 BK 树的扩展置信规则库结构优化框架[J]. 计算机科学与探索, 2016, 10 (2) : 257-267.

[158] Yang L H, Wang Y M, Su Q, et al. Multi-attribute search framework for optimizing extended belief rule-based systems[J]. Information Sciences, 2016, 370-371: 159-183.

[159] Lin Y Q, Fu Y G, Su Q, et al. A rule activation method for extended belief rule base with VP-tree and MVP-tree[J]. Journal of Intelligent & Fuzzy Systems, 2017, 33 (6) : 3695-3705.

[160] Yang L H, Liu J, Wang Y M, et al. A micro-extended belief rule-based system for big data multiclass classification problems[J]. IEEE Transactions on Systems, Man, and Cybernetics: Systems, 2021, 51 (1) : 420-440.

[161] 余瑞银, 杨隆浩, 傅仰耿. 数据驱动的置信规则库构建与推理方法[J]. 计算机应用, 2014, 34 (8) : 2155-2160, 2169.

[162] Jin L Q, Liu J, Xu Y, et al. A novel rule base representation and its inference method using the evidential reasoning approach[J]. Knowledge-Based Systems, 2015, 87: 80-91.

[163] Jin L Q, Fang X. Interval certitude rule base inference method using the evidential reasoning [J]. International Journal of Computers Communications & Control, 2017, 12 (6) : 839-853.

[164] 靳留乾, 徐扬, 方新. 基于证据推理的确定因子规则库推理方法[J]. 计算机应用研究, 2016, 33 (2) : 347-351, 361.

[165] Espinilla M, Medina J, Calzada A, et al. Optimizing the configuration of an heterogeneous architecture of sensors for activity recognition, using the extended belief rule-based inference methodology[J]. Microprocessors & Microsystems, 2017, 52: 381-390.

[166] Yang L H, Liu J, Wang Y M, et al. New activation weight calculation and parameter optimization for extended belief rule-based system based on sensitivity analysis[J]. Knowledge and Information Systems, 2019, 60 (2) : 837-878.

[167] Yang L H, Wang Y M, Lan Y X, et al. A data envelopment analysis (DEA) -based method for rule reduction in extended belief-rule-based systems[J]. Knowledge-Based Systems, 2017, 123: 174-187.

[168] 吕靖, 齐海迪, 李宝德. 基于扩展置信规则库的海盗袭击事件风险预测[J]. 交通运输系统工程与信息, 2022, 22 (3) : 247-254, 266.

[169] Bi W H, Gao F, Zhang A, et al. A framework for extended belief rule base reduction and training with the greedy strategy and parameter learning[J]. Multimedia Tools and Applications, 2022, 81 (8) : 11127-11143.

[170] Calzada A, Liu J, Wang H, et al. A new dynamic rule activation method for extended belief rule-based systems[J]. IEEE Transactions on Knowledge and Data Engineering, 2015, 27 (4) : 880-894.

[171] Yang L H, Wang Y M, Fu Y G. A consistency analysis-based rule activation method for extended belief-rule-based systems[J]. Information Sciences, 2018, 445: 50-65.

[172] Yang L H, Liu J, Wang Y M, et al. Extended belief-rule-based system with new activation rule determination and weight calculation for classification problems[J]. Applied Soft Computing, 2018, 72: 261-272.

[173] 林燕清, 傅仰耿. 基于改进相似性度量的扩展置信规则库规则激活方法[J]. 中国科学技术大学学报, 2018, 48 (1) : 20-27.

[174] 林燕清, 傅仰耿. 基于NSGA-Ⅱ的扩展置信规则库激活规则多目标优化方法[J]. 智能系统学报, 2018, 13 (3) : 422-430.

[175] Fu C, Hou B B, Xue M, et al. Extended belief rule-based system with accurate rule weights and efficient rule activation for diagnosis of thyroid nodules[J]. IEEE Transactions on Systems, Man, and Cybernetics: Systems, 2022, 53 (1) : 251-263.

第二部分　小规模低维度数据情形中建模方法

　　本书的第二部分将以小规模低维度的数据情形作为问题背景,研究 BRB 的建模方法。相比于 DBRB 和 EBRB,CBRB 能够在低维度的数据情形中通过组合遍历的方式生成完备的置信规则,以及在小规模的数据情形中通过参数学习优化置信规则的参数取值,因此本部分以 CBRB 为研究对象。考虑到组合遍历的规则生成方式对前提属性数量和候选等级数量较为敏感,易引起规则数的"组合爆炸"问题,有必要优化和完善 CBRB 的建模方法,以确保 BRB 推理模型能够更好地适用于小规模低维度的决策问题。

第4章 基于规则约简的交集置信规则库建模方法

4.1 概　　述

BRB 推理模型是由传统的 IF-THEN 规则库模型扩展而来的，由于在 IF-THEN 规则中加入了置信分布，因此 BRB 推理模型不仅具有处理定性知识和定量信息的能力，同时还能够在信息处理过程中保留信息的不确定性部分。BRB 推理模型包括知识表示和知识推理两大部分，其中知识表示主要依靠 BRB 中的置信规则，因此构建一个健壮的 BRB 是搭建 BRB 推理模型过程中不可或缺的步骤。对于 CBRB 而言，其构建时需覆盖所有的前提属性及每个前提属性的所有候选等级，致使 CBRB 中的规则数量呈指数级的趋势增长，因此当所应对的问题过于复杂时，易引发"组合爆炸"问题[1]。例如，当前提属性的数量分别为 5/7/9，每个前提属性候选等级的个数均为 3 时，则所构建 CBRB 的规则数量为 $3^{5/7/9} = 243/2187/19683$（条）。

解决"组合爆炸"问题最直接、有效的方式是减少前提属性或候选等级的数量，依据文献[2]中对关键性能参数的介绍可知，CBRB 中的每一个前提属性或候选等级并非都是必不可少的，因此通过筛选关键的前提属性或候选等级来重建 CBRB，可有效地缩减 CBRB 中的规则数量。根据这一应对思路，国内外学者提出了基于特征提取的规则约简方法，首先利用专家知识确定前提属性的评价矩阵，然后使用特征提取的方法对评价矩阵进行处理，从而得到关键前提属性，最后再由关键前提属性重构规模缩小的 CBRB。该类方法在缩减规则数和保证模型推理的准确性方面都取得了理想的约简效果，但实际上方法的有效性依赖于额外的信息或专家的知识，由于主观因素占主导地位，本章将其归为规则约简主观方法。

规则约简主观方法与多属性决策问题中的主观赋权方法[3]类似，其共同点是需要邀请专家根据自己的经验和对实际的主观判断给出对属性的评价信息，当选取的专家不同时，得出的评价信息也不尽相同，因此该类方法的最大缺点在于主观随意性大。此外，规则约简主观方法在约简时是约简 CBRB 中的某个前提属性，因此规则约简的过程中容易产生不一致的置信规则，例如，在 CBRB 中存在如下两条置信规则：

$$R_k : \text{IF } C_3 \text{ is } A \wedge C_4 \text{ is } A \wedge C_5 \text{ is } A, \text{ THEN } D \text{ is } \{(D_1, 1), (D_2, 0), (D_3, 0)\} \quad (4\text{-}1)$$

$$R_t: \text{IF } C_3 \text{ is } A \wedge C_4 \text{ is } A \wedge C_5 \text{ is } B, \text{THEN } D \text{ is } \{(D_1, 0), (D_2, 1), (D_3, 0)\} \quad (4\text{-}2)$$

式中，C_3、C_4 和 C_5 为 CBRB 的前提属性；A 和 B 为前提属性的候选等级；D 为 CBRB 的结果属性；D_1、D_2 和 D_3 为结果属性的结果等级；假设由规则约简主观方法可确定 C_5 为非关键属性，则约简前提属性 C_5 后可使 CBRB 中出现两条不一致的置信规则，即两条置信规则的前提属性候选等级相同，但结果属性中的置信分布不相同，该类型置信规则所表示的知识彼此矛盾，对 CBRB 推理模型决策结果的影响是不可预估的。而在规则约简主观方法中，对于不一致置信规则的处理方式仅是合并成如下形式的一致性置信规则：

$$R_k: \text{IF } C_3 \text{ is } A \wedge C_4 \text{ is } A, \text{THEN} \{(D_1, 1), (D_2, 0), (D_3, 0)\} \vee \{(D_1, 0), (D_2, 1), (D_3, 0)\}$$

$$(4\text{-}3)$$

规则的合并虽然有效缩减了 CBRB 中的规则数量，但由于结果集中包含两种可能，因此在使用该置信规则与其他置信规则进行比较时，需要依次比较置信规则中不同的结果集，只有结果集均完全相同的情况下，两条置信规则才是相同的，同样地，当该置信规则被激活时，需要将两个结果集参与到置信规则的合成中。由此可见，基于特征提取的规则约简主观方法实质上并未有效地约简 CBRB。

4.2　规则约简的粗糙集方法

现有的规则约简方法中，主要是基于特征提取的规则约简主观方法，目前该类方法用于解决 CBRB 的"组合爆炸"问题已有成效，但是实际使用中存在诸多的不足。鉴于此，本章基于粗糙集理论提出新的规则约简方法。

4.2.1　基于粗糙集的规则约简方法

粗糙集理论是波兰人 Pawlak 在 20 世纪 80 年代提出的一种新的数学理论与工具，由于它能够使用严谨的数学公式来分析模糊和不确定问题，因此粗糙集理论在机器学习和模式识别等领域得到了广泛的应用[4, 5]。在粗糙集理论中，知识约简是其研究的核心内容之一，主要包括判断近似空间中的每个等价关系是否都是必要的，以及如何删除不必要的知识。依据此功能提出 CBRB 的新规则约简方法，并以粗糙集理论中的属性值约简算法作为新规则约简方法的算法核心。为了方便叙述，以下将基于粗糙集理论的约简方法简称为粗糙集约简方法。

粗糙集约简方法和规则约简主观方法的主要区别在于无须提供规则库以外的任何先验知识，规则约简时主要利用规则库上的等价关系对规则的不确定程度进行度量，在保持分类能力不变的前提下，约简每条规则中冗余的候选等级，以达到精简 CBRB 的目的。由于粗糙集约简方法在约简 CBRB 时受人为因素的影响较小，因此可将粗糙集约简方法归为规则约简的客观方法。

此外，粗糙集约简方法与规则约简主观方法在处理 CBRB 中的冗余规则的方式上同样是大相径庭的，粗糙集约简方法在规则约简过程中相对于 CBRB，未约简任一前提属性，仅约简置信规则中的非关键候选等级，而非关键候选等级被约简后会导致 CBRB 中产生重复的置信规则，进而可通过合并这些重复的置信规则达到缩减 CBRB 中规则数量的目的，其中合并重复的置信规则是粗糙集约简方法能够约简 CBRB 的主要原因。

4.2.2　粗糙集约简方法的算法步骤

粗糙集约简方法的算法核心是粗糙集理论中的属性值约简算法[6]，对 CBRB 进行约简时的具体算法步骤如下，其中算法流程如图 4-1 所示。

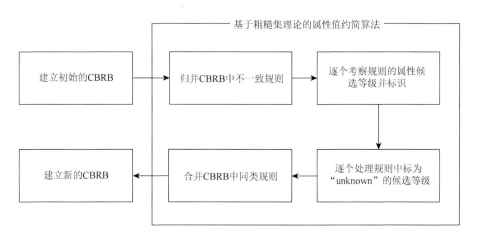

图 4-1　属性值约简算法的流程

（1）检查 CBRB 中是否有不一致的置信规则，若存在，则合并为如式（4-3）所示的一致性置信规则。

（2）对 CBRB 中每条置信规则的候选等级进行考察。由于 CBRB 的每条置信规则中均包含同一前提属性的候选等级或空值，因此在 CBRB 中可由候选等级对应的前提属性确定属性列，考察候选等级时假定删除相关属性列的情况下：①若产生不一致置信规则，则保留不一致置信规则的原候选等级，该候选等级表示不可约简，同时该候选等级对应的前提属性为当前置信规则的核值属性，为了方便叙述，将置信规则 R_i 的核值属性集记为 CoreValue（R_i）；②若未产生不一致置信规则并且含有重复置信规则，则将重复置信规则的候选等级标为"null"，该候选等级表示可以约简；③若未产生不一致置信规则并且不含重复置信规则，则将候选等级标为"unknown"，表示该候选等级暂时无法判定是否可以约简。

（3）首先遍历 CBRB 删除重复的置信规则，然后依次考察每条置信规则中标为"unknown"的候选等级，考察时分为以下三种处理情况。

①若当前置信规则中未被标记的候选等级对应唯一的结果集，则将置信规则中的"unknown"改为"null"。

②在条件①不成立且只有一个"unknown"的情况下，则将"unknown"改为原候选等级。

③在条件①和条件②均不成立的情况下，则需进行如下的处理。

首先，初始化集合变量 Y 和 Z：

$$Y = \left\{ U_k \in U \left| f\left(R_i, U_k\right) \text{"unknown"} \right. \right\} \tag{4-4}$$

$$Z = \text{CoreValue}(R_i) \bigcup Y \tag{4-5}$$

式中，U 为前提属性集合；$f(R_i, U_k)$ 为第 i 条置信规则中第 k 个前提属性上的候选等级；CoreValue（R_i）为置信规则 R_i 的核值属性集。

其次，计算 Y 中各个前提属性的粗糙隶属度 μ、关键系数 λ_1 和 λ_2：

$$\mu_D^{\{a\}}(R) = \frac{\left|[R]_{\{a\}} \bigcap [R]_D\right|}{\left|[R]_{\{a\}}\right|}, \quad a \in Y \tag{4-6}$$

$$\lambda_1^{\{a\}} = \left|[R]_{U-\{a\}} - [R]_D\right|, \quad a \in Y \tag{4-7}$$

$$\lambda_2^{\{a\}} = \left|[R]_{\{a\}} - [R]_D\right|, \quad a \in Y \tag{4-8}$$

式中，$[R]_{\{a\}}$ 为规则库 R 中包含前提属性 a 的置信规则集合；$[R]_{U-\{a\}}$ 为规则库 R 中包含排除前提属性 a 后剩余的前提属性集合的置信规则集合；$[R]_D$ 为规则库 R 中包含结果属性 D 的置信规则集合；$\mu_D^{\{a\}}(R)$ 为规则库 R 中与前提属性 a 和结果属性 D 相关的粗糙隶属度；$\lambda_1^{\{a\}}$ 和 $\lambda_2^{\{a\}}$ 为两个与前提属性 a 相关的关键系数。

再次，将 Y 中的前提属性按照参数的优先级从高到低进行排序，其中参数间优先级从高到低依次为粗糙隶属度 μ、关键系数 λ_1、关键系数 λ_2，而在参数值的优先级中，粗糙隶属度 μ 和关键系数 λ_1 属于数值大的优先级高，关键系数 λ_2 属于数值小的优先级高，若依旧无法判别前提属性间的先后顺序，则采取随机排序的方式。

最后，从 Y 中逐个取出前提属性，记为 a，若 $Z-\{a\}$ 与 Z 两个集合的粗糙隶属度相同，则把在置信规则中隶属于前提属性 a 的候选等级改为"null"，并从 Y

中取出下一个前提属性赋予 a，继续执行上述步骤；若 $Z-\{a\}$ 与 Z 两个集合的粗糙隶属度不相同，则将置信规则中剩余的标有 "unknown" 的候选等级改为原候选等级。完成对 Y 中属性的操作后，检查 CBRB，删除候选等级均被标为 "null" 及重复的置信规则。

（4）当两条置信规则仅有一处候选等级不同，且其中一条置信规则的候选等级被标为 "null" 时，还进行如下处理。

①对于候选等级被标为 "null" 的置信规则，如果可由未被标为 "null" 的候选等级判断出唯一的结果集，则删除候选等级未被标为 "null" 的置信规则。

②否则，删除候选等级被标为 "null" 的置信规则。

经上述的算法步骤后，便可约简每条置信规则中冗余的候选等级，进而建立新的 CBRB。

4.2.3　算法复杂度的分析

本节对所提算法的计算复杂度进行分析，以此说明粗糙集约简方法的良好计算性能。算法步骤（1）中的主要工作量是对比 CBRB 中任意两条置信规则的前提属性候选等级和结果属性置信度，时间复杂度为 $O(L \times L \times (T+N))$；步骤（2）中的主要工作量是逐列预处理 CBRB 内的每条置信规则，时间复杂度为 $O(T \times L \times L \times (T+N))$；步骤（3）中的主要工作量可分成三部分，第一部分为约简重复置信规则，时间复杂度为 $O(L \times L \times (T+N))$；第二部分为计算粗糙隶属度，时间复杂度为 $O(T \times L \times L \times (T+N))$；第三部分为比较前提属性间的优先级，时间复杂度为 $O(L \times (L \times (T+N) + T + T\log T))$；步骤（4）中的主要工作量为处理每条置信规则内标为 "null" 的候选等级，计算复杂度为 $O(L \times L \times (T+N))$。因此，综合上述各个步骤的时间复杂度可知粗糙集约简方法的总时间复杂度为 $O(T \times L \times L \times (T+N))$。

4.3　实验分析及方法比较

为了检验粗糙集约简方法在实际应用中的适用性，本节引入一个装甲装备体系综合能力评估的 CBRB[2]，目前该 CBRB 主要被用于验证规则约简主观方法的约简效果。装甲装备体系综合能力评估的 CBRB 中包含五个前提属性，分别为 "指令与控制" "机动性" "火力" "防御力" 和 "通信"，如图 4-2 所示，各前提属性简记为 $\{C_1, C_2, C_3, C_4, C_5\}$。假设每个前提属性的候选等级均为 $\{A, B, C\}$，由此可知装甲装备体系综合能力评估的 CBRB 中共有 243 条规则，参见文献[2]。下面首先对粗糙集约简方法在实例中的约简流程进行简要的介绍，然后再对粗糙集约简方法的有效性及准确性与具有代表性的基于主成分分析的规则约简主观方法进行比较。

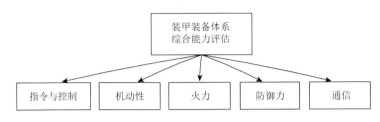

图 4-2　装甲装备体系综合能力评估模型

4.3.1　CBRB 的约简

利用粗糙集约简方法对装甲装备体系综合能力评估的 CBRB 进行约简时，可将被约简的置信规则依据结果属性中置信度的分布分成两个类别，其中第一类是置信分布为非 $\{(A, 0), (B, 0), (C, 1)\}$ 的第 1～72 条置信规则，在约简时依照算法逐列分析每条置信规则的候选等级，判断其是否可以约简，因此按照步骤（2）约简后还需进行处理的置信规则如表 4-1 所示，表中置信规则 R_{21} 与 R_{59} 及 R_{24} 与 R_{44} 置信规则出现了重复的情况，则把每对置信规则合并为同一条置信规则；R_{21} 和 R_{23} 的两条置信规则仅一处不相同且不相同属性列中的候选等级为 "null"，则可依照属性值约简算法的步骤（4）约简 R_{23} 的置信规则。

表 4-1　属性值约简后部分置信规则

规则编号	前提属性	结构属性
R_{21}	C_1 is $B \wedge C_2$ is $A \wedge C_3$ is $B \wedge C_4$ is null $\wedge C_5$ is A	$\{(A, 0.4), (B, 0.6), (C, 0)\}$
R_{23}	C_1 is $B \wedge C_2$ is $A \wedge C_3$ is $B \wedge C_4$ is null $\wedge C_5$ is null	$\{(A, 0.4), (B, 0.6), (C, 0)\}$
R_{24}	C_1 is $B \wedge C_2$ is $A \wedge C_3$ is $B \wedge C_4$ is $B \wedge C_5$ is null	$\{(A, 0.4), (B, 0.6), (C, 0)\}$
R_{44}	C_1 is $B \wedge C_2$ is $A \wedge C_3$ is $B \wedge C_4$ is $B \wedge C_5$ is null	$\{(A, 0.4), (B, 0.6), (C, 0)\}$
R_{59}	C_1 is $B \wedge C_2$ is $A \wedge C_3$ is $B \wedge C_4$ is null $\wedge C_5$ is A	$\{(A, 0.4), (B, 0.6), (C, 0)\}$

第 73～243 条置信规则是被约简的第二类置信规则，其置信分布为 $\{(A, 0), (B, 0), (C, 1)\}$，同时这 171 条置信规则中存在一个隐性的特点，即仅有上述置信规则的前提属性 C_1、C_2 和 C_3 中包含候选等级 C，因此在 CBRB 中当结果集为 $\{(A, 0), (B, 0), (C, 1)\}$ 且前提属性 C_1、C_2 和 C_3 中任意一个前提属性的

候选等级为 C 时，就可把置信规则中其他前提属性的候选等级改为 "null"，完成属性值约简算法的步骤（2）后，再去除重复的置信规则便可得到三条只有一个前提属性且前提属性各不相同的置信规则，因此又可把这三条置信规则简写为如下形式：

$$R_k : \text{IF } C_1 \text{ is } C \wedge C_2 \text{ is } C \wedge C_3 \text{ is } C, \text{THEN } D \text{ is } \{(D_1, 0), (D_2, 0), (D_3, 1)\} \quad (4\text{-}9)$$

式（4-9）与文献[2]中的第 73 条置信规则相同，进而验证了当前提属性 "指令与控制""机动性""火力" 的候选等级为 C 时，可直接判定结果集为 {（A，0），（B，0），（C，1）} 的规则特点。经粗糙集约简算法约简后，可将 CBRB 中的规则数缩减至 72 条。

4.3.2　有效性对比分析

在 CBRB 的规则约简中，重构 CBRB 中的规则数量及参与激活规则合成的结果集数是衡量约简方法有效性的重要指标。为了直观地比较粗糙集约简方法的有效性以及相对于主观方法的优势，在对比初始 CBRB 的同时，还比较了文献[2]中具有代表性的主观方法，其中由文献[2]中的分析可知，基于主成分分析的规则约简主观方法在把原 CBRB 约简至四个前提属性时的推理准确性最为理想，因此本节主要对比了经主成分分析约简方法约简后由四个前提属性构成的 CBRB。为了叙述方便，以下简称经主成分分析方法约简后由四个属性构成的 CBRB 为 PCA-CBRB；称经粗糙集方法约简后的 CBRB 为 RS-CBRB；称原 CBRB 为 O-CBRB。

首先，比较 O-CBRB、PCA-CBRB 和 RS-CBRB 三者的规则数，如图 4-3 所示，

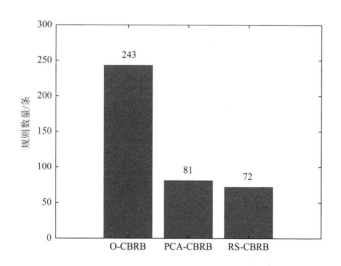

图 4-3　不同 CBRB 中规则数的对比

其中 PCA-CBRB 和 RS-CBRB 相比于 O-CBRB，CBRB 中的规则数量都明显地缩减了，而 RS-CBRB 中的规则数量还比 PCA-CBRB 中的规则数量少 9 条，由此可知，粗糙集约简方法能够有效地降低 CBRB 中的规则数量，且约简效果优于基于主成分分析的规则约简主观方法。

　　进一步分析 RS-CBRB 中置信规则的组成成分，如图 4-4 所示，其中图中的缺省规则数代表经粗糙集约简方法约简后未发生任何改变的规则数，首先 RS-CBRB 中缺省规则数为 67 条，占原有规则数的 27.6%，由此可见，粗糙集约简方法能够对 CBRB 中绝大部分置信规则进行约简处理；在非缺省的置信规则中，有 171 条置信规则因被约简非关键候选等级后与其他置信规则重复而被删除，由此可见粗糙集约简方法缩减 CBRB 中规则数量的效果明显。综上所述，粗糙集理论的引入能够对 CBRB 中绝大多数置信规则起到约简作用，进而有效地缩减 CBRB 中置信规则的数量，同时相比于主观约简方法，粗糙集约简方法约简的效果更为理想。

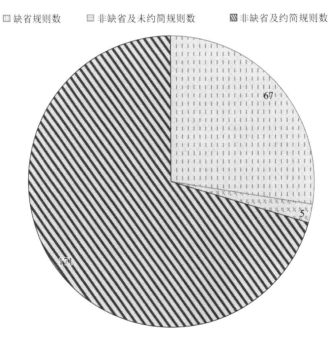

图 4-4　RS-CBRB 中规则的组成成分

　　接下来，比较在 O-CBRB、PCA-CBRB 和 RS-CBRB 中参与激活规则合成的结果集个数。首先假设五个前提属性中仅有候选等级 A 和 B 上有置信度，然后按照"指令与控制""机动性""火力""防御力""通信"的顺序，依次改变输入数据的分布情况，即将原来只有候选等级 A 和 B 上有置信度转变为候选等级 A、B 和 C 上均有置信度，并在此基础上比较在激活规则合成中参与合成的结果集个数，实验结果如图 4-5 所示。

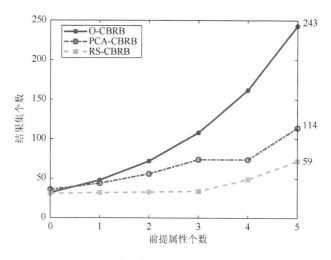

图 4-5　激活规则合成中结果集个数

图 4-5 中当前提属性个数为 0 时，即输入数据未发生改变，仅在候选等级 A 和 B 上有置信度，此时，在 O-CBRB、PCA-CBRB、RS-CBRB 上进行推理时参与合成的结果集个数基本相同，但随着评价等级 C 上的置信度不为 0 的前提属性的个数增加，三种 CBRB 中参与合成的结果集个数也增加了，但始终保持着 O-CBRB 多于 PCA-CBRB，PCA-CBRB 多于 RS-CBRB 的规律，其中，在 RS-CBRB 中进行激活规则合成时，参与合成的结果集个数增加的幅度最不明显。由此可见，使用粗糙集约简方法不仅能够有效地约简置信规则的数量，同时还能有效地减少 CBRB 推理模型中的合成次数，降低证据推理算法的时间复杂度。

4.3.3　准确性对比分析

在 CBRB 推理模型的规则约简中，除了缩减置信规则的数量外，还需要保证 CBRB 推理模型推理的准确性，而在比较 CBRB 推理模型推理的准确性时，本节主要从置信度分布、平均效用值和相似度等方面对比分析。对于平均效用值的计算，假定识别框架中各个评价等级的等级效用值为

$$\mu = \left\{ (A,1.0),(B,0.6),(C,0.3) \right\} \tag{4-10}$$

首先，以特殊方案 P 作为实例输入，方案 $P = \{$（指令与控制 $= (A, 0.8)$，$(B, 0.2)$），（机动性 $= (A, 0.7)$，$(B, 0.3)$），（火力 $= (A, 0.9)$，$(B, 0.1)$），（防御力 $= (A, 0.6), (B, 0.4)$），（通信 $= (A, 0.7), (B, 0.3)$）$\}$。依据方案 P 分别在 O-CBRB、PCA-CBRB 和 RS-CBRB 上进行推理，推理的结果如图 4-6 和图 4-7 所示，由图中显示的信息可得出如下的结论。

从置信分布的角度分析，对于规则约简前后的 CBRB 推理模型，由其推理所

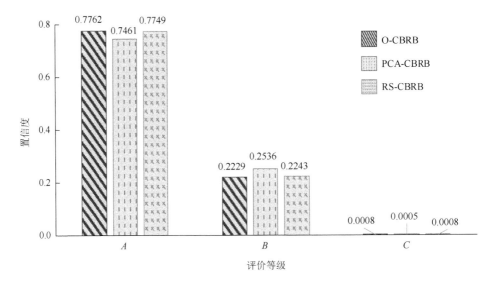

图 4-6　粗糙集约简前后置信分布的比较

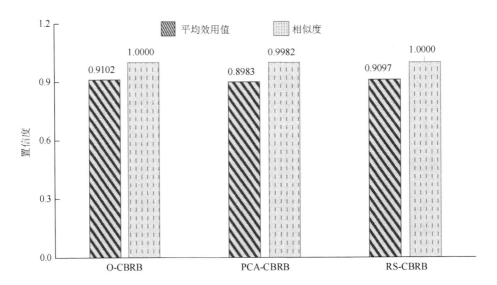

图 4-7　特例方案中效用值与相似度的比较

得的置信分布基本相同,且主要集中在评价等级 A 上,其中,在该等级上 RS-CBRB 与 O-CBRB 的置信度相差 0.0013,而 PCA-CBRB 与 O-CBRB 的置信度相差得更为明显,差值为 0.0301;在其他等级上也同样表现出 RS-CBRB 相比于 PCA-CBRB 更加接近 O-CBRB 的现象,由此可知,使用粗糙集约简方法对 CBRB 约简后能够使推理所得的置信度保持较高的一致性。

从效用值和相似度的角度分析,由图 4-7 可知,CBRB 约简前平均效用值为 0.9102,经过粗糙集约简方法约简后的平均效用值为 0.9097,相比于 PCA-CBRB 的 0.8983 具有更高的准确性;在相似度的对比分析中,由于仅保留小数点后 4 位有效数值,因此在 RS-CBRB 中计算所得的相似度近似为 1.0000,而由 PCA-CBRB 计算所得的相似度只有 0.9982,由相似度的计算公式可知,相似度反映 CBRB 约简前后 CBRB 推理模型推理所得置信分布的相似程度,因此进一步表明粗糙集约简方法对 CBRB 推理模型推理的准确性几乎未产生影响;综上所述,粗糙集约简方法能够有效地保证 CBRB 推理模型推理的准确性,且相对于主观约简方法,粗糙集约简方法能够确保被约简的 CBRB 具有更高的准确性。

为了进一步验证粗糙集约简方法能够保证 CBRB 推理模型决策的准确性,用一般方案作为实例输入,分析时借鉴灵敏度分析方法[7],首先选取前提属性“指令与控制”作为分析属性,然后依照灵敏度分析中控制单一变量的方式,将候选等级 A 和 B 上的置信度 β_A 和 β_B 按等比例减少,并将减少的置信度转移至评价等级 C 上,调整后的置信度记为 $\hat{\beta}_A$、$\hat{\beta}_B$ 和 $\hat{\beta}_C$,因此可建立如下的等式:

$$\hat{\beta}_A = \beta_A \times (1 - 0.1 \times k) \tag{4-11}$$

$$\hat{\beta}_B = \beta_B \times (1 - 0.1 \times k) \tag{4-12}$$

$$\hat{\beta}_C = (\beta_A + \beta_B) \times 0.1 \times k \tag{4-13}$$

式中,灵敏度因子 $k = 1, 2, \cdots, 10$,因此在分析时,可在灵敏度因子 k 的取值范围内依次增大灵敏度因子 k 的值,并依次比较 CBRB 推理模型输出的平均效用值和相似度,实验结果如图 4-8 和图 4-9 所示,由图 4-8 可知,随着灵敏度因子 k 值的增大,在三个 CBRB 中推理所得的平均效用值都呈下降的趋势,同时 RS-CBRB 中推理所得的平均效用值比 PCA-CBRB 中推理所得的平均效用值更接近 O-CBRB 中推理所得的平均效用值;由图 4-9 可知,RS-CBRB 中推理所得的置信分布与 O-CBRB 中推理所得的置信分布基本相同,当灵敏度因子 k 的取值接近 6 时,RS-CBRB 与 O-CBRB 的相差程度最大,而相比于规则约简主观方法,PCA-CBRB 始终都表现出比 RS-CBRB 更大的相异性。由此可见,粗糙集约简方法同样能够有效地保证 CBRB 推理模型在一般方案中的推理准确性,且优于基于主成分分析的规则约简主观方法。

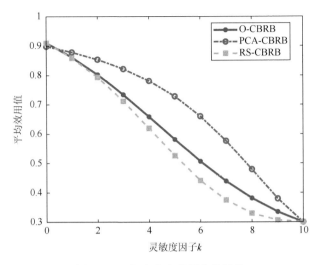

图 4-8　一般方案中效用值的比较

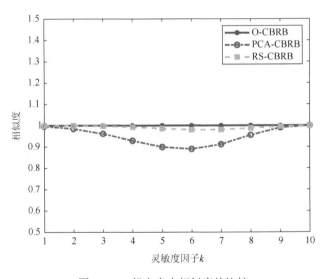

图 4-9　一般方案中相似度的比较

　　综上所述，使用粗糙集约简方法对 CBRB 进行约简，能够有效地减少 CBRB 中规则的数量及保证 CBRB 推理模型的准确性，且相对于基于主成分分析的规则约简主观方法，在规则的约简和准确性上都能取得更好的效果。

4.4　本 章 小 结

　　本章针对 CBRB 中的"组合爆炸"问题及规则约简主观方法的不足提出了基

于粗糙集理论的规则约简客观方法，该方法在约简过程中无须依赖规则以外的任何先验知识，与现有规则约简主观方法形成鲜明的对比。同时，在实验中将基于粗糙集理论的规则约简方法的有效性及准确性与具有代表性的主观方法进行比较分析得出，本章提出的约简方法无论从约简的规则数量还是推理的准确性方面都优于现有的规则约简主观方法，同时还能降低 CBRB 推理模型推理的复杂度。

参 考 文 献

[1]　姜江. 证据网络建模、推理及学习方法研究[D].长沙: 国防科技大学, 2011.

[2]　Chang L L, Zhou Y, Jiang J, et al. Structure learning for belief rule base expert system: A comparative study[J]. Knowledge-Based Systems, 2013, 39: 159-172.

[3]　金菊良, 魏一鸣. 复杂系统广义智能评价方法与应用[M]. 北京: 科学出版社, 2008.

[4]　Pawlak Z. Rough sets[J]. International Journal of Information and Computer Science, 1982, 11: 341-356.

[5]　Pawlak Z. Rough Set–Theoretical Aspects of Reasoning about Data[M]. Boston: Kluwer Academic Publishers, 1991.

[6]　林嘉宜, 彭宏, 郑启伦. 一种新的基于粗糙集的值约简算法[J]. 计算机工程, 2003, 29 (4) : 70-71, 129.

[7]　Yang J B, Xu D L. Nonlinear information aggregation via evidential reasoning in multiattribute decision analysis under uncertainty[J]. IEEE Transactions on Systems, Man, and Cybernetics-Part A: Systems and Humans, 2002, 32 (3) : 376-393.

第5章 基于结构划分的交集置信规则库建模方法

5.1 概　述

在小规模低维度的数据情形中，要实现 CBRB 的有效建模，仍然需要解决几个挑战。首先，仅仅训练 CBRB 参数是不够的，还需要调整 CBRB 的结构，尤其是包含多个前提属性的 CBRB 结构。此外，参数学习的有效性通常依赖初始 CBRB 的结构，例如，对于管道泄漏检测问题，两个前提属性（即压差和流量差）应分别包括初始结构中的八个候选等级和七个候选等级，以便 CBRB 推理模型能够准确估计管道的漏洞大小。相反地，若每个前提属性在初始结构中只涉及一个候选等级，那么 CBRB 推理模型将失去理想的预测精度。其次，现有的结构学习方法有几个固有的缺点，包括：Li 等[1]的方法因其核心算法是 K 均值算法，导致在确定候选等级的数量时容易受到主观性的约束。Chang 等[2]的方法仅适用于简化 CBRB 结构，缺乏重复性。Zhou 等[3]的方法受到规模效用结构的影响。最后，现有的结构学习方法不一定确保 CBRB 推理模型能以任意精度拟合复杂系统。此外，这些方法通常只考虑如何约简规则数量，并未涉及如何增加规则的情形。

在此背景下，本章旨在提出一种新的结构学习方法，以应对上述挑战。从本质上讲，这种方法应该能够克服现有研究方法的缺点。相比之下，Chen 等[4]已证明 CBRB 推理模型中存在若干性质，例如，连续性、有界性和普适近似等。然而，这些性质中并未涉及过多/过少规则与 CBRB 推理模型的通用推理性能的影响。因此，本章设计了两个场景揭示结构特征与规则数量之间的关系，其中第一个场景为规则数量较少但训练数据数量充足的情形；第二种场景为规则数量过多但训练数据数量不足的情形。通过对 CBRB 推理模型中参数学习的场景分析和实验验证，最终在训练数据数量给定时根据规则数量将 CBRB 结构分为三类，包括：欠紧致结构，其与太少规则相关；过紧致结构，其与太多规则有关；紧致结构，其包含的规则数量得当，且能够使 CBRB 推理模型具有理想的推理性能。为了区分三类结构，本章进一步提出紧致结构中的规则数量下限和上限，因此紧致结构中的规则数量不是特定值，而是一个区间值。

为了使 CBRB 能够实现紧致结构，本章分析了大量经过训练的 CBRB 推理模型，并总结具有欠紧致或过紧致结构的几个 CBRB 特征。基于这些特征，本章进一步提出一种动态规则调整方法，通过密度分析和误差分析构建 CBRB 的紧致结构。需要注意的是，通过密度分析可以删减置信规则，而通过误差分析可以增加置信规则。这两种分析都是动态规则调整方法的重要组成部分。为了验证该方法的有效性，先对输油管道检漏问题进行案例分析，然后分别从欠紧致结构和过紧致结构中构造出 CBRB 的紧致结构。通过与现有 CBRB 建模方法在输油管道检漏问题中的比较，说明本章所提方法在构建新 CBRB 推理模型时具有良好的性能，以及能最终构建出 CBRB 的紧致结构。

5.2　情景分析下 CBRB 的结构划分

为了分析规则数量对 CBRB 推理模型的影响，本节设计了两种场景揭示结构划分与规则数量少和多之间的关系，其中情景一是指规则数量较少但训练数据数量充足的情形；情景二是指规则数量过多但训练数据数量不足的情形。

5.2.1　情景一：规则数量不足时的 CBRB 推理模型

针对情景一，使用 CBRB 推理模型拟合如图 5-1 所示的曲线，其中 CBRB 推理模型的输入空间为区间$[a, c]$，并由曲线上 A 和 C 两点生成置信规则 R_A 和 R_C。同时，提供充足的训练数据对这两条置信规则进行参数学习。

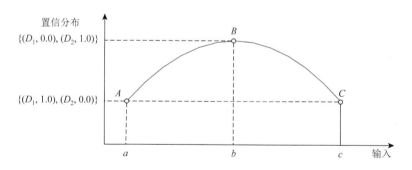

图 5-1　规则数量不足时拟合曲线的情形

对于情景一，虽然可以对置信规则进行参数学习，但 CBRB 推理模型在拟合曲线时仍无法取得期望的准确性，主要原因是：当训练数据的输入值 x 邻近输入空间中的点 a 时，根据 2.2.2 节可以推导得出规则 R_A 和 R_C 的激活权重：

$$w_A = \lim_{x \to a} \frac{\theta_A \cdot \dfrac{c-x}{c-a}}{\theta_A \cdot \dfrac{c-x}{c-a} + \theta_C \cdot \dfrac{x-a}{c-a}} = 1 \qquad (5\text{-}1)$$

$$w_C = \lim_{x \to a} \frac{\theta_C \cdot \dfrac{x-a}{c-a}}{\theta_A \cdot \dfrac{c-x}{c-a} + \theta_C \cdot \dfrac{x-a}{c-a}} = 0 \tag{5-2}$$

式中，θ_A 和 θ_C 为置信规则 R_A 和 R_C 的规则权重。

由式（5-1）和式（5-2）中的激活权重可知，CBRB 推理模型在点 a 的推理结果完全取决于置信规则 R_A。同时，由于有充足的训练数据对置信规则 R_A 进行参数学习，所以置信规则 R_A 的置信分布会近似于$\{(D_1, 1), (D_2, 0)\}$。同理可得，置信规则 R_C 的置信分布也会近似于$\{(D_1, 1), (D_2, 0)\}$。

对于任意的一个位于输入空间$[a, c]$的输入值，由两条置信规则 R_A 和 R_C 合成得到的推理结果均近似于$\{(D_1, 1), (D_2, 0)\}$。因此，即使当输入值为 b 时，CBRB 推理模型的推理结果同样也是$\{(D_1, 1), (D_2, 0)\}$，而这一推理结果与实际结果$\{(D_1, 0), (D_2, 1)\}$完全不同。

下面通过 CBRB 推理模型拟合多极值函数进一步说明情景一，假设多极值函数为

$$f(x) = \sin(\tau \cdot x) \tag{5-3}$$

式中，输入变量 x 的取值范围是$[-\pi, \pi]$；输出变量 $f(x)$ 的取值范围是$[-1, 1]$；τ 为多极值函数中的待定参数，其取值大小决定了函数中极值点的数量。在该函数拟合的算例中，参数 τ 的取值分别设定为 1、2 和 3。

为了利用 CBRB 推理模型拟合多极值函数，将输入变量 x 作为置信规则的前提属性 U_1，并给定三个候选等级$\{A_{1,1}, A_{1,2}, A_{1,3}\}$及相应的效用值：

$$\{u(A_{1,1}), u(A_{1,2}), u(A_{1,3})\} = \{-\pi, 0, \pi\} \tag{5-4}$$

将输出变量 $f(x)$ 作为置信规则的结果属性 D，并给定五个结果等级$\{D_1, D_2, D_3, D_4, D_5\}$及相应的效用值：

$$\{u(D_1), u(D_2), u(D_3), u(D_4), u(D_5)\} = \{-1.5, -0.5, 0, 0.5, 1.5\} \tag{5-5}$$

根据上述前提属性和结果属性的前提假设，给定如表 5-1 所示的三条初始置信规则及其参数的初始取值。

表 5-1　三条置信规则的参数初始取值

规则编号（R_k）	规则权重	前提属性 x	$f(x)$	结果属性中分布式置信度
R_1	1	$-\pi$	0	{0.000, 0.000, 1.000, 0.000, 0.000}
R_2	1	0	0	{0.000, 0.000, 1.000, 0.000, 0.000}
R_3	1	π	0	{0.000, 0.000, 1.000, 0.000, 0.000}

对于参数 τ 的每个取值，在 x 的取值范围中等间距地选取 2000 个数据用作置信规则的参数学习，其中由于仅有一个前提属性，无须区分前提属性间的重要性，因此属性权重假定为 1 且不对其进行参数学习。经参数学习后置信规则的参数取值如表 5-2 所示。

表 5-2　不同曲线下置信规则的参数最优取值

τ 取值	规则编号（R_k）	规则权重	前提属性 x	结果属性中分布式置信度
	R_1	0.0512	$-\pi$	{0.503, 0.000, 0.000, 0.000, 0.497}
$\tau=1$	R_2	0.1146	-1.1285	{0.828, 0.000, 0.000, 0.000, 0.172}
	R_3	0.7216	π	{0.000, 0.745, 0.000, 0.000, 0.255}
	R_1	0.8598	$-\pi$	{0.245, 0.000, 0.000, 0.755, 0.000}
$\tau=2$	R_2	0.0954	0.7215	{0.146, 0.000, 0.000, 0.000, 0.854}
	R_3	0.3251	π	{0.255, 0.000, 0.000, 0.745, 0.000}
	R_1	0.2346	$-\pi$	{0.000, 0.755, 0.000, 0.000, 0.245}
$\tau=3$	R_2	0.9438	0.5630	{0.000, 0.350, 0.000, 0.650, 0.000}
	R_3	0.0327	π	{0.245, 0.000, 0.000, 0.755, 0.000}

依次使用表 5-2 中的三组置信规则拟合如式（5-3）所示的多极值函数，相应的拟合情况如图 5-2 所示。

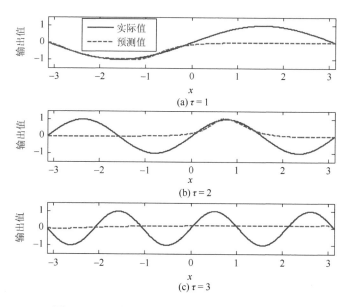

图 5-2　不同曲线下 CBRB 推理模型的拟合情况

由图 5-2 可知，随着多极值函数中极值点数量的增加，即使对置信规则进行参数学习，CBRB 推理模型拟合曲线的准确性也会随之降低，例如，当 $\tau = 1$ 时，CBRB 推理模型在函数的极小值处可以准确地拟合曲线；而当 $\tau = 3$ 时，CBRB 推理模型无论在极大值还是在极小值处均无法准确地拟合曲线，且 CBRB 推理模型的推理结果与实际值存在较大的误差。

5.2.2　情景二：规则数量过多时的 CBRB 推理模型

针对情景二，使用 CBRB 推理模型拟合如图 5-3 所示的实曲线，其中 CBRB 推理模型的输入空间为区间 $[a，e]$，并由 A、B、C、D 和 E 五个数据点分别生成 R_A、R_B、R_C、R_D 和 R_E 五条置信规则。此外，还假定使用不足的训练数据对这五条置信规则进行参数学习。

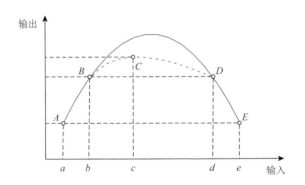

图 5-3　规则数过多时拟合曲线的情形

对于情景二，为了体现用于参数学习的训练数据不足，考虑如下极端的情形：当训练数据仅分布在局部输入空间 $[a，b]$ 和 $[d，e]$ 时，通过对置信规则进行参数学习后，CBRB 推理模型仅能够拟合这两个局部输入空间对应的曲线。而对于置信规则 R_C，由于规则的参数初始取值仅能够得到如图 5-3 中 C 点所示的输出值，同时缺少训练数据对置信规则 R_C 进行参数学习，因此 CBRB 推理模型在基于置信规则 R_C 拟合局域输入空间 $[b，d]$ 对应的曲线时，将无法达到预期的准确性，例如，CBRB 推理模型的推理结果仅为图 5-3 中点 B 到点 D 的虚线曲线。

上述针对情景二的分析讨论中，采用了一种极端的方式体现参数学习中训练数据不足的情形。但实际上，当需要对过多的置信规则进行参数学习时，常常也会导致训练数据不足。换言之，在给定数量的训练数据中，如果不断增加置信规则的数量，则会导致可用于每条置信规则参数学习的训练数据不断减少。此外，在应用 CBRB 推理模型处理实际问题时，因担心实际问题的复杂性或对精度有较高的要求，会构建超出实际需求的规则数量，从而出现训练数据不足的情形。

下面通过 CBRB 推理模型拟合单调函数说明情景二，假设单调函数为

$$f(x) = x^{\tau} \tag{5-6}$$

式中，输入变量 x 的取值范围是[0，1]；对应输出变量 $f(x)$ 的取值范围也是[0，1]；τ 为单调函数中的待定参数，其取值大小决定了函数所对应曲线的变化幅度。在该函数拟合的算例中，参数 τ 的取值分别设定为 1/4、1/2、2 和 4。

为了利用 CBRB 推理模型拟合单调函数，将输入变量 x 作为置信规则的前提属性 U_1，并给定五个候选等级 $\{A_{1,1}，A_{1,2}，A_{1,3}，A_{1,4}，A_{1,5}\}$ 及相应的效用值：

$$\{u(A_{1,1})，u(A_{1,2})，u(A_{1,3})，u(A_{1,4})，u(A_{1,5})\} = \{0, 0.25, 0.5, 0.75, 1\} \tag{5-7}$$

将输出变量 $f(x)$ 作为置信规则的结果属性 D，并给定五个结果等级 $\{D_1，D_2，D_3，D_4，D_5\}$ 及相应的效用值：

$$\{u(D_1)，u(D_2)，u(D_3)，u(D_4)，u(D_5)\} = \{-0.5, 0, 0.5, 1, 1.5\} \tag{5-8}$$

根据上述前提属性和结果属性的前提假设，给定五条初始的置信规则及其参数初始取值，如表 5-3 所示。

表 5-3 五条置信规则的参数初始取值

规则编号（R_k）	规则权重	前提属性 x	$f(x)$	结果属性中分布式置信度
R_1	1	0.00	0.00	{0.0, 1.0, 0.0, 0.0, 0.0}
R_2	1	0.25	0.25	{0.0, 0.5, 0.5, 0.0, 0.0}
R_3	1	0.50	0.50	{0.0, 0.0, 1.0, 0.0, 0.0}
R_4	1	0.75	0.75	{0.0, 0.0, 0.5, 0.5, 0.0}
R_5	1	1.00	1.00	{0.0, 0.0, 0.0, 1.0, 0.0}

对于参数 τ 的每个取值，在 x 的取值范围中等间距地选取 200 个数据用作置信规则的参数学习，其中除了将属性权重设定为 1 且不对其进行参数学习外，还假定在参数学习中相邻候选等级效用值的最小间距为 0.01。经参数学习后的置信规则如表 5-4 所示。

表 5-4 不同曲线下置信规则的参数最优取值

τ 取值	规则编号（R_k）	规则权重	前提属性 x	结果属性中分布式置信度
	R_1	0.8947	0.0000	{0.0176, 0.9697, 0.0085, 0.0000, 0.0041}
	R_2	0.9928	0.0100	{0.0568, 0.2640, 0.5912, 0.0137, 0.1244}
$\tau = 1/4$	R_3	0.9709	0.1936	{0.0069, 0.0000, 0.7381, 0.1402, 0.1149}
	R_4	0.9955	0.4448	{0.0644, 0.0000, 0.2123, 0.6645, 0.0588}
	R_5	0.9126	1.0000	{0.0000, 0.0000, 0.0392, 0.9417, 0.0192}

τ 取值	规则编号（R_k）	规则权重	前提属性 x	结果属性中分布式置信度
$\tau=1/2$	R_1	0.7085	0.0000	{0.0683, 0.8435, 0.0883, 0.0000, 0.0000}
	R_2	0.7075	0.0409	{0.2314, 0.0000, 0.7686, 0.0000, 0.0000}
	R_3	0.9941	0.4771	{0.0000, 0.0000, 0.8506, 0.0000, 0.1494}
	R_4	0.9991	0.4871	{0.1805, 0.0000, 0.0000, 0.8195, 0.0000}
	R_5	0.6488	1.0000	{0.0067, 0.0000, 0.0000, 0.9933, 0.0000}
$\tau=2$	R_1	0.9310	0.0000	{0.0227, 0.9630, 0.0000, 0.0000, 0.0142}
	R_2	0.6251	0.9700	{0.0000, 0.4589, 0.0000, 0.0000, 0.5411}
	R_3	0.9956	0.9800	{0.0026, 0.0366, 0.4481, 0.0652, 0.4474}
	R_4	0.8851	0.9900	{0.0032, 0.0016, 0.3669, 0.2878, 0.3404}
	R_5	0.9979	1.0000	{0.0023, 0.0039, 0.0084, 0.9628, 0.0227}
$\tau=4$	R_1	0.9571	0.0000	{0.4319, 0.2274, 0.2960, 0.0000, 0.0447}
	R_2	0.1999	0.6281	{0.3434, 0.0000, 0.6566, 0.0000, 0.0000}
	R_3	0.1263	0.8466	{0.0456, 0.0000, 0.9544, 0.0000, 0.0000}
	R_4	0.4334	0.8566	{0.2844, 0.0000, 0.0000, 0.7156, 0.0000}
	R_5	0.2168	1.0000	{0.0067, 0.0000, 0.0000, 0.9933, 0.0000}

依次使用如表 5-4 所示的四组置信规则拟合单调函数，相应的拟合情况如图 5-4 所示。

由图 5-4 可知，在参数 τ 四种取值所对应的曲线拟合情况中，均呈现出一个相同的特性：经参数学习后，部分候选等级的效用值间距较小，且影响 CBRB 推理模型的准确性。例如，当参数 $\tau=2$ 时，有四个候选等级的效用值间距均为 0.01，其中这四个候选等级的效用值分别为 0.97、0.98、0.99 和 1.0。同时，由于给定了等间距选取的 200 个训练数据，在输入空间中相邻训练数据的间距仅为 0.005。因此，当效用值间距为 0.01 时，相邻候选等级间至多只有两个训练数据，从而影响 CBRB 推理模型的准确性。

为了进一步分析候选等级效用值的较小间距对置信规则的影响，假设有一个由前提属性 U_1 和 U_2 组成的二维输入空间，利用前提属性 U_1 中 J_1 个候选等级和前提属性 U_2 中 J_2 个候选等级构建 $J_1 \times J_2$ 个置信规则，如图 5-5 所示。

由图 5-5 可知，当候选等级 $A_{1,i}$ 和 $A_{1,i+1}$ 对应的效用值差值与 $A_{2,j}$ 和 $A_{2,j+1}$ 对应的效用值差值逐渐减小时，图 5-5 中虚线方框所示的四个置信规则将会随之相互靠近，并最终形成一个新的置信规则。

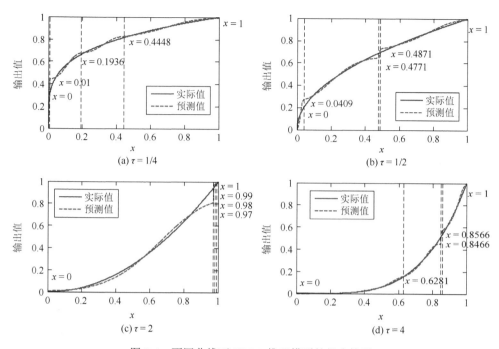

图 5-4　不同曲线下 CBRB 推理模型的拟合情况

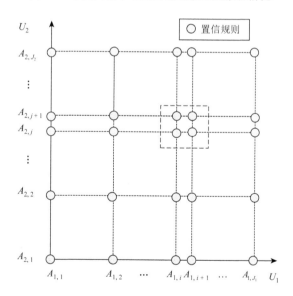

图 5-5　二维输入空间中置信规则的表示

5.2.3　基于情景分析的 CBRB 结构划分

由规则数量不足和过多时 CBRB 推理模型的情景分析可知，仅对置信规则进行参数学习无法保证 CBRB 推理模型的准确性，还需要对置信规则的数量进行调整。对于给定数量的训练数据，5.2.1 节中的情景一描述了因规则数量不足，导致每条置信规则需要学习过量的数据信息，从而降低 CBRB 推理模型的准确性；而5.2.2 节中的情景二描述了因规则数量过多，导致每条置信规则无法拥有充足的训练数据用于参数学习，从而降低 CBRB 推理模型的准确性。据此，依据规则数量对准确性的影响将 CBRB 分成如图 5-6 所示的三种结构。

由图 5-6 可知，在给定数量的训练数据中，CBRB 推理模型的准确性随着规则数量的增加先提高后降低。因此，CBRB 中的规则数量可依照准确性分成三个区间。当假定存在一个下界阈值和上界阈值时，给出如下三个定义。

定义 5-1（CBRB 的欠紧致结构）　若 CBRB 中的规则数量小于下界阈值，同时随着规则数量的减少，CBRB 推理模型的准确性降低，则称 CBRB 处于欠紧致结构。

定义 5-2（CBRB 的过紧致结构）　若 CBRB 中的规则数量大于上界阈值，同时随着规则数量的增加，CBRB 推理模型的准确性降低，则称 CBRB 处于过紧致结构。

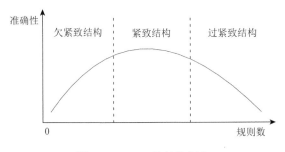

图 5-6　CBRB 的结构划分

定义 5-3（CBRB 的紧致结构）　若 CBRB 中的规则数量位于下界阈值和上界阈值之间，且 CBRB 推理模型的准确性优于定义 5-1 和定义 5-2 中的情形，则称 CBRB 处于紧致结构。

根据上述的三个定义，下界阈值和上界阈值是确定 CBRB 欠紧致结构、过紧致结构和紧致结构的重要指标。然而，这两个阈值无法轻易地通过现有的数据分析方法获取。为此，本章根据 CBRB 处于欠紧致结构和过紧致结构时的特征提出 CBRB 紧致结构的构建方法。

5.3　基于结构划分的置信规则动态调整方法

本节针对 CBRB 的欠紧致结构和过紧致结构，提出置信规则的动态调整方法，核心思想是通过调整规则数量使 CBRB 处于紧致结构。需要注意的是：在置信规则动态调整方法中，除了调整规则数量外，还会利用参数学习获得置信规则的参数最优取值，并以此作为规则数量调整的重要依据。

5.3.1　欠紧致结构中的置信规则增加方法

由 5.2.1 节中的情景分析可知，当 CBRB 处于欠紧致结构时，因 CBRB 中规则数不足，导致 CBRB 推理模型在输入空间中误差较大。针对这种情况，本节通过误差分析提出置信规则增加方法，核心思想是：在输入空间中分析 CBRB 推理模型的误差，并在误差较大的区域增加置信规则。

下面介绍基于误差分析的置信规则增加方法的具体步骤。

（1）假设有 T 个训练数据 $<x_t, y_t>(t=1, 2, \cdots, T)$ 和用于保存这些训练数据的两个队列，分别命名为未访问队列 $Q_{\text{non-visit}}$ 和待生成规则队列 Q_{rule}。在初始化这两个队列时，将 T 个训练数据保存于 $Q_{\text{non-visit}}$ 中，而 Q_{rule} 设置为空。

（2）当 $Q_{\text{non-visit}}$ 为非空时，任意取出一条训练数据 $<x_t, y_t>$，并执行 $Q_{\text{non-visit}} = Q_{\text{non-visit}} - \{<x_t, y_t>\}$；否则，算法结束。

（3）利用 CBRB 推理模型为输入值 x_t 生成推理结果 $f(x_t)$，当 $|f(x_t) - y_t| < e_p$ 时，执行步骤（2），其中 e_p 表示 CBRB 推理模型可接受的最大误差；否则，执行 $Q_{\text{rule}} = Q_{\text{rule}} \bigcup \{<x_t, y_t>\}$，同时还以 x_t 作为中心点，当 $<x_t, y_t> \in Q_{\text{non-visit}}$ 且 $x_{k, L} < x_k < x_{k, H}$ 和 $|f(x_k) - y_k| \geqslant e_p$ 时，再执行 $Q_{\text{rule}} = Q_{\text{rule}} \bigcup \{<x_t, y_t>\}$。

（4）当 Q_{rule} 中的训练数据的数量大于等于 n_p 时，利用 Q_{rule} 中所有的训练数据生成新的置信规则，并执行步骤（2）；假设队列 Q_{rule} 中有 S 个训练数据且表示如下：

$$<x_s, y_s> = <x_{s, 1}, \cdots, x_{s, M}, y_s>, \quad s = 1, 2, \cdots, S \tag{5-9}$$

首先，通过队列 Q_{rule} 中所有的训练数据，计算每个前提属性的均值：

$$\overline{x}_i = \frac{\sum\limits_{s=1}^{S} x_{s, i}}{S}, \quad i = 1, 2, \cdots, M \tag{5-10}$$

其次，计算每个前提属性上的方差，以确定需要添加候选等级的前提属性：

$$m = \mathop{\arg\min}\limits_{1 \leqslant i \leqslant M} \left\{ \sum_{k=1}^{K} \left(\frac{x_i^k - \overline{x}_i}{u(A_{i, J_i}) - u(A_{i, 1})} \right)^2 \right\} \tag{5-11}$$

再次，在第 $m(1 \leqslant m \leqslant M)$ 个前提属性中，添加一个新的候选等级 $A_{m, J_{m+1}}$ 并对相应的效用值进行初始化：

$$u\left(A_{m,J_{m+1}}\right) = \overline{x}_m \qquad\qquad (5\text{-}12)$$

最后，结合其他前提属性的候选等级 $A_{i,j}(i = 1, 2, \cdots, M; i \neq m; j = 1, 2, \cdots, J_i)$ 与 $A_{m,J_{m+1}}$ 构建 $\prod\limits_{i=1, i \neq m}^{M} J_i$ 条置信规则，其中置信规则的规则权重和结果属性的置信度均通过随机的方式赋值。

对于上述基于误差分析的置信规则增加方法，给出如下的说明。

（1）参数 x_k^L 和 x_k^H 表示训练数据集中第 k 个输入值向量 $x_k = (x_{k,1}, \cdots, x_{k,M})$ 所在的局部输入区域，因此 $x_k^L = \left(x_{k,1}^L, \cdots, x_{k,M}^L\right)$ 和 $x_k^H = \left(x_{k,1}^H, \cdots, x_{k,M}^H\right)$ 满足如下条件：

$$x_{k,i}^L = \max\{u(A_{i,j}); j = 1, 2, \cdots, J_i\} \leqslant x_{k,i} \leqslant x_{k,i}^H = \min\{u(A_{i,j}); j = 1, 2, \cdots, J_i\},$$
$$i = 1, 2, \cdots, M$$

$$(5\text{-}13)$$

（2）参数 e_p 和 n_p 分别表示最大误差值与大于等于最大误差值的训练数据数量，在确定该参数的具体取值时，需要通过专家知识事先给定。

5.3.2　过紧致结构中的置信规则删减方法

由 5.2 节中的情景分析可知，当 CBRB 处于过紧致结构时，经参数学习后多个候选等级的效用值间距较小，导致由候选等级组建的置信规则会聚集在一起。针对这种情况，通过聚类分析提出置信规则删减方法的核心思想是：分析置信规则是否聚集在一起，并将聚集在一起的置信规则合并成新的置信规则。

下面介绍基于聚类分析的置信规则删减方法的具体步骤。

（1）假设有 L 条置信规则 $R_k(k = 1, 2, \cdots, L)$ 及每个前提属性中的候选等级 $A_i^k (i = 1, 2, \cdots, M)$ 和效用值 $u\left(A_i^k\right)$；三个用于保存置信规则的队列，分别命名为未访问队列 $Q_{\text{non-visit}}$、正在访问队列 Q_{visiting} 和已访问队列 Q_{visited}。在初始化这三个队列时，将 L 条置信规则保存于 $Q_{\text{non-visit}}$ 中，而 Q_{visiting} 和 Q_{visited} 均设置为空。

（2）当 $Q_{\text{non-visit}}$ 为非空时，任意取出一条置信规则 R_k，并且执行 $Q_{\text{non-visit}} = Q_{\text{non-visit}} - \{R_k\}$ 和 $Q_{\text{visiting}} = \{R_k\}$；否则，算法结束。

（3）从 Q_{visiting} 中取出一条置信规则 R_t，执行 $Q_{\text{visiting}} = Q_{\text{visiting}} - \{R_t\}$ 和 $Q_{\text{visited}} = Q_{\text{visited}} \bigcup \{R_t\}$，同时还以 R_t 的候选等级效用值 $\{u\left(A_1^t\right), \cdots, u\left(A_M^t\right)\}$ 作为中心点，当 $R_k \in Q_{\text{non-visit}}$ 且 $\left|u\left(A_i^t\right) - u\left(A_i^k\right)\right| \leqslant d_i$ 时，执行 $Q_{\text{non-visit}} = Q_{\text{non-visit}} - \{R_k\}$ 和 $Q_{\text{visiting}} = Q_{\text{visiting}} \bigcup \{R_k\}$，其中 d_i 表示在第 i 个前提属性中可接受的最大距离。

（4）利用 Q_{visited} 中所有的置信规则，生成一条新的置信规则，并执行步骤（2）；假设队列 Q_{visited} 中置信规则为 $\{R_1, \cdots, R_L\}$，新的置信规则为 R_{L+1}，则 R_{L+1} 中参数的赋值方式如下。

①对于 R_{L+1} 中第 $i(i=1, 2, \cdots, M)$ 个前提属性的候选等级效用值，如果 R_k （$R_{k \in Q_{\text{visiting}}}$）的候选等级效用值为输入空间的边界值，则赋值公式如下：

$$u\left(A_i^{L+1}\right)=u\left(A_i^k\right) \tag{5-14}$$

否则，赋值公式如下：

$$u\left(A_i^{L+1}\right)=\frac{\sum\limits_{k=1}^{L}u\left(A_i^k\right)}{L} \tag{5-15}$$

②对于 R_{L+1} 中结果属性的分布式置信度，赋值公式如下：

$$\beta_n^{L+1}=\frac{\sum\limits_{k=1}^{L}\beta_n^k}{L}, \quad n=1, 2, \cdots, N \tag{5-16}$$

③对于 R_{L+1} 中的规则权重，赋值公式如下：

$$\theta_{L+1}=\frac{\sum\limits_{k=1}^{L}\theta_k}{L} \tag{5-17}$$

对于上述基于聚类分析的置信规则删减方法，在确定参数 d_i 的取值时，需要通过专家知识事先给定。在本章中，将 d_i 的具体取值设定为 $1.1 \times V_i$，其中 V_i 表示第 i 个前提属性中相邻候选等级效用值的最小间距。

5.3.3　紧致结构的置信规则动态调整方法

本节结合过紧致结构中的置信规则删减方法和欠紧致结构中的置信规则增加方法，提出构造 CBRB 紧致结构的置信规则动态调整方法，其基本流程如图 5-7 所示。

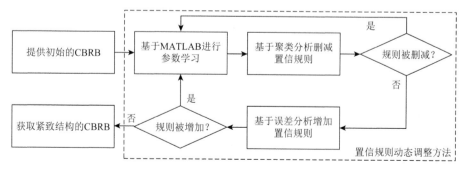

图 5-7　置信规则动态调整方法的基本流程

由图 5-7 可知，置信规则动态调整方法的具体步骤如下。

（1）利用专家知识确定 CBRB 中的前提属性和结果属性，以及每个前提属性的候选等级和结果属性的结果等级；然后，通过遍历每个前提属性的每个候选等级构建 CBRB，并利用专家知识初始化 CBRB 的参数取值。

（2）利用式（2-2）所示的参数学习模型，通过 MATLAB 优化工具箱中的激活集算法对 CBRB 进行参数学习，以确定 CBRB 的参数最优取值。

（3）通过 5.3.2 节中提出的置信规则删减方法删减 CBRB 中冗余的置信规则。如果 CBRB 中的规则数量发生变化，返回步骤（2）；否则，执行步骤（4）。

（4）通过 5.3.1 节中提出的置信规则增加方法增加 CBRB 中的置信规则。如果 CBRB 的规则数量发生变化，返回步骤（2）；否则，算法结束。

5.4　实例分析与方法比较

为了在小规模低维度的数据情形中验证本章提出的 CBRB 构建方法，本节以英国的一条 100 多千米长的输油管道检漏为研究对象进行实例分析。目前，在 CBRB 推理模型的相关研究中，输油管道检漏问题已被广泛地用于检验各类参数学习方法，包括全局参数学习方法[4]、局部参数学习方法[5]、在线参数学习方法[6]等。因此，输油管道检漏问题对应的数据集已成为 CBRB 推理模型领域中受国内外学者认可的一个数据集。在该数据集中进行实例分析，有助于在 CBRB 推理模型领域中比较现有的研究成果，并凸显本章所提方法的有效性。

5.4.1　输油管道检漏问题的描述

当输油管道发生泄漏时，管道中油液的流量和压力会按照一定的模式发生变化。根据质量守恒和历史信息，专家给出如下模式来判断输油管道中的状态。

正常状态：在正常状态的输油管道中，当油液的输入量大于输出量时，由于管道中油液的总量增加了，因此油液对管道产生的压力也会增加；反之，油液对管道的压力会降低。

泄漏状态：在泄漏状态的输油管道中，当油液的输入量大于输出量时，虽然管道中油液的总量增加了，但是油液对管道产生的压力反而降低了，这表明输油管道很可能已经发生油液泄漏。

为了在输油管道检漏问题中使用 CBRB 推理模型，选取输入和输出流量之间的差异和油液对管道产生的压力差作为 CBRB 的前提属性 U_1 和 U_2；选取管道漏洞大小作为 CBRB 的结果属性 D。此外，在泄漏测试中，以 10s 的采样周期分别收集了 2008 个 25% 的泄漏数据，如图 5-8 所示，其中 25% 泄漏表示当有 100t 油液在管道中流动时，会出现 25t 油液发生泄漏。

从图 5-8 可以看出，在输油管道检漏的 2008 个数据中，流量差的变化幅度在区间[–10，5]内，压力差的变化幅度在区间[–0.02，0.02]内，漏洞大小的变化幅度在区间[0，8]内。此外，依据流量差与漏洞大小的关系可以发现，流量差虽然与输油管道的漏洞大小呈负相关关系，但存在小幅度的波动，容易干扰输油管道漏洞大小的预测。相对地，压力差则处于实时变化的状态，导致无法直观地通过输油管道的漏洞大小发现两者间的内在联系。因此，在预测输油管道的漏洞大小时，通过专家知识往往很难保证所预测漏洞大小的精准性。而本章所提的方法可以完善 CBRB 的构建过程，从而确保 CBRB 推理模型能够准确地预测输油管道的漏洞大小。

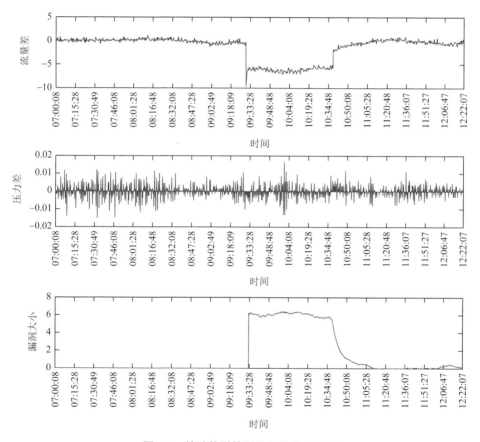

图 5-8　输油管道检漏问题的数据描述

5.4.2　基于 CBRB 结构划分的输油管道检漏

为了验证基于结构划分的 CBRB 建模方法，本节分别考虑 CBRB 处于过紧致结构和欠紧致结构两种情形，并给定 5.3.1 节中置信规则增加方法的参数设定：

$e_p = 1$ 和 $n_p = 9$；以及 5.3.2 节中置信规则删减方法的参数设定：$V_1 = 0.5$、$V_2 = 0.001$、$d_1 = 0.55$ 和 $d_2 = 0.0011$。

1. 针对过紧致结构的输油管道检漏

对于 CBRB 的过紧致结构，假定 CBRB 中的两个前提属性均有大量的候选等级，即前提属性流量差中有 8 个候选等级 $A_{1,j}(j = 1, 2, \cdots, 8)$ 和前提属性压力差中有 7 个候选等级 $A_{2,j}(j = 1, 2, \cdots, 7)$，其中候选等级的效用值分别为 $\{u(A_{1,j}); j = 1, 2, \cdots, 8\} = \{-10, -5, -3, -1, 0, 1, 2, 3\}$ 和 $\{u(A_{2,j}); j = 1, 2, \cdots, 7\} = \{-0.01, -0.005, -0.002, 0, 0.002, 0.005, 0.01\}$；CBRB 的结构属性漏洞大小中有 5 个结果等级 $D_n(n = 1, 2, \cdots, 5)$ 以及效用值 $\{u(D_n); n = 1, 2, \cdots, 5\} = \{0, 2, 4, 6, 8\}$。

通过组合遍历流量差中的 8 个候选等级和压力差中的 7 个候选等级，可以构建 56 条置信规则。依据文献[7]中的训练数据筛选方式，选取图 5-8 中 07:00~07:49、09:38~10:28 和 10:51~11:41 三个时间段内 900 个泄漏数据作为训练数据集。在基于结构划分的 CBRB 构建方法中，这些训练数据集将用于构建 CBRB 的紧致结构，其中图 5-9 显示了随着构建方法的不断迭代，相应规则数量和平均绝对误差的变化情况。

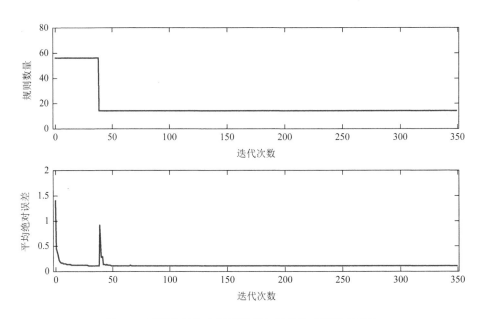

图 5-9　过紧致结构中规则数量与平均绝对误差的变化

由图 5-9 可知，在 CBRB 的构建过程中，规则数量和平均绝对误差均会收敛于一个固定值，其中在第 38 次迭代时，规则数量由 56 条减少至 14 条；而在规则数量发生变化后，平均绝对误差由 0.0966 增大至 0.9008，随后又逐渐减小至 0.091。上述规则数量和平均绝对误差发生变化的主要原因是：通过参数学习能够让置信规则具有最优的参数取值，并且减小 CBRB 推理模型的平均绝对误差，但当置信规则被删减后，剩余置信规则的参数取值无法保证 CBRB 推理模型的准确性，导致 CBRB 推理模型的平均绝对误差增大；而随着继续对 CBRB 进行参数学习，置信规则的参数又具有最优取值，从而再次减小 CBRB 推理模型的平均绝对误差。

下面具体介绍 CBRB 中规则数量的调整过程。

首先，使用 900 个训练数据对 56 条置信规则进行参数学习，以获取这些置信规则的参数最优取值。在该参数学习的过程中，CBRB 推理模型的平均绝对误差由 1.396 减小至 0.0966，而 56 条置信规则的参数最优取值可参见附录 C 中的表 C-1。依据经参数学习后的 CBRB 推理模型，图 5-10 显示了其在训练数据集中预测输油管道漏洞大小的绝对误差。从图 5-10 可以看出：当有 56 条置信规则时，CBRB 推理模型能够准确地预测输油管道的漏洞大小，其中除个别预测值的绝对误差大于 2 外，其余预测值的绝对误差都小于等于 1。

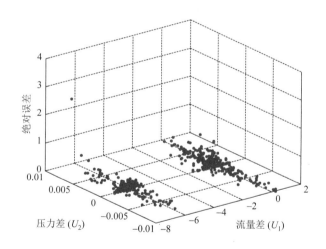

图 5-10　有 56 条置信规则时预测值与实际值的绝对误差

其次，通过两个前提属性中的所有候选等级效用值，分析 56 条置信规则在输入空间中的分布，如图 5-11 所示，其中部分候选等级效用值因彼此间相互接近，对应的置信规则可以合成一条新置信规则，例如，在图 5-11 中，由于流量差中的候选等级效用值 1.5809 和 2 的差值小于 $d_1 = 0.55$，以及压力差中的候选等级效用值 0.0048、0.0058、0.0068、0.0079、0.009 和 0.01 的最小差值均小于等于 $d_2 = 0.0011$，因此需要删减由这些候选等级所构建的置信规则。当这些置信规则被删减后，流量差中剩余 7 个候选等级，压力差中剩余 2 个候选等级，以及 CBRB 中剩余 14 条置信规则。

再次，由于 CBRB 中的规则数量由 56 条缩减至 14 条，因此需要对 CBRB 重新进行参数学习。经参数学习后，CBRB 推理模型的平均绝对误差由 0.9008 减小至 0.091，其中这 14 条置信规则的参数最优取值如表 5-5 所示。此外，图 5-12 显示了经参数学习后 CBRB 推理模型在训练数据集中预测输油管道漏洞大小的绝对误差。从图 5-12 可以发现：当只有 14 条置信规则时，CBRB 推理模型同样能够准确地预测输油管道的漏洞大小，且相比于有 56 条置信规则的 CBRB 推理模型，输油管道漏洞大小的所有预测值都没有较大的绝对误差。

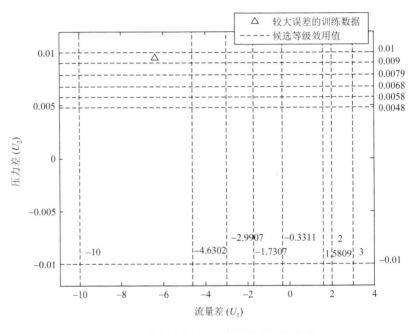

图 5-11　输入空间中 56 条置信规则的分布

表 5-5　参数学习后 14 条置信规则的参数最优取值

规则编号	规则权重	流量差	压力差	漏洞大小的置信分布
R_1	0.9442	−10.0000	−0.0100	{0.0393, 0.0007, 0.0795, 0.3814, 0.4991}
R_2	0.7795	−10.0000	0.0100	{0.0000, 0.0752, 0.0437, 0.2829, 0.5982}
R_3	0.9326	−4.4492	−0.0100	{0.0127, 0.0245, 0.0000, 0.9192, 0.0436}
R_4	0.2990	−4.4492	0.0100	{0.4027, 0.0135, 0.0000, 0.2361, 0.3478}
R_5	0.4503	−2.9321	−0.0100	{0.8028, 0.0779, 0.0616, 0.0577, 0.0000}
R_6	0.9344	−2.9321	0.0100	{0.9106, 0.0040, 0.0002, 0.0099, 0.0752}
R_7	0.8094	−1.5672	−0.0100	{0.3143, 0.2734, 0.2872, 0.0236, 0.1015}
R_8	0.3395	−1.5672	0.0100	{0.2728, 0.1010, 0.0663, 0.0270, 0.5329}

续表

规则编号	规则权重	流量差	压力差	漏洞大小的置信分布
R_9	0.9998	−0.3501	−0.0100	{1.0000, 0.0000, 0.0000, 0.0000, 0.0000}
R_{10}	0.3985	−0.3501	0.0100	{1.0000, 0.0000, 0.0000, 0.0000, 0.0000}
R_{11}	0.0001	1.8600	−0.0100	{0.8389, 0.1597, 0.0002, 0.0010, 0.0001}
R_{12}	0.9999	1.8600	0.0100	{1.0000, 0.0000, 0.0000, 0.0000, 0.0000}
R_{13}	1.0000	3.0000	−0.0100	{0.9000, 0.1000, 0.0000, 0.0000, 0.0000}
R_{14}	1.0000	3.0000	0.0100	{1.0000, 0.0000, 0.0000, 0.0000, 0.0000}

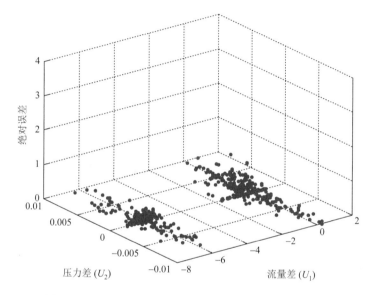

图 5-12　有 14 条置信规则时预测值与实际值的绝对误差

最后，通过两个前提属性中的所有候选等级效用值，分析 14 条置信规则在输入空间中的分布，如图 5-13 所示。从图 5-13 可以看出，流量差和压力差的候选等级效用值分别为{−10, −4.4492, −2.9321, −1.5672, −0.3501, 1.86, 3}和{−0.01, 0.01}，且彼此间的差距分别大于流量差中事先设定的 $d_1 = 0.55$ 和压力差中事先设定的 $d_2 = 0.0011$。同时，所有训练数据的预测值与实际值的绝对误差都小于 $e_p = 1$。因此，无须再删减或增加 CBRB 中的置信规则。

为了验证 CBRB 推理模型在预测输油管道漏洞大小时的准确性，将 2008 个泄漏数据作为测试数据集。依据这一测试数据集，图 5-14 显示了两种 CBRB 推理模型的预测漏洞大小和绝对误差，其中这两种模型分别为过紧致结构的 CBRB 推理模型和基于结构划分的 CBRB（structure partition-based CBRB，SP-CBRB）推理模型。

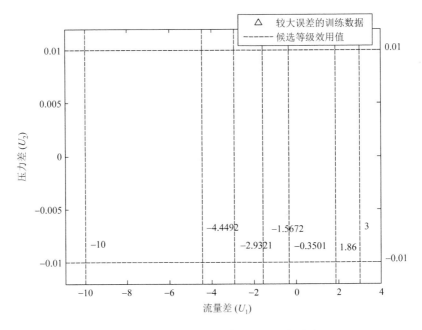

图 5-13　输入空间中 14 条置信规则的分布

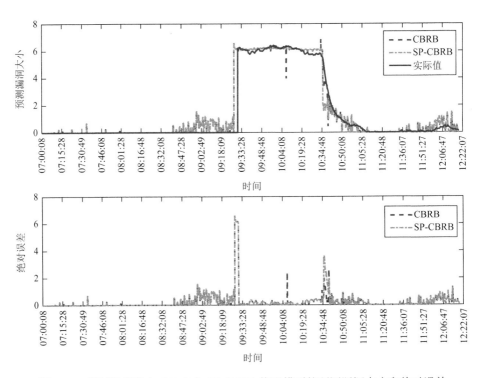

图 5-14　测试数据集中 CBRB 与 SP-CBRB 推理模型的预测漏洞大小和绝对误差

由图 5-14 可知，CBRB 推理模型和 SP-CBRB 推理模型均能够有效地检测输油管道的泄漏状态，例如，当输油管道在时间段 09:30～10:47 发生油液泄漏时，两个推理模型均检测到输油管道处于泄漏状态。同时，这两个推理模型也基本能够准确地预测输油管道的漏洞大小。但在部分油液泄漏的情形中，CBRB 推理模型可能会出现明显的误判，例如，CBRB 推理模型在 10:04 的预测值明显小于实际漏洞大小。综上可知，SP-CBRB 推理模型能够在更少的规则数量下以更小的误差预测 2008 个测试数据中的漏洞大小。

2. 针对欠紧致结构的输油管道检漏

对于 CBRB 的欠紧致结构，假定 CBRB 中的两个前提属性流量差和压力差均只有两个候选等级，其中候选等级的效用值分别为 $\{u(A_{1,1}),\ u(A_{1,2})\} = \{-10,\ 3\}$ 和 $\{u(A_{2,1}),\ u(A_{2,2})\} = \{-0.01,\ 0.01\}$；CBRB 中结果属性漏洞大小有 5 个结果等级 $D_n(n = 1, 2, \cdots, 5)$ 及效用值为 $\{u(D_n);\ n = 1, 2, \cdots, 5\} = \{0,\ 2,\ 4,\ 6,\ 8\}$。

在 CBRB 的构建过程中，首先通过组合遍历流量差中的两个候选等级和压力差中的两个候选等级，可以构建 4 条置信规则；其次，利用 900 个训练数据对这 4 条置信规则的参数和数量进行调整。图 5-15 显示了随着基于结构划分 CBRB 建模方法的不断迭代，相应的规则数量和平均绝对误差的变化情况。

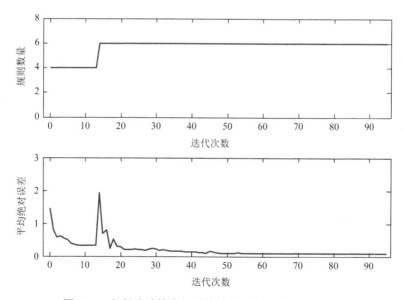

图 5-15　欠紧致结构中规则数量与平均绝对误差的变化

由图 5-15 可知，在 CBRB 的构建过程中，规则数量和平均绝对误差均会收敛于一个固定值，其中在第 13 次迭代时，CBRB 中的规则数量由 4 条增加至 6 条；

而在规则数量发生变化后，CBRB 推理模型的平均绝对误差由 0.3277 增大至 1.9332，随后又逐渐减小至 0.0961。上述规则数量和平均绝对误差发生变化的主要原因是：通过参数学习能够减小 CBRB 推理模型的平均绝对误差，但在增加新的置信规则后，新增置信规则的参数取值无法保证 CBRB 推理模型的准确性，导致 CBRB 推理模型的平均绝对误差增大；而随着通过参数学习再次获取置信规则中参数的最优取值，CBRB 推理模型的平均绝对误差也会再次减小。

下面具体介绍 CBRB 中规则数量的调整过程。

首先，使用 900 个训练数据对 4 条置信规则进行参数学习，相应的参数学习结果如表 5-6 和图 5-16 所示。从表 5-6 可以看出，由于仅有 4 条置信规则的 CBRB 处于欠紧致结构，因此部分参数取值并不合理，例如，第 2 条和第 4 条置信规则的规则权重仅为 0.0001。在参数学习的过程中，CBRB 推理模型的平均绝对误差虽然由 1.4521 降至 0.3277，但从图 5-16 可以看出，CBRB 推理模型未能够准确地预测输油管道的漏洞大小，其中大部分输油管道漏洞大小的预测值与实际值具有较大的误差。

表 5-6　参数学习后 4 条置信规则的参数最优取值

规则编号	规则权重	流量差	压力差	漏洞大小的置信分布
R_1	0.7228	−10.0000	−0.0100	{0.0000, 0.0000, 0.0000, 0.0000, 1.0000}
R_2	0.0001	−10.0000	0.0100	{0.0176, 0.0000, 0.0000, 0.0003, 0.9820}
R_3	0.9837	3.0000	−0.0100	{1.0000, 0.0000, 0.0000, 0.0000, 0.0000}
R_4	0.0001	3.0000	0.0100	{1.0000, 0.0000, 0.0000, 0.0000, 0.0000}

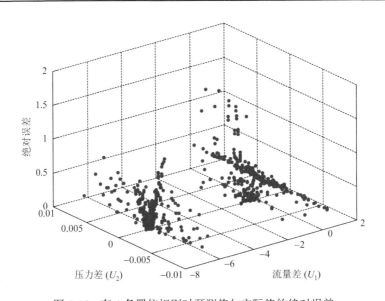

图 5-16　有 4 条置信规则时预测值与实际值的绝对误差

其次，通过流量差和压力差中的所有候选等级效用值，分析 4 条置信规则在输入空间中的分布，如图 5-17 所示，其中流量差和压力差中的候选等级效用值分别为{-10, 3}和{-0.01, 0.01}，且相应的差值分别大于 $d_1 = 0.55$ 和 $d_2 = 0.0011$，因此无须删减 CBRB 中的置信规则；但在局部输入空间中，由于有超过 $n_p = 9$ 个训练数据的绝对误差大于 $e_p = 1$，因此需要增加一个新的候选等级，用于构建新的置信规则。经 5.3.1 节中的步骤（4）后，流量差中有 3 个候选等级，压力差中有 2 个候选等级，以及 CBRB 中总共有 6 条置信规则。

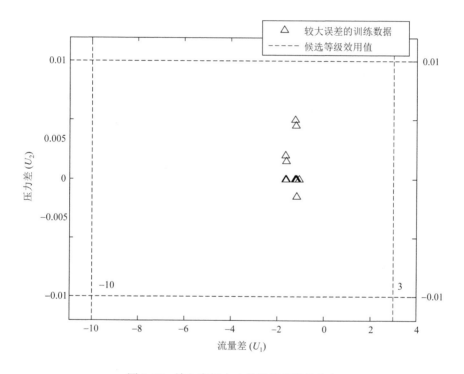

图 5-17　输入空间中 4 条置信规则的分布

再次，由于 CBRB 的规则数量由 4 条增加至 6 条，新增加的置信规则无法保证 CBRB 推理模型具有较高的准确性，因此需要重新对 CBRB 中的置信规则进行参数学习，相应的参数学习结果如图 5-18 和表 5-7 所示。从图 5-18 可以看出，经参数学习后，CBRB 推理模型能够在训练数据集中准确地预测输油管道的漏洞大小，相应的预测误差绝对值基本都处在零水平线上，其中最大的绝对误差值仅为0.5 左右；从表 5-7 可以看出，当 CBRB 中有 6 条置信规则时，经参数学习后，规则权重并未出现近乎等于零的情形。

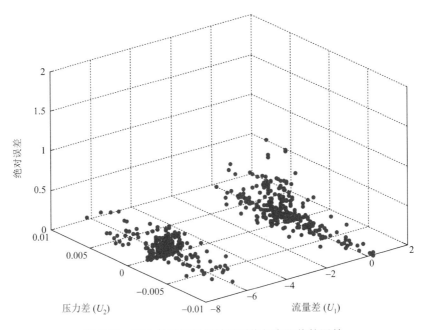

图 5-18   有 6 条置信规则时预测值与实际值的误差

表 5-7   参数学习后 6 条置信规则的参数最优取值

规则编号	规则权重	流量差	压力差	漏洞大小的置信分布
R_1	0.8738	−10.0000	−0.0100	{0.0000, 0.2589, 0.0000, 0.0254, 0.7157}
R_2	0.6617	−10.0000	0.0100	{0.0000, 0.2309, 0.0000, 0.0989, 0.6702}
R_3	0.2010	−0.2356	−0.0100	{1.0000, 0.0000, 0.0000, 0.0000, 0.0000}
R_4	0.1179	−0.2356	0.0100	{1.0000, 0.0000, 0.0000, 0.0000, 0.0000}
R_5	0.9922	3.0000	−0.0100	{1.0000, 0.0000, 0.0000, 0.0000, 0.0000}
R_6	0.9777	3.0000	0.0100	{1.0000, 0.0000, 0.0000, 0.0000, 0.0000}

最后，通过流量差和压力差中的所有候选等级效用值，分析 6 条置信规则在输入空间中的分布，如图 5-19 所示。从图 5-19 可以看出，流量差中的候选等级效用值分别为−10、−0.2356 和 3，压力差中的候选等级效用值分别为−0.01 和 0.01，因此两个前提属性中候选等级效用值的差值分别大于 $d_1 = 0.55$ 和 $d_2 = 0.0011$。同时，训练数据中漏洞大小的预测值与实际值的绝对误差均未大于 $e_p = 1$。综上可得，无须再删减或增加 CBRB 中的置信规则。

为了验证 CBRB 推理模型在预测输油管道漏洞大小时的准确性，同样将 2008 个泄漏数据作为测试数据，图 5-20 显示了欠紧致结构的 CBRB 推理模型（即 CBRB）和经基于结构划分构建方法的 CBRB 推理模型（即 SP-CBRB）在测试数据中的漏洞大小预测值和绝对误差。

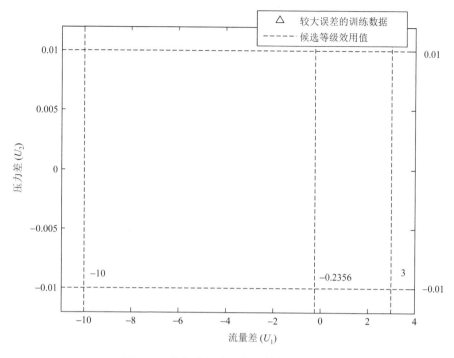

图 5-19　输入空间中 6 条置信规则的分布

从图 5-20 可以看出，CBRB 推理模型和 SP-CBRB 推理模型均能够有效地检测输油管道是否处于泄漏状态，例如，两个推理模型均检测出了在 09:30 时出现油液泄漏而在 10:47 油液泄漏停止，但在预测输油管道的漏洞大小时，SP-CBRB 推理模型具有更高的准确性，例如，在时间段 07:00～08:47 中，输油管道的漏洞大小基本为 0，而 CBRB 推理模型的预测值显示输油管道出现轻微的油液泄漏。相应地，SP-CBRB 推理模型基本上能够准确预测当前输油管道的漏洞大小为 0。

5.4.3　对比分析

为了比较本章所提建模方法与 CBRB 的现有经典建模方法之间的差异，本节将与 Zhou 等[3]、Xu 等[7]和 Chen 等[4]的研究成果进行比较，以进一步验证本章所提动态规则调整方法的有效性。

1）与序贯学习算法的比较

序贯学习算法是由 Zhou 等[3]提出的，其功能是根据置信规则的统计效用自动构造紧凑的 CBRB。因此，该算法的一些特性与动态规则调整方法相类似。为了区分这两种建模方法，下面引入准确性和规则数量以比较建模方法在优化过紧致

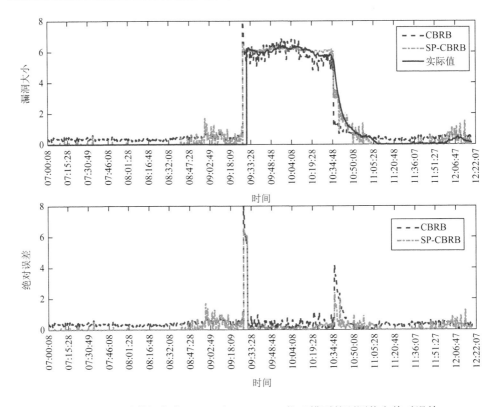

图 5-20　测试数据集中 CBRB 与 SP-CBRB 推理模型的预测值和绝对误差

结构方面的能力。需要说明的是，动态规则调整方法中使用的训练数据集与序贯学习算法中使用的训练数据集相同。在准确性和规则数量方面，序贯学习算法可以通过调整 CBRB 的结构构造一个简化的面向输油管道泄漏检测的 CBRB，该CBRB 由五条规则组成。本章所提出的动态规则调整方法可以从欠紧致结构中构造一个具有 6 条规则的 CBRB，从过紧致结构中构造一个具有 14 条规则的 CBRB。相应地，Zhou 等[3]提出的序贯学习算法也可以构造一个具有较少规则的 CBRB。为了保证 CBRB 推理模型的准确性，由序贯学习算法构建的 CBRB 推理模型的均方误差仅达到 0.7880。而由本章方法所构建的 CBRB 推理模型的均方误差分别为0.5040 和 0.4450，其中由过紧致结构和欠紧致结构调整而来的 CBRB 如表 5-5 和表 5-7 所示。换言之，本章所提的动态规则调整方法有助于确保 CBRB 的准确性和规则数量的平衡。

对于 CBRB 的过紧致结构，其可能会直接影响序贯学习算法对置信规则的统计效用。首先，根据文献[3]中的统计效用公式，具体表示如下：

$$I_i^k\left(\gamma_i^k\right)=\int_{\gamma_{i,j}}^{\gamma_{i,j+1}} \alpha_{i,j}\left(\hat{x}_i\right)^{\overline{\delta}_i} p\left(\hat{x}_i\right)\mathrm{d}\hat{x}_i$$

$$= \int_{\gamma_{i,j}}^{\gamma_{i,j+1}} \left(\frac{\gamma_{i,j+1} - \hat{x}_i}{\gamma_{i,j+1} - \gamma_{i,j}} \right)^{\overline{\delta}_i} p\left(\hat{x}_i\right) \mathrm{d}\hat{x}_i$$

$$= \frac{\left(\gamma_{i,j+1} - x_i\right)^{\overline{\delta}_i} \left(x_i - \gamma_{i,j+1}\right)\left(\overline{\delta}_i x_i + x_i - a_i\left(2 + \overline{\delta}_i\right)\right)}{\left(\gamma_{i,j+1} - \gamma_{i,j}\right)^{\overline{\delta}_i}\left(a_i - b_i\right)\left(\overline{\delta}_i^2 + 3\overline{\delta}_i + 2\right)} \qquad (5\text{-}18)$$

式中，$\gamma_{i,j}$ 为第 i 个前提属性中的第 j 个候选等级；x_i 为第 i 个前提属性的输入值；$\overline{\delta}_i$ 为第 i 个前提属性的权重；$I_i^k\left(\gamma_i^k\right)$ 为第 k 条规则中关于第 i 个前提属性的个体匹配度；$\hat{x}_i$ 为第 i 个前提属性的采样数据；$p(\hat{x}_i)$ 为采样概率密度函数；a_i 和 b_i 分别为采样数据的取值上、下界。在图 5-4 的 $\tau=2$ 情形中（如 5.2.2 节所示），当输入值为 $x_i = 0.995$ 时，第 4 条和第 5 条规则有效。我们确定式（5-18）的分析结果异常，因为 $\gamma_{i,j+1} = 0.99$ 和 $\gamma_{i,j} = 1.0$。通过对统计效用公式进一步分析，可以得出以下等式：

$$U(k) = \frac{\theta_k \prod_{i=1}^{M} I_i^k\left(\gamma_i^k\right) \sum_{j=1}^{N} \mu(D_j)\beta_{j,k}}{\sum_{l=1}^{L}\left(\theta_l \prod_{i=1}^{M} I_i^l\left(\gamma_i^l\right)\right)} \qquad (5\text{-}19)$$

式（5-19）主要用于标准化统计效用值。当 CBRB 处于过紧致结构时，规则的统计效用值可能更大，与其他规则更接近。因此，根据统计效用方法，这些规则很容易增加到 CBRB 中。然而，所增加的这些规则实际上对 CBRB 是多余的。相比之下，本章所提的动态规则调整方法已在输油管道检漏问题中成功构建过紧致结构的 CBRB，具体构建过程可参见 5.4.2 节。

2）与 56 条规则的 CBRB 比较

输油管道泄漏检测问题源于实际且常被国内外学者用于检测其所提的 CBRB 新建模方法。因此，我们以该问题对比本章所提方法构建的 CBRB 推理模型与测试专家干预下的 CBRB 推理模型和全局参数学习下的 CBRB 推理模型。需要注意的是，所有建模方法都是基于 56 条规则的 CBRB。根据 Xu 等[7]和 Chen 等[4]的研究成果，以相同的测试数据集测算经本章所提动态规则调整方法训练的 CBRB 推理模型的准确性，并以此比较其他的 CBRB 推理模型。表 5-8 显示了面向输油管道检漏问题时不同 CBRB 推理模型的平均绝对误差和均方差，以及相应的规则数量。由表 5-8 可知，不同 CBRB 推理模型具有相近的平均绝对误差和均方差，但由本章所提的动态规则调整方法调整的 CBRB 具有 14 条或 6 条置信规则，明显少于其他 CBRB 中的 56 条置信规则。

表 5-8　四类 CBRB 的对比分析

CBRB	规则数量	测试数据数量	均方差	平均绝对误差
过紧致结构	14	2008	0.50396	0.23105
欠紧致结构	6	2008	0.44504	0.20798
Xu 等[7]	56	2008	0.40493	0.22229
Chen 等[4]	56	2008	0.39904	0.20843

5.5　本 章 小 结

本章提出了一种动态规则调整结构的学习方法,以确保 CBRB 具有紧致结构,该方法是一种同时调整 CBRB 结构和参数的新方法,对实现整体推理性能至关重要。本章的主要贡献总结如下。

（1）在给定数量的训练数据下,根据规则数量定义了 CBRB 的三类结构。通过在两个情景中分析 CBRB 推理模型的准确性来验证这种分类的有效性,以及 CBRB 推理模型能够拟合任何复杂系统的能力。

（2）对结构欠紧致或过紧致的 CBRB 进行实验和分析。这些研究揭示了欠紧致结构 CBRB 的独有特征,并验证了调整此类 CBRB 以实现紧致结构的必要性。

（3）提出了通过密度分析删减规则和通过误差分析增加规则,其中密度分析和误差分析构成了动态规则调整结构学习方法的主要部分,并确保 CBRB 推理模型在任何结构下都能获得紧致结构。

此外,本章引入了七个多模函数来说明 CBRB 处于欠紧致和过紧致结构的特征。通过一个实际的管道泄漏检测问题,验证了动态规则调整方法的有效性和准确性。实验结果表明了本章所提方法的可行性和有效性。

参 考 文 献

[1]　Li B, Wang H W, Yang J B, et al. A belief K-means clustering algorithm for structure identification of belief-rule-base[J]. System Engineering, 2011, 29 (5) : 85-91.

[2]　Chang L L, Zhou Y, Jiang J, et al. Structure learning for belief rule base expert system: A comparative study[J]. Knowledge-Based Systems, 2013, 39: 159-172.

[3]　Zhou Z J, Hu C H, Yang J B, et al. A sequential learning algorithm for online constructing belief-rule-based systems[J]. Expert Systems with Applications, 2010, 37 (2) : 1790-1799.

[4]　Chen Y W, Yang J B, Xu D L, et al. On the inference and approximation properties of belief rule based systems[J]. Information Sciences, 2013, 234: 121-135.

[5]　Yang J B, Liu J, Xu D L, et al. Optimization models for training belief-rule-based systems[J]. IEEE Transactions

on Systems, Man, and Cybernetics-Part A: Systems and Humans, 2007, 37 (4) : 569-585.

[6]　Zhou Z J, Hu C H, Yang J B, et al. Online updating belief rule based system for pipeline leak detection under expert intervention[J]. Expert Systems with Applications, 2009, 36 (4) : 7700-7709.

[7]　Xu D L, Liu J, Yang J B, et al. Inference and learning methodology of belief-rule-based expert system for pipeline leak detection[J]. Expert Systems with Applications, 2007, 32 (1) : 103-113.

第三部分　小规模高维度数据情形中建模方法

本书的第三部分将以小规模高维度的数据情形作为问题背景,研究 BRB 建模方法。由于高维度的数据情形会导致 CBRB 中规则数量的"组合爆炸"问题,最终让 CBRB 推理模型无法在可接受的时空复杂度内完成常规的建模流程,因此需要引入规则数量与数据维度不相关的 DBRB 和 EBRB。同时,考虑到小规模数据情形中,迭代优化算法仍能具有较低的时间复杂度,因此在建模过程中可以通过引入迭代优化算法进一步提升 BRB 推理模型的性能,以更好地适用于小规模高维度的决策问题。

第6章 基于动态参数学习的并集置信 规则库建模方法

6.1 概 述

BRB 推理模型中最常见的类型是 CBRB 推理模型,但这一类型的规则构建需要组合遍历每个前提属性的所有候选等级,导致在高维度的数据情形中易出现规则数量的"组合爆炸"问题,即 CBRB 中的规则数量会随着前提属性或候选等级数量的增加呈现指数级增长的趋势。因此,本章以 DBRB 为研究对象,开展小规模高维度数据情形下的 BRB 建模方法研究。

参数学习是 DBRB 建模方法中的重要组成部分,而在早期的参数学习模型中往往存在特殊的要求,即规定部分规则在参数学习过程中保留所有前提属性中最小或最大的候选等级[1]。显然,这一规定具有较强的主观性,且经参数学习后会导致 DBRB 失去完备性。因此,有必要针对 DBRB 提出新的参数学习方法,以完善 DBRB 的建模方法。

为了保证 DBRB 的完备性,本章提出一种新的 DBRB 参数学习模型。在新参数学习模型中,任一规则都无须包含所有前提属性中最小或最大的候选等级,且这些候选等级可以根据两个动态约束条件分布在不同的规则上。因此,本章提出的参数学习模型也称为动态参数学习模型。考虑到传统优化工具箱无法有效应对动态参数学习模型,本章还通过改进差分进化(differential evolution,DE)算法[2]提出全局参数学习算法。通过动态参数学习模型和全局参数学习算法最终实现 DBRB 的有效建模。

为了验证本章所提动态参数学习模型和全局参数学习算法的有效性,本章引入桥梁风险评估问题,通过参数学习的过程展示 DBRB 推理模型在桥梁风险评估中的应用。同时,还引入现有的 CBRB 和 DBRB 参数学习模型与桥梁风险评估模型,对本章所提的 DBRB 推理模型进行比较研究。

6.2 DBRB 推理模型的动态参数学习模型

为了构建更有效的 DBRB 推理模型,本节首先分析 DBRB 推理模型的完备性;然后提出新的参数学习模型和算法,以保证 DBRB 推理模型的完备性。

6.2.1　DBRB 推理模型的完备性

完备性是反映规则库推理模型适用性的一个重要标准。在 CBRB 推理模型中，由于 CBRB 是通过涵盖每个前提属性的所有候选等级来构造置信规则的，因此在 CBRB 中可以找到任意情形的置信规则。同时，CBRB 推理模型能够生成任意输入数据的输出结果。因此，CBRB 推理模型通常默认为是完备的。

然而，对于规则数量较少的 DBRB 推理模型而言，有必要对其完备性进行研究。在之前的文献中，Chang 等[3]对 DBRB 推理模型进行了研究，并论证了 DBRB 推理模型的规则推理方法是具有完备性的，该结论可以定义如下。

定义 6-1（规则推理方法的完备性）　当且仅当 DBRB 推理模型能够生成任意一个给定输入值的输出结果时，可以认为 DBRB 推理模型中的规则推理方法是具有完备性的。

显然，定义 6-1 中的完备性仅是 DBRB 推理模型具备完备性的其中要素之一，因为 DBRB 推理模型除了包含规则推理方法外，还包含 DBRB。下面对 DBRB 推理模型的完备性进行更全面的分析。

对于一个初始的 DBRB 推理模型而言，其往往会因为专家无法准确确定参数的最优取值而不具有令人满意的性能。为了解决这个问题，有必要通过学习所收集的输入、输出数据来提高 DBRB 推理模型的性能，即参数学习[4, 5]。具体如图 6-1 所示。

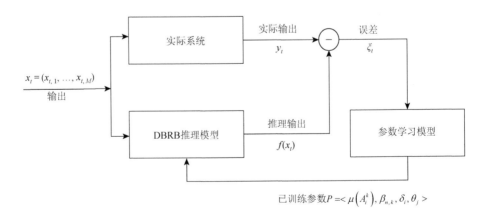

图 6-1　DBRB 推理模型参数学习过程

图 6-1 表明参数学习的本质是利用参数学习模型训练 DBRB 推理模型中的各个参数。因此，可以将参数学习模型的功能简化为每条规则中候选等级的重新组

合。以桥梁风险评估问题为例，桥梁风险评估中包含四个前提属性，分别为：安全性、可用性、持久性和环境因素，这四个前提属性分别对应三个候选等级{低，中，高}，据此可以构建三条规则，其中表 6-1 显示了专家给定的 DBRB，其由于专家知识的局限性可能无法具备令人满意的预测性能；表 6-2 显示了经参数学习后的 DBRB，其通过参数学习模型从而获得了令人满意的预测性能。

表 6-1　桥梁风险评估中专家给定的 DBRB

规则编号	规则权重	前提属性（属性权重）				结果属性		
		安全性（1.0）	可用性（1.0）	持久性（1.0）	环境因素（1.0）	低	中	高
R_1	1.0	低	高	低	低	0.9	0.1	0.0
R_2	1.0	中	低	中	中	0.6	0.4	0.0
R_3	1.0	高	中	高	高	0.0	0.2	0.8

表 6-2　桥梁风险评估中参数学习后的 DBRB

规则编号	规则权重	前提属性（属性权重）				结果属性		
		安全性（1.0）	可用性（1.0）	持久性（1.0）	环境因素（1.0）	低	中	高
R_1	1.0	高	中	低	高	0.9	0.1	0.0
R_2	1.0	低	低	高	低	0.6	0.4	0.0
R_3	1.0	中	高	中	中	0.0	0.2	0.8

对比表 6-1 和表 6-2 中的 DBRB 可知：两个 DBRB 的主要区别在于相同的规则具有不同的候选等级。例如，表 6-1 中第一条规则的候选等级包括低、高、低和低；而表 6-2 中第一条规则的候选等级则包括高、中、低和高。因此，候选等级的重新组合可以视为提高 DBRB 推理模型性能的一个重要途径。然而，由于现有参数学习模型的不足，DBRB 无法获得所有组合类型的规则。而这方面正好反映了 DBRB 推理模型完备性的另一个要素，其定义如下。

定义 6-2（DBRB 的完备性）　当且仅当通过参数学习模型可以获得 DBRB 中任意组合类型的规则时，称 DBRB 是完备的。

根据上述的定义 6-1 和定义 6-2，下面进一步给出 DBRB 推理模型的完备性定义。

定义 6-3（DBRB 推理模型的完备性）　当且仅当 DBRB 推理模型同时满足规则推理方法和 DBRB 的完备性时，称 DBRB 推理模型是完备的。

对于 DBRB 推理模型的完备性，有以下两点需要注意。

（1）DBRB 推理模型通常是不完备的，因为参数学习模型的缺陷时常导致

DBRB 的不完备，而这些缺陷通常表现为缺少必要或准确的约束条件。例如，当存在一个约束条件让第一条规则不包括候选等级"中"时，难以通过参数学习模型获得如表 6-2 所示的 DBRB。

（2）虽然 DBRB 推理模型是不完备的，但该推理模型依旧能够获得令人满意的预测性能，主要原因是有缺陷的参数学习模型可能仅让 DBRB 无法获得局部最优解，而非全局最优解。例如，当表 6-2 所示的 DBRB 仅是 DBRB 推理模型的次优解时，有缺陷的参数学习模型允许参数学习过程中不搜索该 DBRB。

6.2.2　DBRB 的动态参数学习模型

根据 6.2.1 节中的研究结论，参数学习模型可以作为确保 DBRB 推理模型完备性的一个要素。因此，本节基于 Chang 等[1]提出的参数学习模型进一步研究 DBRB 推理模型的完备性。

假设存在 T 个输入值向量 $x_t = \{x_{t,m}; m = 1, 2, \cdots, M\}(t = 1, 2, \cdots, T)$ 及其对应的输出值 y_t，当 DBRB 中的所有规则都给定时，可以使用 DBRB 推理模型生成 T 个输出结果，其中 T 个输出结果与实际输出间的误差表示如下：

$$\xi_t = f(x_t) - y_t, \quad t = 1, 2, \cdots, T \tag{6-1}$$

为了让 DBRB 推理模型具有理想的准确性，应尽可能减小误差。基于这一观点，参数学习模型需用于最小化式（6-1）中的误差。首先，根据已有的参数学习模型，待训练的参数需满足如下线性的等式或不等式约束条件。

（1）前提属性中候选等级的效用值。对于第 $l(l = 1, 2, \cdots, L)$ 条规则中第 $m(m = 1, 2, \cdots, M)$ 个前提属性，其候选等级 A_m^l 的效用值 $u(A_m^l)$ 必须满足如下约束条件：

$$\mathrm{lb}_m \leqslant u(A_m^l) \leqslant \mathrm{ub}_m, \quad l = 1, 2, \cdots, L; m = 1, 2, \cdots, M \tag{6-2}$$

$$u(A_m^1) = \mathrm{lb}_m, \quad m = 1, 2, \cdots, M \tag{6-3}$$

$$u(A_m^L) = \mathrm{ub}_m, \quad m = 1, 2, \cdots, M \tag{6-4}$$

式中，lb_m 和 ub_m 分别为第 m 个前提属性的取值下界和上界。

（2）规则权重。对于第 $l(l = 1, 2, \cdots, L)$ 条规则的规则权重 θ_l，其必须满足如下约束条件：

$$0 < \theta_l \leqslant 1, \quad l = 1, 2, \cdots, L \tag{6-5}$$

（3）结果属性的置信度。对于第 $l(l = 1, 2, \cdots, L)$ 条规则的第 $n(n = 1, 2, \cdots, N)$ 个置信度 β_n^l，其必须满足如下约束条件：

$$0 \leqslant \beta_n^l \leqslant 1, \quad l = 1, 2, \cdots, L; n = 1, 2, \cdots, N \tag{6-6}$$

另外，当表示的信息完备时，第 l 条规则还需要满足如下约束条件：

$$\sum_{n=1}^{N}\beta_n^l=1, \quad l=1,2,\cdots,L \tag{6-7}$$

然而，上述的参数学习模型仍存在以下两点不足。

（1）参数学习模型未将 DBRB 推理模型中的属性权重作为待训练参数。显然，属性权重是 DBRB 中表示不同前提属性间相对重要性的关键参数。例如，对于桥梁风险评估问题，考虑到不同桥梁指标对桥梁风险评估具有不同的影响，因此需要依据属性权重区分桥梁安全性、可用性、持久性和环境因素的重要性。

（2）式（6-3）和式（6-4）中所示的约束条件在 DBRB 推理模型的参数学习中存在主观性且不准确。对于桥梁风险评估问题，当考虑这两个约束条件时，经参数学习后的 DBRB 有且仅有唯一一组规则表示形式，如表 6-3 所示。而对于如表 6-1 和表 6-2 所示的其他规则表示形式，则完全无法通过参数学习获得。

表 6-3　桥梁风险评估中经参数学习后的 DBRB

规则编号	前提属性			
	安全性	可用性	持久性	环境因素
R_1	低	低	低	低
R_2	中	中	中	中
R_3	高	高	高	高

因此，鉴于现有的参数学习模型存在诸多不足之处，容易导致经参数学习后的 DBRB 推理模型不具有完备性。因此，本节提出 DBRB 的动态参数学习模型：

$$\min J=\sum_{t=1}^{T}\xi_t^2=\sum_{t=1}^{T}(f(x_t)-y_t)^2 \tag{6-8}$$

$$\text{s.t.}\sum_{n=1}^{N}\beta_n^l=1, \quad l=1,2,\cdots,L \tag{6-9}$$

$$0\leqslant\beta_n^l\leqslant1, \quad n=1,2,\cdots,N; l=1,2,\cdots,L \tag{6-10}$$

$$0\leqslant\theta_l\leqslant1, \quad l=1,2,\cdots,L \tag{6-11}$$

$$0\leqslant\delta_m\leqslant1, \quad m=1,2,\cdots,M \tag{6-12}$$

$$\text{lb}_m\leqslant u(A_m^l)\leqslant\text{ub}_m, \quad m=1,2,\cdots,M; l=1,2,\cdots,L \tag{6-13}$$

$$u(A_m^s)=\text{lb}_m, \quad s=\arg\min_{l=1,2,\cdots,L}\{u(A_m^l)\}; m=1,2,\cdots,M \tag{6-14}$$

$$u(A_m^s)=\text{ub}_m, \quad s=\arg\max_{l=1,2,\cdots,L}\{u(A_m^l)\}; m=1,2,\cdots,M \tag{6-15}$$

式（6-9）和式（6-11）是分别依式（6-2）和式（6-3）所得的；式（6-12）表示属性权重的相对重要性，式（6-14）和式（6-15）是关于前提属性候选等级的效用值。

通过比较现有和本章所提的参数学习模型可以发现，本章提出的参数学习模型不仅考虑了如式（6-12）所示的属性权重，而且引入了如式（6-14）和式（6-15）所示的动态约束条件，从而保证任何规则均可能含有最高和最低的候选等级。因此，文献[1]中的模型仅是本章所提模型的一个特例。例如，表 6-3 所示的 DBRB 是文献[1]中模型获得的唯一结果，而表 6-1～表 6-3 所示的 DBRB 是本章所提模型获得的部分结果。

6.2.3 基于 DE 的全局参数学习算法

为了保证 DBRB 推理模型的完备性，本章在 6.2.2 节中提出了动态参数学习模型，该动态参数学习模型中包含两个动态约束条件。然而，这些约束条件无法通过 MATLAB、Excel 和 LINGO 等传统优化工具箱实现。因此，有必要为 DBRB 推理模型提出一种易于操作的参数学习算法，从而结合动态参数学习模型获得 DBRB 中参数的最优值。

在以往的研究中，DE 算法[2]已在大量经典优化问题中被证明是简单有效的，且比其他优化方法包括遗传算法、模拟退火和进化编程等具有更高的准确性[6]。然而，由于 DE 算法的变异操作是基于个体间的差异信息，易导致最终优化结果陷入局部最优解。因此，为了获得 DBRB 推理模型的全局最优解，本章提出一种改进的差分进化（improved differential evolution，IDE）算法，具体如图 6-2 所示。

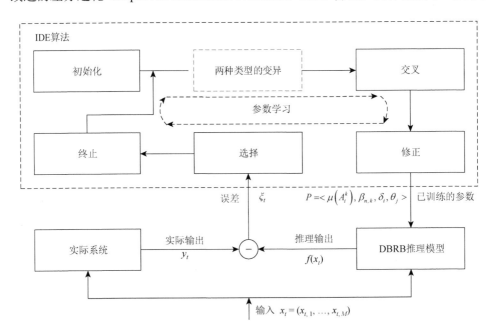

图 6-2 基于 IDE 的全局参数学习算法

相应地，基于 IDE 的全局参数学习算法的具体步骤如下。

1）初始化参数向量

假设有 C 个参数向量且每个参数向量包含候选等级的效用值 $u\left(A_m^l\right)$、规则权重 θ_l、属性权重 δ_m 以及置信度 β_n^l。因此，第 $c(c=1,2,\cdots,C)$ 个参数向量的表示形式为

$$P_c=\{p_{c,k};k=1,2,\cdots,K\}=\left\{u\left(A_m^l\right)^c,\left(\beta_n^l\right)^c,\delta_m^c,\theta_l^c\right\},\quad c=1,2,\cdots,C \quad (6\text{-}16)$$

式中，$p_{c,k}$ 为第 c 个参数向量中的第 k 个参数；K 为向量中包含的参数总数。

为了方便依据式（6-14）和式（6-15）中的约束条件初始化参数，假设 ub_k 和 lb_k 是参数 $p_{c,k}$ 的上界和下界，则这些参数的初始值可以通过 0~1 的随机数生成：

$$p_{c,k}=\text{lb}_k+(\text{ub}_k-\text{lb}_k)\text{random}(0,1),\quad c=1,2,\cdots,C;k=1,2,\cdots,K \quad (6\text{-}17)$$

2）执行两种类型的变异运算

对于参数向量 P_{c_1}，以下两种变异被同时用于保持其与其他参数向量的多样性。

（1）第一种变异是：在最近 IN 次迭代中最优参数向量的适应度变化量小于 E 且 random（0,1）$\leqslant$ MR 时，参数向量中的每个参数根据式（6-17）所示的公式进行变异，其中 MR 是一个变异算子。

（2）第二种变异是：使用 3 个从 C 个参数向量中任意选取得到的参数向量（分别为 P_{c_1}、P_{c_2} 和 P_{c_3}）生成一个新的参数向量 P_{c_0}，具体的变异公式为

$$p_{c_0,k}=p_{c_1,k}+F(p_{c_2,k}-p_{c_3,k}),\quad k=1,2,\cdots,K \quad (6\text{-}18)$$

式中，F 为变异算子。

3）执行交叉运算

在变异运算之后，需要对参数向量 P_c 和 P_{c_0} 进行交叉运算，具体公式表示为

$$p_{c_0,k}=\begin{cases}p_{c,k},&\text{random}(0,1)>\text{CR}\\p_{c_0,k},&\text{否则}\end{cases},\quad k=1,2,\cdots,K \quad (6\text{-}19)$$

式中，CR 为交叉算子。

4）执行修正运算

由于参数向量 P_{c_0} 的参数取值可能不满足式（6-14）和式（6-15）中的约束条件，因此有必要对参数和动态约束条件进行修正。

（1）对于参数的修正，基于附录 D，参数向量 P_{c_0} 中的每个参数可由如下的公式进行修正：

$$p_{c_0,k}=\begin{cases}p_{c_0,k},&\text{lb}_k\leqslant p_{c_0,k}\leqslant\text{ub}_k\\\dfrac{p_{c_0,k}+F(\text{ub}_k+\text{lb}_k)}{2F+1},&\text{否则}\end{cases},\quad k=1,2,\cdots,K \quad (6\text{-}20)$$

另外，考虑到如式（6-15）所示的特殊约束条件，对于第 l 条规则的置信度进行如下修正：

$$\left(\overline{\beta}_n^l\right)^{c_0} = \frac{\left(\beta_n^l\right)^{c_0}}{\sum\limits_{i=1}^N \left(\beta_i^l\right)^{c_0}}, \quad l = 1, 2, \cdots, L; n = 1, 2, \cdots, N \qquad （6-21）$$

（2）对于约束条件的修正，基于式（6-14）和式（6-15）中的两类动态约束条件，可得下列的修正公式：

$$u\left(A_m^s\right)^{c_0} = \mathrm{lb}_m, \quad s = \arg\min_{l=1, 2, \cdots, L}\left\{u\left(A_m^l\right)^{c_0}\right\}; m = 1, 2, \cdots, M \qquad （6-22a）$$

$$u\left(A_m^s\right)^{c_0} = \mathrm{ub}_m, \quad s = \arg\max_{l=1, 2, \cdots, L}\left\{u\left(A_m^l\right)^{c_0}\right\}; m = 1, 2, \cdots, M \qquad （6-22b）$$

5）执行选择运算

参数向量实际上包含了构建 DBRB 推理模型所需的全部参数。因此，通过式（6-8）可计算参数向量 P_c 和 P_{c_0} 的适应度，分别表示为 $J(P_c)$ 和 $J(P_{c_0})$。为了更新参数向量 P_c，具体选择公式表示如下：

$$P_c = \begin{cases} P_{c_0}, & J(P_{c_0}) < J(P_c) \\ P_c, & \text{否则} \end{cases} \qquad （6-23）$$

6）终止参数学习

通过重复执行步骤 2）～步骤 5），每个参数向量的适应度会逐步降低。当对任意参数向量进行第一种变异的次数达到 NM 时，该算法结束。同时，选择能够产生最佳适应度的参数向量作为经参数学习后 DBRB 的最优参数值。

对于本节所提的参数学习算法，还需注意以下几点。

（1）对于步骤 2），在最近的 IN 次迭代中最优参数向量的适应度改变量小于 E 时，说明参数向量已失去多样性。由此可见，第一种变异的作用是增加参数向量的多样性，从而获得 DBRB 推理模型的全局最优参数值。

（2）经典的 DE 算法是 IDE 算法的一个特例，因为相比于经典 DE 算法，第一种变异是 IDE 算法的一个附加步骤。换言之，当终止条件设置为 NM = 1 时，IDE 算法可以简化为经典 DE 算法。

6.3 实验分析与方法比较

为了在小规模高维度的数据情形中验证本章提出的 DBRB 构建方法，本节以桥梁风险评估问题作为研究对象进行实例分析。目前，桥梁风险评估问题因能有效地对桥梁安全事故进行预警，已受到了广大学者的关注，并且提出了众多的桥梁风险评估方法。同时，桥梁风险评估问题比输油管道检漏问题更加复杂，涉及的属性数量更多。因此，在桥梁风险评估问题中进行实例分析，有助于检验本章所提的 DBRB 构建方法的有效性，以及验证经本章方法改善后的 DBRB 推理模型能否应用于小规模高维度的数据情形。

6.3.1　数据描述与评价准则

本章使用的数据集源于英国高速公路机构的桥梁风险评估数据[3]。图 6-3 显示了桥梁风险评估的指标结构，表 6-4 为桥梁风险评估的基本指标。

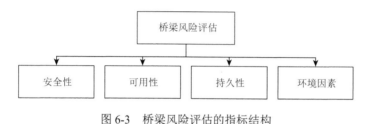

图 6-3　桥梁风险评估的指标结构

表 6-4　桥梁风险评估的基本指标

基本指标	含义解释
安全性	桥梁结构对公共安全的影响
可用性	对桥梁的使用和服务水平的影响
持久性	对支出和工作量之间稳定状态的影响，规避不可避免的积压，有针对性地开展预防性基本维护
环境因素	对桥梁美观和结构设计的影响

根据英国高速公路机构提供的数据集，桥梁风险评估输入数据的不同等级可以表示为：高、中、低和无，输出数据为桥梁的风险值。借鉴 Wang 和 Elhag[7]的数据预处理方式，本章从 23 387 条原始数据中抽取了 66 条不同桥梁结构的数据，这些桥梁都存在一定的风险故障，且都拥有一定的风险评价等级和风险值。如果一个桥梁风险评估模型能够很好地评估这 66 个不同桥梁的结构风险，那么该模型将能够很好地评估其他桥梁的风险值。因此，本章使用这 66 条桥梁数据训练和测试 DBRB 推理模型。

桥梁风险评估中的相关评价准则[7, 8]包括：均方根误差（root mean square error，RMSE）、平均绝对百分比误差（mean absolute percentage error，MAPE）和相关系数（R），其中最小的 RMSE 和 MAPE，以及最大的 R 被认为是桥梁风险评估模型的最佳水平。这些标准定义如下：

$$RMSE = \sqrt{\frac{1}{T}\sum_{t=1}^{T}\left(f(x_t) - y_t\right)^2} \qquad (6\text{-}24)$$

$$MAPE = \frac{1}{T}\sum_{t=1}^{T}\left|\frac{f(x_t) - y_t}{y_t}\right| \times 100\% \qquad (6\text{-}25)$$

$$R = \frac{\sum_{t=1}^{T}\left(f(x_t) - \overline{f}\right)(y_t - \overline{y})}{\sqrt{\sum_{t=1}^{T}\left(f(x_t) - \overline{f}\right)^2 \cdot \sum_{t=1}^{T}(y_t - \overline{y})^2}} \qquad (6\text{-}26)$$

式中

$$\overline{f} = \frac{1}{T}\sum_{t=1}^{T}f(x_t), \quad \overline{y} = \frac{1}{T}\sum_{t=1}^{T}y_t \qquad (6\text{-}27)$$

6.3.2　模型构建与结果分析

在基于 DBRB 推理模型的桥梁风险评估模型中，每个前提属性都设定了 5 个候选等级：很低（VL）、低（L）、中（M）、高（H）和很高（VH）。尽管不同前提属性的相同候选等级可能具有不同的效用值，但所有前提属性中每个候选等级的效用值都有相同的取值范围[-1, 4]。桥梁风险值的 5 个评价等级分别为零（Z）、低（S）、中（M）、高（H）和很高（VH），具体的效用值表示如下：

$$D = \{Z, S, M, H, VH\} = \{0, 25, 50, 75, 100\} \qquad (6\text{-}28)$$

基于 IDE 算法，在动态参数学习模型的约束条件下，可以随机生成初始的 DBRB，其中该随机的初始化方式能够克服由桥梁专家确定参数初始值的局限性。表 6-5 显示了由 IDE 算法中步骤 1）所得的初始 DBRB。

表 6-5　随机初始化的 DBRB

规则编号	规则权重	前提属性（属性权重）				结果属性（效用值）				
		安全性(0.0239)	可用性(0.5044)	持久性(0.0581)	环境因素(0.5127)	零(0)	低(25)	中(50)	高(75)	很高(100)
R_1	0.9982	−1.0000	0.8327	2.0437	4.0000	0.2028	0.0907	0.1402	0.4353	0.1310
R_2	0.9038	0.0532	−1.0000	0.8950	1.3322	0.3152	0.1234	0.2228	0.2768	0.0618
R_3	0.8716	2.5809	4.0000	2.0615	1.6974	0.1531	0.0138	0.0629	0.1748	0.5954
R_4	0.1012	4.0000	2.7225	−1.0000	2.3377	0.1038	0.2600	0.1097	0.2191	0.3074
R_5	0.9529	0.0590	−0.3816	4.0000	−1.0000	0.1424	0.1230	0.0663	0.1601	0.5082

　　为了利用 IDE 算法进行动态参数学习，需要通过先验的专家知识事先设定 $C=200$、$E=0.1$、$IN=500$、$MR=0.9$、$F=0.5$、$CR=0.9$ 以及 $NM=5$。在执行 IDE 算法的步骤 5）时，假定输入值为{（安全性，3），（可用性，3），（持久性，3），（环境因素，3）}，并以此来阐述 DBRB 推理模型的规则推理过程。

　　首先，利用基于效用的转换方式对输入数据进行定量变换，从而计算个体匹配度。例如，"安全性"的个体匹配度为 $\left\{\left(A_1^3, 0.7047\right),\left(A_1^4, 0.2953\right)\right\}$，即 $\{(H, 0.7047),$ $(VH, 0.2953)\}$。具体的计算过程为：$0.7047 \times u\left(A_1^3\right) + 0.2953 \times u\left(A_1^4\right) = 0.7047 \times 2.5809 + 0.2953 \times 4.0000 \approx 3$。同样地，所有个体匹配度都可表示成如下形式：

$$R_1 : \left(A_1^1, 0\right) \vee \left(A_2^1, 0\right) \vee \left(A_3^1, 0\right) \vee \left(A_4^1, 0.3984\right) \tag{6-29}$$

$$R_2 : \left(A_1^2, 0\right) \vee \left(A_2^2, 0\right) \vee \left(A_3^2, 0\right) \vee \left(A_4^2, 0\right) \tag{6-30}$$

$$R_3 : \left(A_1^3, 0.7047\right) \vee \left(A_2^3, 0.2172\right) \vee \left(A_3^3, 0.5159\right) \vee \left(A_4^3, 0\right) \tag{6-31}$$

$$R_4 : \left(A_1^4, 0.2953\right) \vee \left(A_2^4, 0.7828\right) \vee \left(A_3^4, 0\right) \vee \left(A_4^4, 0.6016\right) \tag{6-32}$$

$$R_5 : \left(A_1^5, 0\right) \vee \left(A_2^5, 0\right) \vee \left(A_3^5, 0.4841\right) \vee \left(A_4^5, 0\right) \tag{6-33}$$

　　其次，根据式（6-8），每条规则的激活权重可由个体匹配度、规则权重以及属性权重计算得到，这些激活权重的最终计算结果为 $w_1=0.1180$、$w_2=0$、$w_3=0.5517$、$w_4=0.0700$ 和 $w_5=0.2603$。

　　再次，利用解析 ER 算法合成激活规则 R_1、R_3、R_4 和 R_5，相应的结果可以表示为

$$f(x_t) = 0 \times 0.1440 + 25 \times 0.0468 + 50 \times 0.0653 + 75 \times 0.1879 + 100 \times 0.5559 = 74.1175 \tag{6-34}$$

　　最后，通过计算推理输出和实际输出之间的误差，可以得到参数向量的适应度。图 6-4 显示了最优参数向量的适应度变化曲线。显然，在迭代范围[0，500]和[2500，5000]中有两次明显的下降趋势。前一次下降是由于初始 DBRB 推理模

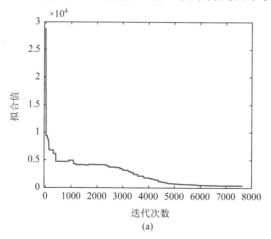

(a)

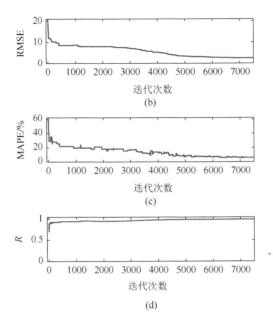

图 6-4　DBRB 推理模型的参数学习过程

型的性能较差，而通过迭代的参数学习能够逐步优化 DBRB 推理模型的性能。后一次下降是由于 IDE 算法中的第一种变异，它可以增加参数向量的多样性，帮助 DBRB 推理模型获得全局最优的参数值。此外，从图 6-4 还可以看出三个评价标准逐渐趋于最优值。

经过约 7500 次迭代的参数学习后，最终可以得到如表 6-6 所示的 DBRB，其中该 DBRB 推理模型所对应的三个评价标准分别为：RMSE 等于 2.4742、MAPE 等于 6.2408% 和 R 等于 0.9964，且这三个数值明显优于初始 DBRB 推理模型，其评价标准分别为：RMSE 等于 20.8991、MAPE 等于 62.2268% 和 R 等于 0.7659。图 6-5 比较了初始和训练后 DBRB 推理模型的桥梁风险评分。显然，初始 DBRB 推理模型的风险评估值与桥梁风险的实际值并不匹配。但经参数学习后的 DBRB 推理模型可以准确拟合桥梁安全性、可用性、持久性、环境因素与桥梁风险评分之间的关系。

表 6-6　基于 IDE 算法训练后的 DBRB

规则编号	规则权重	前提属性（属性权重）				结果属性（效用值）				
		安全性（0.8717）	可用性（0.6518）	持久性（0.5577）	环境因素（0.7643）	零（0）	低（25）	中（50）	高（75）	很高（100）
R_1	0.0281	−0.3901	−1.0000	−0.8058	0.3614	0.9855	0.0004	0.0041	0.0088	0.0012
R_2	0.0047	−0.6125	0.9972	1.1484	−1.0000	0.1312	0.3814	0.1830	0.1906	0.1138

续表

规则编号	规则权重	前提属性（属性权重）				结果属性（效用值）				
		安全性（0.8717）	可用性（0.6518）	持久性（0.5577）	环境因素（0.7643）	零（0）	低（25）	中（50）	高（75）	很高（100）
R_3	0.0419	−1.0000	2.0346	2.9740	3.7538	0.3791	0.1021	0.0327	0.0621	0.4239
R_4	0.9793	4.0000	4.0000	4.0000	4.0000	0.0022	0.0034	0.0021	0.0113	0.9810
R_5	0.1676	1.9240	2.6761	−1.0000	3.9121	0.0793	0.0348	0.5964	0.1191	0.1705

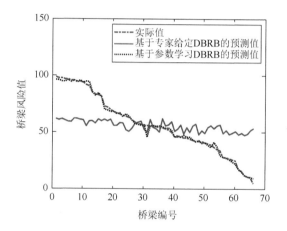

图 6-5　初始的与训练后的 DBRB 推理模型的对比分析

6.3.3　方法之间的比较分析

为了进一步验证 DBRB 推理模型的有效性，我们将 10 次运行得到的结果与现有参数学习模型以及桥梁风险评估方法进行比较。其中 10 次运行的结果见表 6-6 和附录 E 中的表 E-1～表 E-9。

1. 与现有参数学习模型的对比分析

在现有参数学习模型的基础上，本节通过结合不同版本的 DE 算法建立了三个桥梁风险评估模型，其中相应的模型描述如下。

模型 1：该模型的核心是依据 Chen 等[4]提出的基于自适应参数学习模型的交集置信规则库推理模型。为了获得参数的最优值，采用 DE 算法和 IDE 算法对交集置信规则库的参数进行训练。此外，本节还对 IDE 算法进行了适当的调整，即使用取均值的方式初始化了每个前提属性候选等级的效用值：

$$u(A_{m,j}) = \text{lb}_m + (j-1)\frac{\text{ub}_m - \text{lb}_m}{J_m - 1}, \quad m = 1, 2, \cdots, M; j = 1, 2, \cdots, J_m \quad (6\text{-}35)$$

式中，$u(A_{m,j})$ 为候选等级 $A_{m,j}$ 的效用值，$A_m^l \in \{A_{m,j}; j = 1, 2, \cdots, J_m\}(l = 1, 2, \cdots, L)$，$L$ 为交集置信规则库中的规则数量；J_m 为第 m 个前提属性中候选等级的数量；lb_m 和 ub_m 分别为第 m 个前提属性的取值下界和上界。为了方便起见，将该模型简称为 CBRB-Chen，并将基于取均值初始化参数的 IDE 算法简称为 N-IDE 算法。

模型 2：该模型的核心是 Chang 等[1]提出的 DBRB 推理模型和参数学习模型。其中 Chang 等[1]提出的模型是目前 DBRB 推理模型唯一的参数学习模型。为了获得参数的最优值，分别采用了 DE、N-IDE 和 IDE 算法对 DBRB 进行参数学习。为了方便起见，该模型简称为 DBRB-Chang。

模型 3：该模型的核心是 DBRB 推理模型和动态参数学习模型。为了获得参数的最优值，分别采用三种不同版本的 DE 算法对 DBRB 进行参数学习。为了方便起见，该模型简称为 DBRB-Dynamic。

根据表 6-7 和图 6-6，虽然模型 1 具有最理想的 RMSE、MAPE 和 R，但模型 3 仍旧表现出了与所提动态参数学习模型相关的优点。

表 6-7　三种模型在桥梁风险评估中的比较分析

评价准则	模型 1（CBRB-Chen）			模型 2（DBRB-Chang）			模型 3（DBRB-Dynamic）		
	DE	N-IDE	IDE	DE	N-IDE	IDE	DE	N-IDE	IDE
MAPE/%	3.4932	1.3913	3.2068	7.5241	11.0657	6.4870	10.0989	11.1552	4.9645
RMSE	2.0164	1.2508	1.8708	3.5682	4.6958	2.9662	4.4690	4.6900	2.5111
R	0.9968	0.9988	0.9973	0.9891	0.9832	0.9927	0.9821	0.9833	0.9952
规则数	625	625	625	5	5	5	5	5	5
时间/s	362.5	808.2	553.8	59.9	74.1	106.9	54.0	77.3	118.7

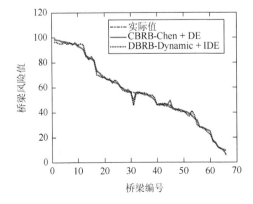

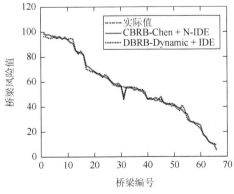

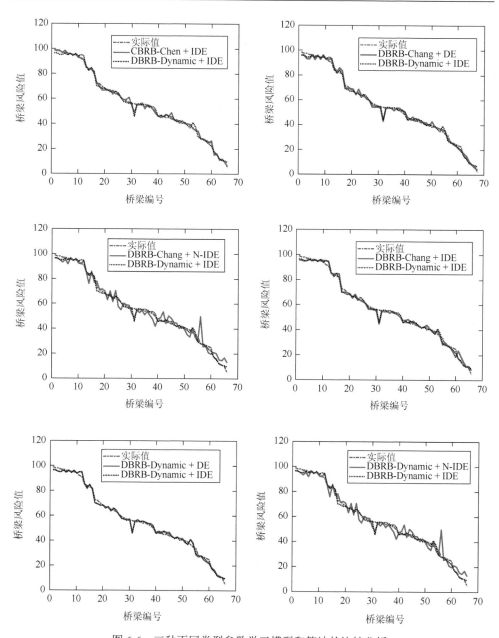

图 6-6　三种不同类型参数学习模型和算法的比较分析

（1）模型 3 在对桥梁风险进行建模时比模型 1 更简洁，即模型 3 中每个桥梁维护项目的平均规则数仅为 5/66≈0.0758，而模型 1 中每个桥梁维护项目的平均规则数为 625/66≈9.4697。此外，当每个前提属性中相关候选等级的数量增加时，模型 1 中的规则数量可能会过多。例如，每个前提属性使用 10 个候选等级，模型

1 中的交集置信规则库会有 10^4 条规则。相应地，在同样的情况下，模型 3 中的 DBRB 仅有 10 条规则。

（2）模型 3 比模型 1 具有更高效的规则库参数学习效率。显然，当基于规则的专家系统涉及的规则越多时，其参数学习的时间就越长。通过在相同实验环境下执行 DE 算法、IDE 算法和 N-IDE 算法所花费的时间能轻易地说明这一差异。例如，对于三种版本的 DE 算法，模型 1 的总时间为 362.5s、808.2s 和 553.8s，而模型 3 的总时间仅为 54.0s、77.3s 和 118.7s。

（3）在规则库中规则数相同的情况下，模型 3 比模型 1 更精准。从表 6-7 可以看出，两种模型的显著区别在于：模型 1 为桥梁风险评估构建了 625 条规则，远远超过了模型 3 中的 5 条规则。如图 6-7 所示，为了将这一差异最小化，分别使用由 625 条、256 条、81 条和 16 条规则组成的四个 CBRB（分别记为 CBRB-625、CBRB-256、CBRB-81 和 CBRB-16）进行比较分析，其中四个 CBRB 分别使用了 5 个、4 个、3 个和 2 个候选等级。比较结果表明：尽管 CBRB-81 和 CBRB-16 具有比模型 3 更多的规则，但在 MAPE、RMSE 和 R 上都劣于本章所提的模型。

在模型 2 和模型 3 的比较中，本章所提的动态参数学习模型与 IDE 算法具有最佳的性能，相应的结论总结如下。

（1）通过比较 IDE 算法的结果可以发现，本章所提的动态参数学习模型能够保证 DBRB 的完备性，从而在更多可行解内进行 DBRB 推理模型的参数学习。同时，利用 IDE 算法，还可得到桥梁风险评估的全局最优解。

（2）通过比较 N-IDE 算法的结果可以发现，IDE 算法的随机初始化方式优于常规的取均值方式，其中取均值的方式是指在输入变量的定义区间内均匀地生成效用值。由此可得随机初始化方式有助于 IDE 算法保持参数向量的多样性。

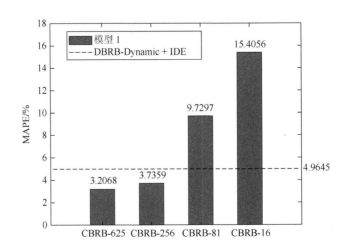

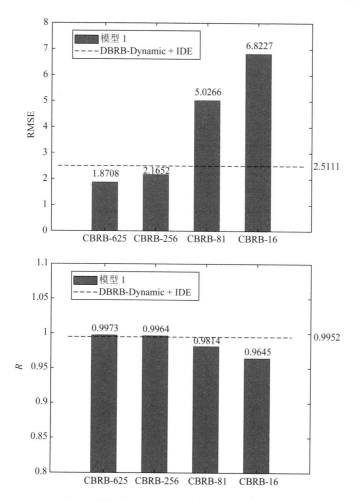

图 6-7　四类含有不同规则数的模型 1 的对比分析

（3）通过比较 DE 算法的结果可以发现，DBRB 推理模型在动态参数学习模型下容易因动态约束条件而陷入局部最优解。显然，IDE 算法能够有效地提高参数向量的多样性，进而提高 DBRB 推理模型在桥梁风险评估中的性能。

2. 与桥梁风险评估模型的对比分析

在本节中，通过分别引入 ER、多元回归分析（multivariate regression analysis，MRA）、人工神经网络（artificial neural network，ANN）和自适应神经模糊推理系统（adaptive neural fuzzy inference system，ANFIS）四种常规桥梁风险评估方法与基于动态参数学习模型和 IDE 算法的 DBRB 推理模型进行比较分析。

首先，根据已有研究[7]引入七个分别基于 ANN、ER 和 MRA 的桥梁风险评估模型，分别简称为 ANN、ER_1、ER_2、MRA_3、MRA_7、MRA_8 和 MRA_9，其中四个基于 MRA 的模型采用逐步回归技术；ER_1、MRA_3 和 MRA_8 中采用 0 表示每个桥梁结构的最低风险值；ER_2、MRA_7 和 MRA_9 中未采用 0 代表最低风险值。

　　通过比较表 6-8 中的桥梁风险评估模型和 DBRB 推理模型，表明 DBRB 推理模型的结果较好，在 MAPE、RMSE 和 R 方面分别达到 4.9645%、2.5111 和 0.9952。图 6-8 显示了 66 个桥梁维修项目中 DBRB 推理模型和其他模型的风险评估值，其中 DBRB 推理模型可以比 ANN、ER 和 MRA 更好地为这些桥梁维护项目生成准确的风险值，特别是从 ER 和 MRA 得到的结果表明：DBRB 推理模型不需要提前知道输入和输出之间的关系就可以有效地利用现有数据进行桥梁风险评估。

表 6-8　DBRB 推理模型与其他方法的比较

评价准则	模型							
	ANN	ER_1	MRA_3	MRA_8	ER_2	MRA_7	MRA_9	本章模型
MAPE/%	10.21	22.71	20.89	21.19	19.82	17.03	20.16	4.9645
RMSE	4.7843	8.6448	8.9953	9.0118	11.1141	10.7328	12.1520	2.5111
R	0.9823	0.9408	0.9357	0.9357	0.9130	0.9348	0.9301	0.9952

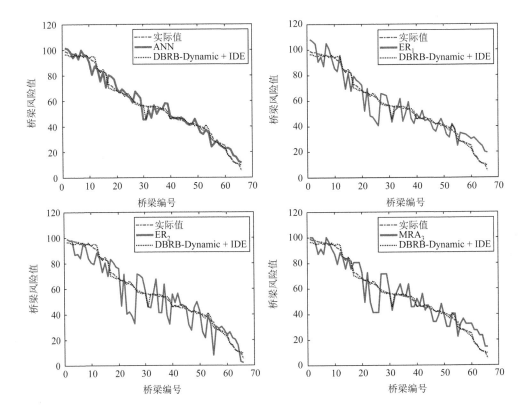

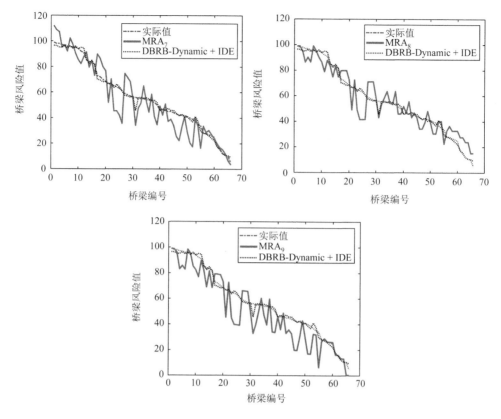

图 6-8　DBRB 推理模型与其他方法的对比分析

其次，在以往的研究[8]中，ANFIS 被认为比 ANN 和 MRA 具有更好的桥梁风险评估性能，因此，本章进一步将其用于比较 DBRB 推理模型。根据 ANFIS 的构建方式，我们将 ANFIS 分成两种不同的桥梁风险评估模型，分别称为 $ANFIS_1$ 和 $ANFIS_2$，其中 $ANFIS_1$ 的每个属性含两个模糊数并生成 16 条模糊规则；$ANFIS_2$ 的每个属性含 3 个模糊数并生成 81 条模糊规则。此外，还使用梯形、三角形和高斯隶属度函数分别实现了 $ANFIS_1$ 和 $ANFIS_2$ 的模糊数。

表 6-9 显示了 DBRB 推理模型的 RMSE、MAPE 和 R 优于 $ANFIS_1$，但比 $ANFIS_2$ 模型差。主要原因是 $ANFIS_2$ 在评估 66 个桥梁维修项目的风险值时使用了 81 条规则，远远多于 $ANFIS_1$ 中的 16 条规则，而 DBRB 推理模型中只有 5 条规则。换言之，DBRB 推理模型不仅在桥梁风险建模时比 ANFIS 更简洁，而且在考虑相同规则数量的情况下比 ANFIS 更准确。此外，由于 ANFIS 中的模糊规则数量会随着前提属性或模糊数量的增加呈指数级增长趋势，因此 DBRB 推理模型比 ANFIS 更加高效。图 6-9 表明了三种隶属度函数下的 $ANFIS_1$ 无法准确地评估 66 个桥梁

维修项目的风险值，而 ANFIS$_2$ 和 DBRB 推理模型的风险评估值与实际风险值近乎一样。因此，在桥梁风险评估中，DBRB 推理模型可以认为是一种很好的选择和强有力的工具。

表 6-9　DBRB 推理模型与 ANFIS 的对比分析

评价准则	ANFIS$_1$			ANFIS$_2$			本章方法
	梯形模糊	三角模糊	高斯模糊	梯形模糊	三角模糊	高斯模糊	
MAPE/%	7.0300	15.4865	14.3908	0.6446	0.5909	0.5932	4.9645
RMSE	3.6302	7.2022	5.8063	1.0698	1.0679	1.0678	2.5111
R	0.9898	0.9593	0.9737	0.9991	0.9991	0.9991	0.9952
规则数量	16	16	16	81	81	81	5

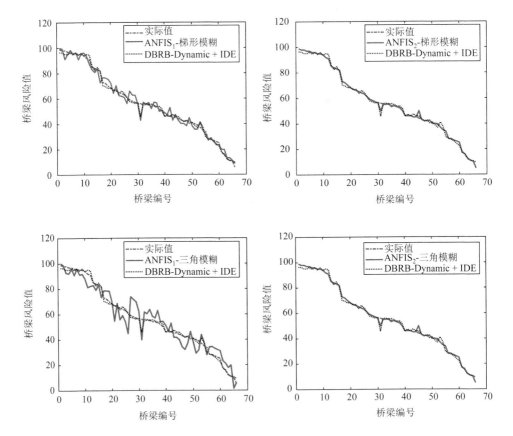

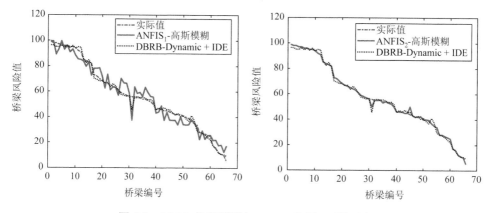

图 6-9　DBRB 推理模型与 ANFIS 的图形对比分析

6.4　本章小结

本章提出了一种新的 DBRB 建模方法，并将其用于桥梁风险评估问题中，其中 DBRB 可以克服 CBRB 中的组合爆炸问题。通过比较现有相关的参数学习模型，证明了本章所提的动态参数学习模型和 IDE 算法能够确保 DBRB 推理模型的完备性，并且在桥梁风险评估中获得全局最优参数取值。

为了克服 ANN、ER、MRA 和 ANFIS 等传统方法在桥梁风险评估问题中建模的局限性，本章分析了 DBRB 推理模型的优点，并将其与其他方法进行了比较分析。结果表明：DBRB 推理模型在桥梁风险评估中具有更好的优越性和有效性，可以有效确定桥梁结构维修的优先顺序，避免桥梁安全事故的发生。综上所述，采用动态参数学习模型的 DBRB 推理模型是一种较好的桥梁风险评估工具。

参 考 文 献

[1] Chang L L, Zhou Z J, You Y, et al. Belief rule based expert system for classification problems with new rule activation and weight calculation procedures[J]. Information Sciences, 2016, 336: 75-91.

[2] Price K, Storn R, Lampinen J. Differential Evolution: A Practical Approach to Global Optimization[M]. New York: Springer-Verlag, 2005.

[3] Chang L L, Zhou Z J, Chen Y W, et al. Belief rule base structure and parameter joint optimization under disjunctive assumption for nonlinear complex system modeling[J]. IEEE Transactions on Systems, Man, and Cybernetics: Systems, 2018, 48 (9) : 1542-1554.

[4] Chen Y W, Yang J B, Xu D L, et al. Inference analysis and adaptive training for belief rule based systems[J]. Expert Systems with Applications, 2011, 38 (10) : 12845-12860.

[5] Yang J B, Liu J, Xu D L, et al. Optimization models for training belief-rule-based systems[J]. IEEE Transactions on Systems, Man, and Cybernetics-Part A: Systems and Humans, 2007, 37 (4) : 569-585.

[6] Mohamed A W. An improved differential evolution algorithm with triangular mutation for global numerical

optimization[J]. Computer & Industrial Engineering, 2015, 85: 359-375.

[7]   Wang Y M, Elhag T M S. A comparison of neural network, evidential reasoning and multiple regression analysis in modelling bridge risks[J]. Expert Systems with Applications, 2007, 32 (2) : 336-348.

[8]   Wang Y M, Elhag T M S. An adaptive neuro-fuzzy inference system for bridge risk assessment[J]. Expert Systems with Applications, 2008, 34 (4) : 3099-3106.

第7章 基于一致性分析的扩展置信规则库建模方法

7.1 概　述

自从被提出以来，EBRB 推理模型已展示出了众多优点，包括：能够同时表示模糊不确定性信息、概率不确定性信息和不完整不确定性信息；建模过程中不会因属性数量过多而产生规则数量的"组合爆炸"问题；建模过程具有可解释性等。然而，为了在小规模高维度的数据情形中更好地应用 EBRB 推理模型，还需要解决以下两个问题。

问题 1：如何定义合适的激活规则。对于 EBRB 推理模型及其改进研究[1-3]，激活权重通常被用作定义激活规则的重要且唯一的评估标准，而这可能存在一定缺陷。以 EBRB 推理模型中的规则激活过程为例，假设第 $k(k = 1, 2, \cdots, L)$ 条规则是一个非激活规则，其激活权重可以简化为

$$\theta_k \prod_{i=1}^{M} \left(S^k(x_i, U_i) \right)^{\bar{\delta}_i} = 0 \qquad (7\text{-}1)$$

由于默认情况下规则权重大于 0，则规则未被激活的原因只有可能是个体匹配度 $S^k(x_i, U_i) = 0(i = 1, 2, \cdots, M)$，其可以写为

$$1 - \sqrt{\frac{\sum_{j=1}^{J_i} \left(\alpha_{i,j} - \alpha_{i,j}^k \right)^2}{2}} = 0 \qquad (7\text{-}2)$$

式中，$\alpha_{i,j}^k$ 为第 k 条规则在第 i 个前提属性的第 j 个候选等级上的置信度；$\alpha_{i,j}$ 为输入数据在第 i 个前提属性的第 j 个候选等级上的置信度；J_i 为第 i 个前提属性上候选等级的数量。对于上述公式，可以做以下推导：

$$\sum_{j=1}^{J_i} \left(\alpha_{i,j} - \alpha_{i,j}^k \right)^2 \leqslant \sum_{j=1}^{J_i} \left| \alpha_{i,j} - \alpha_{i,j}^k \right| \leqslant \sum_{j=1}^{J_i} \left| \alpha_{i,j} \right| + \sum_{j=1}^{J_i} \left| \alpha_{i,j}^k \right| = 2 \qquad (7\text{-}3)$$

显然，当且仅当第 k 条规则与输入 x_i 在第 i 个前提属性中存在极端情形时，例如，输入 x_i 的置信分布是 $\{(A_{i,t}, 1), (A_{i,j}, 0); j = 1, 2, \cdots, J_i; j \neq t\}(t = 1, 2, \cdots, J_i)$ 和第 k 条规则的置信分布是 $\{(A_{i,s}, 1), (A_{i,j}, 0); j = 1, 2, \cdots, J_i; j \neq s\}(s = 1, 2, \cdots, J_i; s \neq t)$，则第 k 条规则的个体匹配度才可能等于 0。显然，这些极端的置信分布很少会出现在 EBRB 中。因此，EBRB 中近乎所有的规则都会被激活，而这可能产生 EBRB 推理模型的不一致问题。

　　虽然现有研究能够在一定程度上解决 EBRB 推理模型的不一致性问题，但核心思想仍是以激活权重定义激活规则。例如，动态规则激活方法[1]使用惩罚参数 λ 重新计算单个匹配度，即

$$S_\lambda^k(x_i, U_i) = (S^k(x_i, U_i))^\lambda \tag{7-4}$$

　　对于动态规则激活方法，由于个体匹配度的计算过程必须先于激活权重的计算过程，因此不可避免地需要对不同值的各个匹配度进行多次重复计算，而这些计算有时可能是冗余的。例如，尽管根据 $S^k(x_i, U_i) = 0$，激活权重已等于 0，但仍必须为不同的 λ 值计算其他的个体匹配度 $\{S_\lambda^k(x_j, U_j); j = 1, 2, \cdots, M; j \neq i\}$。

　　问题 2：如何选择合适的激活规则。选择合适的激活规则与激活规则的定义密切相关。因此，对于 EBRB 推理模型及其改进研究，计算激活权重实际上是为了选择合适的激活规则。然而，这样的激活规则选择方式仍然存在一些缺点。以 EBRB 推理模型的规则激活过程为例，假设第 $k(k = 1, 2, \cdots, L)$ 条规则仅包含一个前提属性，其置信分布如下所示：

$$\{(A_{1,t}, a), (A_{1,t+1}, 1-a), (A_{1,j}, 0); j = 1, 2, \cdots, J_1; j \neq t, t+1\}, \quad t = 1, 2, \cdots, J_1 - 1 \tag{7-5}$$

式中，$a(0 \leqslant a \leqslant 1)$ 为常数，表示参考值 $A_{1,t}$ 的置信度。

　　然后，假设输入 x_1 的置信度分布如下：

$$S(x_1) = \{(A_{1,s}, 1), (A_{1,j}, 0); j = 1, 2, \cdots, J_1; j \neq s\}, \quad s = 1, 2, \cdots, J_1; s \neq t, t+1 \tag{7-6}$$

　　因此，当根据激活权重选择第 k 条规则作为激活规则时，第 k 个激活权重的计算可以表示为

$$w_k = \theta_k (S^k(x_1, U_1))^{\overline{\delta_1}} = \theta_k \left(1 - \sqrt{\frac{a^2 + (1-a)^2 + 1}{2}}\right)^{\overline{\delta_1}} = \theta_k \left(1 - \sqrt{a^2 - a + 1}\right)^{\overline{\delta_1}} \tag{7-7}$$

　　从式（7-7）可以看出，EBRB 推理模型的激活规则选择过程可能会忽略置信分布的差异。例如，当使用两个不同的置信分布 $\{(A_{1,1}, a), (A_{1,2}, 1-a), (A_{1,j}, 0); j = 1, 2, \cdots, J_1; j \neq 1, 2\}$ 和 $\{(A_{1,2}, a), (A_{1,3}, 1-a), (A_{1,j}, 0); j = 1, 2, \cdots, J_1; j \neq 2, 3\}$ 实例化式（7-5）中所示的置信分布时，仍然可以以相同的激活权重选择两种类型的第 k 条规则作为激活规则。

　　为了克服上述问题 2，现有研究通常根据专家信息选择合适的激活规则，例如，文献[3]中采用前 20% 的规则作为激活规则、文献[1]中设定区间筛选激活规则和文献[2]中通过给定阈值筛选激活规则。考虑到专家信息存在一定的主观性，例如，在动态规则激活方法中，惩罚参数 λ 的调整对于选择合适的激活规则至关重要，但必须使用专家信息事先提供 λ 的取值范围。显然，如果取值范围很小，如

$\lambda \in [1,5]$，式（7-6）中的 $(S^k(x_i,U_i))^\lambda$ 将近似于 $S^k(x_i,U_i)$，从而导致 EBRB 推理模型无法克服不一致性问题。相反地，如果取值范围很大，如 $\lambda \in [1,50]$，则必须根据不同的 λ 值重复计算每条规则的所有前提属性的个体匹配度。

对于上述两个问题，本章将提出一种新的规则激活框架和选择策略，并以此组成新的规则激活方法，以帮助 EBRB 推理模型在不使用激活权重的情况下定义合适的激活规则，同时这一过程中还不需要提供主观信息。

7.2　基于一致性分析的规则激活方法

7.2.1　基于一致性规则定义合适的激活规则

为了解决 EBRB 推理模型的不一致性问题，本节通过引入一致性分析提出新的规则激活方法，核心思想是对激活规则间的一致性进行分析，从而选取相对一致的激活规则作为最终的激活规则。

首先，为了从 EBRB 中选出相对一致的激活规则，我们依据文献[4]给出如下定义。

定义 7-1（扩展置信规则的元组表示）　对于扩展置信规则，假设 $u(A_{i,j})$ 是前提属性 $U_i(i = 1, 2, \cdots, M)$ 中候选等级 $A_{i,j}(j = 1, 2, \cdots, J_i)$ 的效用值，则第 k 条扩展置信规则可以表示成如下的元组形式：

$$T(R_k) = < x_1^k, \cdots, x_M^k > \tag{7-8}$$

式中

$$x_i^k = \sum_{j=1}^{J_i} \alpha_{i,j}^k u(A_{i,j}) \tag{7-9}$$

x_i^k 为第 k 条规则中第 i 个前提属性的元组值；$\alpha_{i,j}^k$ 为在第 k 条规则第 i 个前提属性中第 j 个候选等级上的置信度。

依据定义 7-1，当决策问题的输入值向量 $x = (x_1, \cdots, x_M)$ 转化为置信分布 $S(x_i) = \{(A_{i,j}, \alpha_{i,j}); j = 1, 2, \cdots, J_i\} (i = 1, 2, \cdots, M)$ 时，输入值向量同样可以转化成元组形式：

$$T(x) = < x_1', \cdots, x_M' > \tag{7-10}$$

式中

$$x_i' = \sum_{j=1}^{J_i} \alpha_{i,j} u(A_{i,j}) \tag{7-11}$$

根据定义 7-1 可以将所有的扩展置信规则和决策问题的输入值向量转换为元组形式。在此基础上，当扩展置信规则与输入值向量间元组值的差值足够小时，相应的扩展置信规则可以组成一致性激活规则集合。据此，给出如下的定义。

定义 7-2（一致性的激活规则集合） 假设被激活的扩展置信规则表示为 $\{R_k; k = 1, 2, \cdots, L\}$，决策问题的输入值向量为 x，$\xi_i (i = 1, 2, \cdots, M)$ 表示在第 i 个前提属性上可接受的最大元组值距离。因此，对于输入值向量 x，一致性激活规则集合可以表示为

$$S(x) = \left\{ R_k \,\middle|\, |x_i^k - x_i'| \leqslant \xi_i; k = 1, 2, \cdots, L; i = 1, 2, \cdots, M \right\} \tag{7-12}$$

为了说明定义 7-2，假设有两条扩展置信规则 R_1 和 R_2 以及一个输入值向量 x，当仅考虑两个前提属性 U_1 和 U_2 时，图 7-1 显示了三组可接受的最大元组值距离及其对应的一致性激活规则集合，其中当可接受的最大元组值距离为 ξ_1 和 ξ_2 时，关于输入值向量 x 的一致性激活规则集合为 $S(x) = \{R_1\}$；当可接受的最大元组值距离为 ξ_1' 和 ξ_2' 时，关于输入值向量 x 的一致性激活规则集合为 $S(x) = \{R_1, R_2\}$；当可接受的最大元组值距离为 ξ_1'' 和 ξ_2'' 时，关于输入值向量 x 的一致性激活规则集合为空，即 $S(x) = \{\}$。

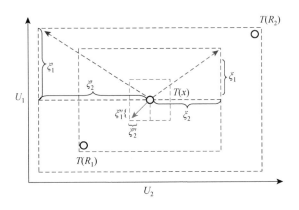

图 7-1 一致性激活规则集合的图形表示

由图 7-1 可知，可接受的最大元组值距离对一致性激活规则集合的确定至关重要，当可接受的最大元组值距离过大时，容易因激活所有的扩展置信规则而产生不一致性问题；而可接受的最大元组值距离过小时，又容易因没有一条扩展置信规则被激活，无法生成 EBRB 推理模型的推理结果。

7.2.2 基于一致性分析选择合适的激活规则

为了能够有效地确定可接受的最大元组值距离，根据定义 7-2，将一致性激活规则集合的表示公式经加权求和[5]转换成：

$$\sum_{i=1}^{M} \phi_i |x_i^k - x_i'| \leqslant \sum_{j=1}^{M} \phi_j \xi_j \tag{7-13}$$

式中，ϕ_i ($i = 1, 2, \cdots, M$)为第 i 个前提属性上可接受最大元组值距离的权重。

通过对式（7-13）中不等式的两边进行归一化处理，可得

$$\frac{\sum\limits_{i=1}^{M} \phi_i \left| x_i^k - x_i' \right|}{\sum\limits_{j=1}^{M} \phi_j \xi_j} \leqslant 1 \qquad (7\text{-}14)$$

接着，引入新的参数变量 φ_i ($i = 1, 2, \cdots, M$)统一考虑前提属性的可接受最大元组值距离及其权重：

$$\varphi_i = \frac{\phi_i}{\sum\limits_{j=1}^{M} \phi_j \xi_j} \qquad (7\text{-}15)$$

式中，φ_i 为第 i 个前提属性上的一致性因子。

通过将式（7-15）代入式（7-14）中，可以将一致性激活规则集合的表示公式写成

$$\sum_{i=1}^{M} \varphi_i \left| x_i^k - x_i' \right| \leqslant 1 \qquad (7\text{-}16)$$

经上述公式推导可知，当每个前提属性上存在一致性因子 φ_i 使扩展置信规则与输入值向量 x 满足式（7-16）时，该条扩展置信规则属于一致性激活规则集合。为此，以定义 7-3 判断扩展置信规则是否满足式（7-16）中的不等式。

定义 7-3（一致性激活规则的分析模型）　假设有 L 条扩展置信规则 $\{R_k; k = 1, 2, \cdots, L\}$ 和一个输入值向量 x。根据定义 7-1，将这 L 条扩展置信规则和输入值向量 x 分别转换为元组形式 $T(R_k) = <x_1^k, \cdots, x_M^k>$ 和 $T(x) = <x_1', \cdots, x_M'>$。对于扩展置信规则 R_k，其属于一致性激活规则的分析模型表示如下：

$$\max \lambda^k$$
$$\text{s.t.} \sum_{i=1}^{M} \varphi_i \left| x_i^k - x_i' \right| = 1$$
$$\sum_{i=1}^{M} \varphi_i \left| x_i^j - x_i' \right| \geqslant \lambda^k, \quad j = 1, 2, \cdots, L; \ j \neq k \qquad (7\text{-}17)$$
$$\varphi_i \geqslant 0, \quad i = 1, 2, \cdots, M$$
$$1 \geqslant \lambda^k \geqslant 0$$

式中，φ_i 为第 i($i = 1, 2, \cdots, M$)个前提属性上的一致性因子；λ^k 为第 k 条扩展置信规则的一致性评价指标，当 $\lambda^k = 1$ 时，第 k 条扩展置信规则属于一致性激活规则集合；否则，第 k 条扩展置信规则不需要被激活。

7.2.3　在 EBRB 推理模型中嵌入一致性分析

根据 7.2.1 节和 7.2.2 节中的描述，本节提出一种新的规则激活方法，称为基于一致性分析的规则激活（consistency analysis-based rule activation，CARA）方法，用于确定 EBRB 推理模型的激活规则，其中 CARA 方法使用激活框架定义合适的激活规则，并使用选择模型选择这些规则。图 7-2 描述了将 CARA 方法嵌入 EBRB 推理模型后所构建的 CARA-EBRB 推理模型。

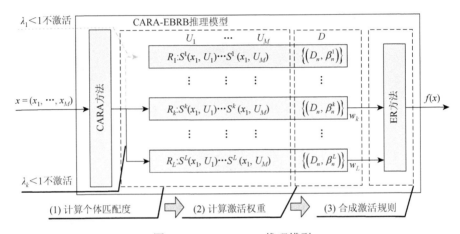

图 7-2　CARA-EBRB 推理模型

相应地，图 7-2 所示的 CARA-EBRB 推理模型包含以下步骤。

（1）由定义 7-1 将所有扩展置信规则和决策问题的输入值向量转化成元组形式，即 $T(R_k) = <x_1^k, \cdots, x_M^k>(k = 1, 2, \cdots, L)$ 和 $T(x) = <x_1', \cdots, x_M'>$。

（2）计算每条扩展置信规则与输入值向量在每个前提属性中的元组值差值，并构建如下的一致性矩阵：

$$C(x) = \begin{bmatrix} \left|x_1^1 - x_1'\right| & \cdots & \left|x_1^k - x_1'\right| & \cdots & \left|x_1^L - x_1'\right| \\ \vdots & & \vdots & & \vdots \\ \left|x_M^1 - x_M'\right| & \cdots & \left|x_M^k - x_M'\right| & \cdots & \left|x_M^L - x_M'\right| \end{bmatrix} \quad (7-18)$$

（3）由定义 7-3 求解得到每条扩展置信规则的一致性评价指标 λ^k $(k = 1, 2, \cdots, L)$。对于输入值向量 x，激活所有满足 $\lambda^k = 1$ 的扩展置信规则。

对于 CARA 方法，需要说明的是：将 CARA 方法嵌入 EBRB 推理模型后，CARA-EBRB 推理模型能够在执行规则推理方法前，先对扩展置信规则进行筛选，从而降低规则推理方法中各个步骤的时间复杂度。

7.3　实验分析与方法比较

为了验证本章所提的 CARA-EBRB 推理模型的有效性，本节使用加利福尼亚大学欧文分校（University of California at Irvine，UCI）数据库中的多个分类问题进行实验分析，并将所得结果用于比较现有研究成果中的规则激活方法和常见的分类方法。

7.3.1　数据介绍与模型设定

UCI 数据库是机器学习领域中公认的数据库，目前包含了 440 多个分类问题，且这些分类问题已被广泛地用于验证各类方法和模型的有效性。同时，在关于 EBRB 推理模型的不一致性问题的现有研究中，国内外学者同样也使用 UCI 数据库中的分类问题检验所提规则激活方法的有效性。因此，在本章的实验分析和方法比较中，依据前人的经验从 UCI 数据库中选取 9 个分类数据集，数据集信息如表 7-1 所示。

表 7-1　UCI 数据库中分类数据集的基本信息

编号	数据集名称	名称简写	数据数量	属性数量	分类数量
1	Diabetes	Dia	393	8	2
2	Cancer	Can	569	30	2
3	Mammographic	Mam	830	5	2
4	Iris	Iri	150	4	3
5	Seeds	See	210	7	3
6	Wine	Win	178	13	3
7	Knowledge	Kno	403	5	4
8	Glass	Gla	214	9	6
9	Ecoli	Eco	336	7	8

为了比较分析本章所提的 CARA 方法，以原始的 EBRB 推理模型和经基于动态规则激活（dynamic rule adjustment，DRA）方法改进的 EBRB 推理模型（简称 DRA-EBRB 推理模型）为比较对象。同时，采用 k 折交叉验证（k-fold cross-validation，k-CV）的方式将每个分类问题的数据集随机等分成十份，其中九份用于构建 EBRB，剩余的一份用于测试 EBRB 推理模型，并以此循环利用

这十份子数据集，最终确保每个数据都会被用于测试 EBRB 推理模型。在模型的其他设定中，以分类问题的所有属性作为 EBRB 的前提属性，以分类结果作为 EBRB 的结果属性。例如，在鸢尾花分类问题中，EBRB 的前提属性分别为花萼长度、花萼宽度、花瓣长度和花瓣宽度，而 EBRB 的结果属性为鸢尾花类型。同时，假定所有前提属性的属性权重为 $\delta_i = 1 (i = 1, 2, \cdots, M)$，其中 M 是前提属性的数量；每个前提属性中设定 5 个候选等级 $A_{i,j}(j = 1, 2, \cdots, 5)$ 及其效用值为

$$u(A_{i,j}) = \mathrm{lb}_i + \frac{(\mathrm{ub}_i - \mathrm{lb}_i) \times (j-1)}{4}, \quad j = 1, 2, \cdots, 5; i = 1, 2, \cdots, M \quad （7\text{-}19）$$

式中，lb_i 和 ub_i 分别为第 i 个前提属性取值的下界和上界；此外，还假定结果属性的每个结果等级分别代表一个分类，例如，在鸢尾花分类问题中，结果属性共有三个结果等级，分别代表山鸢尾、变色鸢尾和维吉尼亚鸢尾。

7.3.2　案例 1：基于 CARA 改进 EBRB 推理模型

为了检验 CARA 方法对 EBRB 推理模型的有效性，在 Seeds、Knowledge 和 Glass 数据集中对比分析 EBRB 推理模型和 CARA-EBRB 推理模型。图 7-3～图 7-5 分别显示了 10-CV/5-CV/2-CV 下三个数据集的具体结果。

为了更好地分析 EBRB 推理模型的性能，实验结果表示为分类错误数据数量的累积曲线、分类准确性与规则激活率的百分比直方图。需要注意的是，规则激活率表示每个输入数据需要激活 EBRB 中规则的百分比。

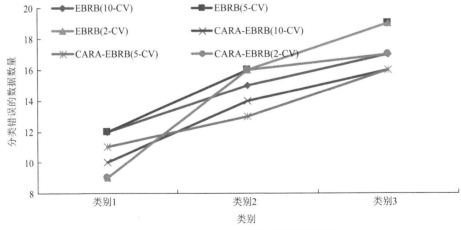

(a) 10-CV/5-CV/2-CV下错误分类的数据数量

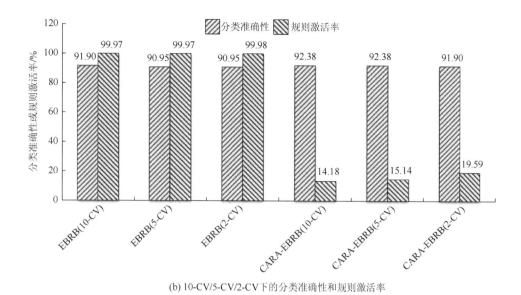

(b) 10-CV/5-CV/2-CV 下的分类准确性和规则激活率

图 7-3　Seeds 数据集中 EBRB 与 CARA-EBRB 推理模型的比较

　　对于 Seeds 分类数据集，图 7-3（a）显示了累积分类错误数据数量的变化趋势。对于 10-CV/5-CV/2-CV，EBRB 推理模型的总分类（也就是类别 3）错误数据数量为 17、19 和 19；而 CARA-EBRB 推理模型的总分类错误数据数量为 16、16 和 17。因此，根据图 7-3（b）可知，EBRB 推理模型的分类准确性分别为 91.90%、90.95%和 90.95%；CARA-EBRB 推理模型的分类准确性分别为 92.38%、92.38%和 91.90%。此外，EBRB 推理模型在所有的交叉验证中产生了 99%以上的规则激活率，而 CARA-EBRB 推理模型的规则激活率显著降低至 14.18%、15.14%、19.59%。

　　对于 Knowledge 数据集，图 7-4（a）显示了两组累积曲线，可以发现 EBRB 推理模型和 CARA-EBRB 推理模型存在显著差别。对于 10-CV/5-CV/2-CV，EBRB 推理模型的总分类错误数据数量分别为 76、81 和 81；而 CARA-EBRB 推理模型的总分类错误数据数量分别为 43、45 和 58。图 7-4（b）显示了 EBRB 推理模型的分类准确性分别为 81.14%、79.90%和 79.90%；而 CARA-EBRB 推理模型的分类准确性分别为 89.33%、88.83%和 85.61%。同时，EBRB 推理模型的规则激活率分别为 99.93%、99.93%和 99.93%；而 CARA-EBRB 推理模型的规则激活率分别为 10.80%、11.70%和 15.85%。对于 Glass 数据集，图 7-5（a）显示最低和最高累积曲线分别是由 10-CV 下的 CARA-EBRB 推理模型和 2-CV 下的 EBRB 推理模型获得的，分别是 58 个和 72 个分类错误数据。图 7-6(b)显示，对于 10-CV/5-CV/2-CV，EBRB 推理模型的分类准确性分别为 68.22%、67.76%和 66.36%；而 CARA-EBRB 推理模型的分类准确性分别为 72.90%、71.03%和 69.16%。另外，EBRB 推理模型在 10-CV/5-CV/2-CV 中具有超过 98%的规则激活率，但 CARA-EBRB 推理模型的规则激活率显著降低至 24.17%、25.66%和 32.20%。

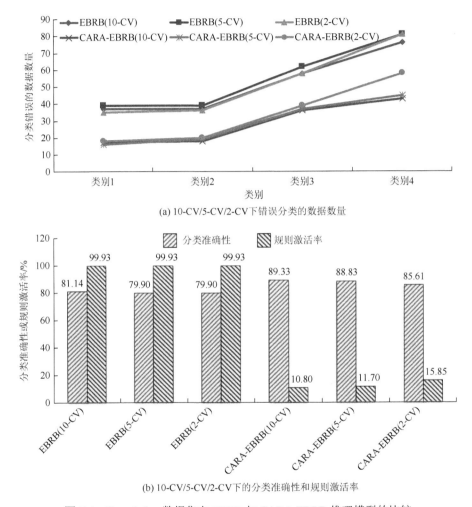

(a) 10-CV/5-CV/2-CV下错误分类的数据数量

(b) 10-CV/5-CV/2-CV下的分类准确性和规则激活率

图 7-4　Knowledge 数据集中 EBRB 与 CARA-EBRB 推理模型的比较

根据上述三个数据集的比较结果可以得出以下初步结论。

对于来自不同交叉验证的比较结果，三个数据集的分类准确性和规则激活率会随着交叉验证的折数的增加而增加，其中 10-CV 的结果超过 5-CV，并进一步超过 2-CV。这些结果的差异主要是训练数据集中数据数量的增加引起的，更多的训练数据能够提高 EBRB 推理模型和 CARA-EBRB 推理模型的分类准确性。

对于 EBRB 推理模型和 CARA-EBRB 推理模型的比较，三个数据集的实验结果揭示了一个重要结论：CARA 方法不仅有助于提高 EBRB 推理模型的分类准确性，而且可以显著降低规则激活率。因此，CARA 方法可以在计算激活权重和合成激活规则时通过减少大量非激活规则的计算提高 EBRB 推理模型的计算效率。同时，CARA 方法作为一个附加的规则激活步骤，势必会增加 EBRB 推理模型的计算复杂度。

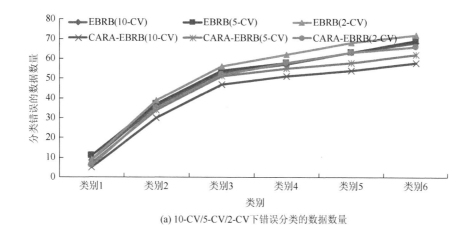

(a) 10-CV/5-CV/2-CV下错误分类的数据数量

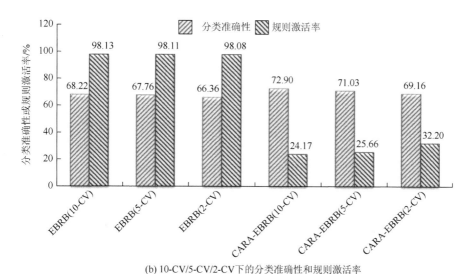

(b) 10-CV/5-CV/2-CV下的分类准确性和规则激活率

图 7-5　Glass 数据集中 EBRB 与 CARA-EBRB 推理模型的比较

为了进一步讨论 CARA 方法的计算效率，本节将分析和统计 CARA-EBRB 推理模型在每一步中使用的主要参数数量，其中第一个主要参数是 CARA 方法中需要优化的参数数量，例如，Seeds、Knowledge 和 Glass 数据集中分别有 7 个、

5 个和 9 个参数；第二个主要参数是每个步骤中使用的规则数量，表 7-2 显示了在有无使用 CARA 方法时 EBRB 推理模型在各个步骤中的规则数量，其中无 CARA 方法的情形下，EBRB 推理模型不存在第一步（即 S1），而第二步（即 S2）和第三步（即 S3）代表了 EBRB 推理模型中的两个步骤。

表 7-2　有无 CARA 方法时每个步骤中使用的规则数比较

数据集	CARA	2-CV				5-CV				10-CV			
		S1	S2	S3	总数	S1	S2	S3	总数	S1	S2	S3	总数
Seeds	无	0	105.0	105.0	210.0	0	167.9	167.9	335.8	0	188.9	188.9	377.8
	有	105.0	20.6	20.6	146.2	168.0	25.4	25.4	218.8	189.0	26.8	26.8	242.6
Knowl-edge	无	0	201.4	201.4	402.8	0	322.2	322.2	644.4	0	362.4	362.4	724.8
	有	201.5	31.9	31.9	265.3	322.4	37.7	37.7	397.8	362.7	39.2	39.2	441.1
Glass	无	0	104.9	104.9	209.8	0	168.0	168.0	336.0	0	189.0	189.0	378.0
	有	107.0	34.5	34.5	176.0	171.2	43.9	43.9	259.0	192.6	46.6	46.6	285.8

如表 7-2 所示，由于 CARA-EBRB 推理模型在激活权重计算和激活规则合成过程中所需的规则数量比 EBRB 推理模型更少。因此，CARA 方法对计算效率的影响可以总结为：尽管 CARA 方法中存在少量参数需要优化，但其能够明显减少 EBRB 推理模型中使用的规则数量。

7.3.3　案例 2：CARA 与 DRA 方法的对比分析

在先前的研究中，DRA 方法是 EBRB 推理模型中用于确定合适的激活规则的最典型方法。因此，本节将使用表 7-1 中所示的 9 个数据集比较 CARA 方法和 DRA 方法。如文献[1]所述，引入以下两种推理方案用于合成激活规则。

推理方案 1：该推理方案使用 ER 算法合成激活规则。为了方便起见，具有推理方案 1 的 EBRB、DRA-EBRB 和 CARA-EBRB 推理模型分别缩写为 EBRB-ER、DRA-ER 和 CARA-ER 推理模型。

推理方案 2：该推理方案使用加权平均（weighting average，WA）算法合成激活规则，其中 WA 算法可描述为

$$\beta_n = \frac{1}{L} \sum_{k=1}^{L} w_k \beta_n^k, \quad n = 1, 2, \cdots, N \tag{7-20}$$

式中，β_n^k 为第 k 条激活规则中第 n 类上的置信度；w_k 为第 k 条激活规则的激活权重。为了方便起见，具有推理方案 2 的 EBRB、DRA-EBRB 和 CARA-EBRB 推理模型分别缩写为 EBRB-WA、DRA-WA 和 CARA-WA 推理模型。

为了确保实验条件相同，本节采用 10-CV 来划分每个数据集的测试数据集和训练数据集。表 7-3 和表 7-4 显示了两类/三类/多类数据集的结果，其中测量指标包括：①准确性；②未激活规则的数据数量（failed data number，FDN），该指标表示未能激活规则，导致 EBRB 推理模型无法生成推理结果；③响应时间，即 EBRB 推理模型对输入数据进行分类所花费的平均时间。这里需要说明的是：EBRB-ER、DRA-ER、EBRB-WA 和 DRA-WA 的结果来自文献[1]。

表 7-3　两类/三类/多类数据集中各推理模型的比较

数据集	评价标准	ER			WA		
		EBRB-ER	DRA-ER	CARA-ER	EBRB-WA	DRA-WA	CARA-WA
Diabetes（两类）	准确性/%	73.39	71.44	76.34	73.59	71.34	76.34
	FDN	0	0	0	0	0	0
	响应时间/ms	12.3	14.3	>28.5	9.1	11.7	>28.8
Cancer（两类）	准确性/%	94.59	94.61	97.01	94.57	94.52	97.01
	FDN	8.8	0	0	8.6	0	0
	响应时间/ms	9.3	10	>68.5	7.1	8.6	>68.5
Mammographic（两类）	准确性/%	77.64	78.39	79.52	77.61	78.67	79.04
	FDN	0.1	0	0	0.05	0	0
	响应时间/ms	30.2	28.0	>11.0	25.0	29.3	>10.3
Iris（三类）	准确性/%	95.20	95.50	96.00	95.10	95.63	96.00
	FDN	0	0	0	0	0	0
	响应时间/ms	>3.3	>3.3	>15.7	>3.3	>3.3	>15.7
Seeds（三类）	准确性/%	87.04	92.02	92.38	84.83	92.14	92.38
	FDN	0	0	0	0	0	0
	响应时间/ms	9.5	9.5	>14.7	4.7	9.5	>14.8
Wine（三类）	准确性/%	96.32	96.46	96.63	96.29	96.40	96.63
	FDN	0	0	0	0	0	0
	响应时间/ms	5.6	11.2	>26.5	>5.6	>5.6	>26.5
Knowledge（多类）	准确性/%	75.07	80.71	89.33	73.77	80.67	89.58
	FDN	0	0	0	0	0	0
	响应时间/ms	7.8	11.6	>21.8	7.8	11.6	>21.7
Glass（多类）	准确性/%	51.43	69.65	72.90	47.85	70.26	72.43
	FDN	3.55	0	0	3.55	0	0
	响应时间/ms	9.3	18.7	>28.7	>9.3	>9.3	>28.5
Ecoli（多类）	准确性/%	33.72	83.76	85.42	19.53	83.75	86.01
	FDN	1	0	0	1	0	0
	响应时间/ms	11.9	17.8	>28.0	8.9	17.8	>27.8

表 7-4　两类/三类/多类数据集的平均结果比较

数据集类别数	评价标准	ER			WA		
		EBRB-ER	DRA-ER	CARA-ER	EBRB-WA	DRA-WA	CARA-WA
两类	准确性/%	81.87	81.48	84.29	81.92	81.51	84.13
	FDN	2.97	0	0	2.88	0	0
	响应时间/ms	17.3	17.4	>36.0	13.7	16.5	>35.9
三类	准确性/%	92.85	94.66	95.00	92.07	94.72	95.00
	FDN	0	0	0	0	0	0
	响应时间/ms	>6.1	>8.0	>19.0	>4.5	>6.1	>19.0
多类	准确性/%	53.41	78.04	82.55	47.05	78.23	82.67
	FDN	1.517	0	0	1.517	0	0
	响应时间/ms	9.7	16.0	>26.2	>8.7	>12.9	>26.0

如表 7-3 所示，CARA-ER 和 CARA-WA 推理模型的准确性优于 DRA-ER 与 DRA-WA 推理模型的准确性，并且优于 EBRB-ER 与 EBRB-WA 推理模型的准确性，其中多类数据集中的比较结果表明 CARA 方法能够显著改进 EBRB 推理模型的准确性。例如，在 Knowledge 数据集中，CARA-ER 比 EBRB-ER 和 DRA-ER 的准确性分别提高了 14.26 个百分点和 8.62 个百分点。这是因为 DRA 方法和 CARA 方法有助于 EBRB 推理模型激活一致性规则，从而消除 EBRB 推理模型中结果属性的输出不确定性。此外，与 DRA 方法相比，CARA 方法能够在没有主观信息的情况下选择最一致的规则作为激活规则。因此，CARA 方法优于 DRA 方法。

由未激活规则的数据数量证明：CARA 方法与 DRA 方法一样，能够有效避免规则激活过程的不完备性问题。相应地，EBRB-ER 和 EBRB-WA 推理模型缺乏规则激活的完备性，导致在一些数据集中存在无法激活规则的情形。例如，EBRB-ER 推理模型和 EBRB-WA 推理模型在 Cancer 数据集中有 8.8 个和 8.6 个未激活规则数据，在 Glass 数据集中有 3.55 个未激活规则数据。采用 DRA 方法（DRA-ER 和 DRA-WA 推理模型）和 CARA 方法（CARA-ER 与 CARA-WA 推理模型）的 EBRB 推理模型则没有出现未激活规则的数据。

对于响应时间，通过假设使用 CARA 方法同时确定所有激活规则获得 CARA-ER 和 CARA-WA 推理模型的结果。由此可知，CARA-ER 和 CARA-WA 推理模型的响应时间比 DRA-ER 与 DRA-WA 推理模型更长，并且 EBRB-ER 与 EBRB-WA 推理模型响应时间最短。这是因为选择模型是线性优化模型，并且在本节中使用 MATLAB 中的优化工具箱求解。然而，所有结果表明，EBRB 推理模型及其改进模型（如 DRA-ER 和 CARA-ER 推理模型）可以在毫秒的时间生成输入数据的推理结果，这意味着这些 EBRB 推理模型可以在可接受的时间内生成表 7-1 中的分类数据集的推理结果。

根据表 7-4，可以进一步总结 CARA 方法的优点：对于两类数据集，DRA 方法无法提高 EBRB 推理模型的准确性，但 CARA 方法可以提高 EBRB 的准确性。另外，从多类数据集的平均准确性可知，通过 CARA 方法可以明显提高 EBRB 推理模型的准确性，其中比 EBRB-ER 推理模型提高了 29.14 个百分点，比 EBRB-WA推理模型提高了 35.62 个百分点。同时，对于响应时间，CARA-EBRB 推理模型是原始 EBRB 推理模型或 DRA-EBRB 推理模型的两倍甚至三倍。因此，对于准确性至关重要但计算效率要求相对较低的决策问题，可以使用 CARA-EBRB 推理模型。

7.3.4　案例 3：与传统分类方法的比较分析

为了进一步验证本章提出的 CARA 方法的有效性，将 10-CV 得出的结果与机器学习相关方法进行比较，这些机器学习方法包括：K 近邻（K nearest neighbour，KNN）、朴素贝叶斯（naive Bayes，NB）、模糊规则库分类系统（fuzzy rule-based classification system，FRBCS）、支持向量机（support vector machine，SVM）、ANN、特征向量图（feature vector graph，FVG）和决策树（decision tree，DT），具体如表 7-5 所示。

表 7-5　常规方法和 CARA 方法的准确性比较

方法来源	核心理论	多类		三类		两类	
		Glass	Ecoli	Wine	Iris	Cancer	Diabetes
文献[6]	KNN	66.85%	81.27%	96.05%	85.17%	—	—
文献[7]	NB	57.74%	—	—	94.33%	97.24%	75.86%
文献[8]	FRBCS	68.57%	82.39%	—	94.67%	92.00%	71.54%
文献[9]	SVM	49.91%	—	96.40%	98.00%	—	77.08%
文献[10]	ANN	65.76%	—	94.27%	99.27%	—	—
文献[11]	FVG	70.06%	—	98.88%	—	—	—
文献[12]	DT	61.90%	—	91.40%	—	97.00%	—
文献[13]	EBRB	68.22%	81.55%	96.63%	95.50%	97.01%	73.54%
本章	EBRB	72.90%	85.42%	96.63%	96.00%	97.01%	76.34%

表 7-5 验证了 CARA-EBRB 推理模型可以产生令人满意的结果。对于多类数

据集 Glass 和 Ecoli，CARA-EBRB 推理模型拥有 72.90%和 85.42%的准确性，优于所有列出的方法。对于 Wine、Iris、Cancer 和 Diabetes 这三类和两类数据集，从文献[11]、[10]、[7]和[9]得出的准确性分别为 98.88%、99.27%、97.24%和 77.08%。虽然对于这些数据集，CARA-EBRB 推理模型可能不太令人满意，但它们仍分别达到了表 7-5 所示的前三的分类准确性。

此外，EBRB 推理模型的性能低于传统分类方法的部分准确性，如 Glass 数据集中的准确性为 68.22%、Ecoli 数据集中的准确性为 81.55%和 Diabetes 数据集中的准确性为 73.54%，其中准确性不高的部分原因是 EBRB 推理模型激活了太多规则用于生成最终结果。而 CARA-EBRB 推理模型可以通过预先确定合适的激活规则来提高准确性，因此 Glass、Ecoli 和 Diabetes 数据集的准确性分别为 72.90%、85.42%和 76.34%，进而验证了本章所提出的 CARA 方法的有效性。

因此，与传统分类方法相比，可以总结出如下结论。

（1）尽管 CARA-EBRB 推理模型仅对六个数据集中的两个具有最佳分类准确性，但这两个最佳分类准确性反映在多类数据集中。因此，CARA 方法在多分类问题中更能够提高 EBRB 推理模型的准确性。

（2）实际建模时往往有许多因素影响建模精度，如训练数据的结构、噪声数据和数据数量，因此几乎不可能找到一个全能的分类器在所有数据集上都能产生最佳分类准确性。

7.4 本 章 小 结

本章提出了一种新的 CARA 方法，该方法能够为规则库推理模型筛选一致性的信息。而在 EBRB 推理模型构建中，本章说明了 CARA 方法如何根据激活框架定义适当的激活规则，并使用选择模型选择这些合适的激活规则。CARA 方法有助于 EBRB 推理模型克服不完备性和不一致性问题。本章的主要结论进一步总结为三个方面。

（1）EBRB 推理模型及其现有改进研究，包括 80/20 原则和 DRA 方法都是基于激活权重来确定激活规则，这表明激活规则的确定和激活权重的计算之间缺乏明确的区分。为此，本章提供了一组可被视为激活框架的一致性规则，以定义合适的激活规则。

（2）本章提出了一种基于经典查恩斯-库珀-罗兹（Charnes-Cooper-Rhodes，CCR）模型的选择模型，从一致性规则集中选择最一致的规则作为合适的激活规则。这确保了既不会激活所有规则，也不会不激活规则。因此，CARA 方法可以帮助 EBRB 推理模型克服不一致性问题和不完整性问题。此外，由于 CCR 模型的优点，CARA 方法无须基于主观信息选择合适的激活规则。

（3）本章通过三个案例验证了 CARA 方法在两类/三类/多类分类数据集中的有效性。10-CV/5-CV/2-CV 的结果表明，CARA 方法可以提高 EBRB 推理模型的分类准确性和规则激活率，通过与 DRA 方法和使用 10-CV 的机器学习方法的结果进行比较，也进一步证实了这一点。此外，不同推理方案下的比较证实了 CARA 方法是一种通用的规则激活方法。

参 考 文 献

[1]　Calzada A, Liu J, Wang H, et al. A new dynamic rule activation method for extended belief rule-based systems[J]. IEEE Transactions on Knowledge and Data Engineering, 2015, 27 (4) : 880-894.

[2]　Yang L H, Wang Y M, Su Q, et al. Multi-attribute search framework for optimizing extended belief rule-based systems[J]. Information Sciences, 2016, 370: 159-183.

[3]　余瑞银, 杨隆浩, 傅仰耿. 数据驱动的置信规则库构建与推理方法[J]. 计算机应用, 2014, 34 (8) : 2155-2160, 2169.

[4]　Wang H, Düntsch I, Gediga I, et al. Hyperrelations in version space[J]. International Journal of Approximate Reasoning, 2004, 36 (3) : 223-241.

[5]　Hwang C L, Yoon K. Multiple Attribute Decision-Making: Methods and Applications[M]. Berlin: Springer, 1981.

[6]　Derrac J, Chiclana F, Garcia S, et al. Evolutionary fuzzy k-nearest neighbors algorithm using interval-values fuzzy sets[J]. Information Sciences, 2016, 329: 144-163.

[7]　Wu J, Pan S R, Zhu X Q, et al. Self-adaptive attribute weighting for Naive Bayes classification[J]. Expert Systems with Applications, 2015, 42: 1487-1502.

[8]　Jiao L M, Pan Q, Denoeux T, et al. Belief rule-based classification system: Extension of FRBCS in belief functions framework[J]. Information Sciences, 2015, 309: 26-49.

[9]　Shao Y H, Chen W J, Wang Z, et al. Weighted linear loss twin support vector machine for large-scale classification[J]. Knowledge-Based Systems, 2015, 73: 276-288.

[10]　Nie Q F, Jin L Z, Fei S M, et al. Neural network for multi-class classification by boosting composite stumps[J]. Neurocomputing, 2015, 149: 949-956.

[11]　Zhao G D, Wu Y, Chen F Q, et al. Effective feature selection using feature vector graph for classification[J]. Neurocomputing, 2015, 151: 376-389.

[12]　Wichramarachchi D C, Robertson B L, Reale M, et al. HHCART: An oblique decision tree[J]. Computational Statistics and Data Analysis, 2016, 96: 12-23.

[13]　Liu J, Martínez L, Calzada A, et al. A novel belief rule base representation, generation and its inference methodology[J]. Knowledge-Based Systems, 2013, 53: 129-141.

第四部分 大规模任意维度数据情形中建模方法

本书的第四部分将以大规模任意维度的数据情形作为问题背景，研究 BRB 建模方法。由于大规模的数据情形往往容易产生超高的算法时间复杂度，导致迭代优化算法不再适用于 BRB 建模过程，在这一要求下仅有 EBRB 能够具备高效的规则生成过程，且不依赖迭代优化算法同样能够让 BRB 推理模型具有较为理想的准确性，但在大规模的数据情形下，EBRB 易出现规则数量的"规模膨胀"问题，有必要优化和完善 EBRB 的建模方法，以确保 BRB 推理模型能够更好地适用于大规模任意维度的决策问题。

第8章　基于索引框架的扩展置信规则库建模方法

8.1　概　　述

在第三部分中，本书针对小规模高维度的数据情形，分别提出了 DBRB 和 EBRB 的多种建模方法，包括：基于动态参数学习的 DBRB 建模方法、基于数据包络分析和基于一致性分析的 EBRB 建模方法，这些建模方法的共性是引入迭代优化算法对 BRB 建模过程中的关键参数进行优化，以提高 BRB 推理模型的决策准确性，例如，通过动态参数学习模型优化 DBRB 的属性权重、规则权重和置信度；通过数据包络分析模型精简 EBRB 中的冗余规则；通过一致性分析模型筛选具备一致性的激活规则，其中动态参数学习模型、数据包络分析模型和一致性分析模型的求解都需要依赖迭代式的优化算法，而算法的复杂度与数据数量密切相关。因此，这些 BRB 建模方法仅适用于小规模的数据情形，而无法保证在大规模数据情形中能够在可接受的时间内完成 BRB 建模。

相比于 CBRB 和 DBRB，EBRB 的原始建模过程并不依赖于任何迭代算法，其规则是由数据转换而来的，建模过程具有较低的时间复杂度；同时，置信分布也嵌入前提属性中，提高了 EBRB 表示不确定性信息的能力。关于 EBRB 推理模型，现有的研究成果包括：余瑞银等[1]通过 80/20 原理提出一种新的规则激活方法，其在每个规则推理过程中，仅使用激活权重的大小为前 20%的激活规则推断最终结果；Calzada 等[2]提出动态规则激活方法，其通过调整激活规则集合的大小来解决规则推理中的不完整性和不一致性问题。虽然动态规则激活方法在提升准确性上表现出了优异的性能，但动态规则激活是一种耗时的过程，需要迭代搜索整个 EBRB。因此，针对 EBRB 推理模型的规则激活过程，还需要注意几个问题：首先，是否有必要激活 EBRB 中所有的规则作为激活规则；其次，是否有必要通过访问整个 EBRB 检索激活规则；最后，每个决策的激活规则是否完全一致。

为了解决上述三个问题，本章提出 EBRB 推理模型的多属性索引框架（multi-attribute search framework，MaSF），其中分别应用 KDT[3]和 BKT[4]构造面向高维度和低维度的 MaSF，并简称为 KDT-MaSF 和 BKT-MaSF。MaSF 的主要目的是利用规则之间的空间关系来解决 EBRB 中的规则无序问题，并作为提高 EBRB 推理模型准确性和效率的基础。需要特别说明的是：尽管构建 KDT-MaSF 和

BKT-MaSF 需要花费额外的建模时间，但将 MaSF 嵌入 EBRB 推理模型后可明显降低规则激活和规则合成的时间复杂度，最终优化 EBRB 建模的总时间复杂度，以及保证 EBRB 推理模型能够适用于大规模任意维度的数据情形中。

8.2　面向 EBRB 的 MaSF 构建方法

本节将基于 KDT 提出适用于低维数据情形的 MaSF（即 KDT-MaSF）和基于 BKT 提出适用于高维数据情形的 MaSF（即 BKT-MaSF），其中 KDT-MaSF 和 BKT-MaSF 与 EBRB 的关系如图 8-1 所示。

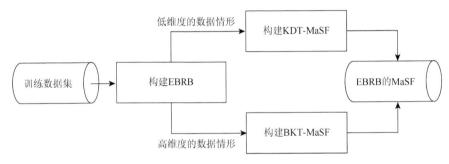

图 8-1　KDT-MaSF 和 BKT-MaSF 与 EBRB 的关系

8.2.1　低维数据情形下的 KDT-MaSF

KDT 是一种基于空间分割的树形数据结构[3]，能够有序地存储多维度空间中的数据。在数据的存储过程中，KDT 是一棵二叉树且树中的每个节点都表示一个数据。同时，KDT 中的非叶节点还是一个分割平面，能够将现有的空间分割成两个半空间，使原数据集能够依据不同空间进行有效的排序，从而提升数据检索的效率。但在高维度的数据情形中，因数据维度 k 与数据数量 S 间的关系无法满足 $S \gg 2^k$，导致 KDT 的检索效率与枚举方式相近[5]。鉴于此，本节基于 KDT 提出适用于低维度数据情形的 MaSF，即 KDT-MaSF。

由于 KDT 中的分割平面是数据有序存储的关键，而建立分割平面需要事先确定分割属性和分割值，因此在建立 KDT-MaSF 前，需要先提出基于扩展置信规则的分割属性和分割值。然而，扩展置信规则是以置信分布表示每个前提属性上的信息，且不同前提属性具有不同的量纲，导致无法有效地计算分割属性和分割值。为此，本节先提出扩展置信规则的标准化元组形式，再提出基于扩展置信规则的分割属性和分割值。

定义 8-1（扩展置信规则的标准化元组形式）　在扩展置信规则中，假设 $u(A_{i,j})$ 是前提属性 U_i 中候选等级 $A_{i,j}$ 的效用值，那么第 k 条扩展置信规则可以表示成如下的标准化元组形式：

$$T(R_k) = < x_1^k, \cdots, x_M^k > \tag{8-1}$$

式中

$$x_i^k = \sum_{j=1}^{J_i} \frac{\alpha_{i,j}^k u(A_{i,j})}{\max_{j=1,2,\cdots,J_i} \{u(A_{i,j})\} - \min_{j=1,2,\cdots,J_i} \{u(A_{i,j})\}} \tag{8-2}$$

式中，x_i^k 为第 k 条规则中第 i 个前提属性的标准化元组值；$\alpha_{i,j}^k$ 为在第 k 条规则的第 i 个前提属性中第 j 个候选等级的置信度。

定义 8-2（EBRB 的分割属性）　EBRB 的分割属性是指现有扩展置信规则中最具有识别度的前提属性。假设 EBRB 中有 L 条扩展置信规则，第 $k(k=1,2,\cdots,L)$ 条规则的标准化元组形式为 $T(R_k) = < x_1^k, \cdots, x_M^k >$，则 EBRB 的分割属性为

$$\mathrm{SA} = U_i, \quad i = \arg\max_{j=1,2,\cdots,M} \left\{ \frac{\sum_{k=1}^{L} \left(x_j^k - \bar{x}_j \right)^2}{L-1} \right\} \tag{8-3}$$

式中

$$\bar{x}_j = \frac{1}{L} \sum_{k=1}^{L} x_j^k, \quad j=1,2,\cdots,M \tag{8-4}$$

定义 8-3（EBRB 的分割值）　EBRB 的分割值是指在分割属性上能够均分现有扩展置信规则的中值。假设 EBRB 中有 L 条扩展置信规则且分割属性是 $\mathrm{SA} = U_i(i=1,2,\cdots,M)$，其中第 $k(k=1,2,\cdots,L)$ 条规则的标准化元组形式为 $T(R_k) = < x_1^k, \cdots, x_M^k >$ 且满足 $x_i^1 \leqslant x_i^2 \leqslant \cdots \leqslant x_i^L$，则 EBRB 的分割值为

$$\mathrm{SV} = x_i^t, \quad t = \left\lfloor \frac{L+1}{2} \right\rfloor \tag{8-5}$$

根据上述三个定义，KDT-MaSF 的构建方法如下。

（1）假设 EBRB 中有 L 条扩展置信规则，根据定义 8-1 将 L 条扩展置信规则转化为标准化元组形式，其中第 $k(k=1,2,\cdots,L)$ 条规则的标准化元组形式为 $T(R_k) = < x_1^k, \cdots, x_M^k >$。

（2）当 EBRB 中所有规则都用于构建 KDT-MaSF 时，则算法结束；否则，根据定义 8-2 和定义 8-3，利用剩余扩展置信规则计算 EBRB 的分割属性和分割值，假定分割属性为 $\mathrm{SA} = U_i(i=1,2,\cdots,M)$，分割值为 $\mathrm{SV} = x_i^t$。

（3）利用扩展置信规则 R_t 及分割属性 U_i 和分割值 x_i^t 初始化 KDT-MaSF 的一个节点；同时，将所有的扩展置信规则分成左集合和右集合，其中左集合中所有规则在分割属性 U_i 上的标准化元组值均小于分割值 x_i^t，右集合中所有规则在分割属性 U_i 上的标准化元组值均大于等于分割值 x_i^t。

（4）当左集合为非空时，以左集合作为新的 EBRB，通过执行步骤（2）和步骤（3）初始化当前节点的左子节点；当右集合为非空时，以右集合作为新的 EBRB，通过执行步骤（2）和步骤（3）初始化当前节点的右子节点。

为了说明 KDT-MaSF 的构建流程，假设 EBRB 中有 5 条扩展置信规则，其中前提属性 U_1 和 U_2 的置信分布如表 8-1 所示，以及候选等级效用值为 $\{u(A_{1,1}),$ $u(A_{1,2}), u(A_{1,3})\} = \{0，0.5，1\}$ 和 $\{u(A_{2,1}), u(A_{2,2}), u(A_{2,3})\} = \{0，0.6，1\}$。

表 8-1　EBRB 中所有规则的置信分布

规则编号（R_k）	前提属性 U_1	前提属性 U_2
R_1	$\{ (A_{1,1}, 0.2), (A_{1,2}, 0.8), (A_{1,3}, 0.0) \}$	$\{ (A_{2,1}, 0.0), (A_{2,2}, 0.8), (A_{2,3}, 0.2) \}$
R_2	$\{ (A_{1,1}, 0.0), (A_{1,2}, 1.0), (A_{1,3}, 0.0) \}$	$\{ (A_{2,1}, 0.0), (A_{2,2}, 1.0), (A_{2,3}, 0.0) \}$
R_3	$\{ (A_{1,1}, 1.0), (A_{1,2}, 0.0), (A_{1,3}, 0.0) \}$	$\{ (A_{2,1}, 0.0), (A_{2,2}, 0.0), (A_{2,3}, 1.0) \}$
R_4	$\{ (A_{1,1}, 0.4), (A_{1,2}, 0.6), (A_{1,3}, 0.0) \}$	$\{ (A_{2,1}, 0.0), (A_{2,2}, 0.6), (A_{2,3}, 0.4) \}$
R_5	$\{ (A_{1,1}, 0.0), (A_{1,2}, 0.0), (A_{1,3}, 1.0) \}$	$\{ (A_{2,1}, 1.0), (A_{2,2}, 0.0), (A_{2,3}, 0.0) \}$

根据步骤（1），利用定义 8-1 将所有扩展置信规则转换为标准化元组形式，如表 8-2 所示。

表 8-2　EBRB 中所有规则的标准化元组形式

规则编号（R_k）	前提属性 U_1	前提属性 U_2
R_1	0.4	0.7
R_2	0.5	0.6
R_3	0.0	1.0
R_4	0.3	0.8
R_5	1.0	0.0

根据步骤（2），利用定义 8-2 和定义 8-3 可计算得到分割属性为 $SA = U_2$ 和分割值为 $SV = 0.7$；根据步骤（3），利用分割属性 $SA = U_2$ 和分割值 $SV = 0.7$ 初始化 KDT-MaSF 的根节点，并生成左集合 $\{R_2, R_5\}$ 和右集合 $\{R_3, R_4\}$；根据步骤（4），分别利用左集合 $\{R_2, R_5\}$ 和右集合 $\{R_3, R_4\}$ 初始化根节点的左子节点和右子节点。经过多次迭代后，最终构建如图 8-2 所示的 KDT-MaSF。

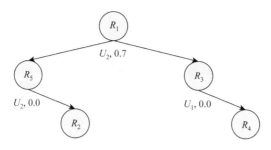

图 8-2　KDT-MaSF 的示例

8.2.2　高维数据情形下的 BKT-MaSF

BKT 是由 Burkhard 和 Keller 提出的一种空间度量树[4]，在构建树形数据结构时，先任意选取一个数据作为根节点，然后通过度量数据之间的距离建立根节点的子树。相应地，BKT 的其余节点可以通过相同的方式由剩余数据构建。这里需要说明的是：相比于 KDT，BKT 是一棵多叉树且依据两个数据间的度量距离构建数据结构，使 BKT 在高维度的数据情形中能够高效地检索数据而不易受到数据维度的影响。此外，BKT 的度量距离需要满足以下性质。

（1）非负性：对于任意两个数据 x 和 y，x 和 y 的度量距离不小于 0；当且仅当 x 等于 y 时，两者的度量距离为 0。

（2）对称性：对于任意两个数据 x 和 y，x 到 y 的度量距离与 y 到 x 的度量距离相等。

（3）三角不等性：对于任意三个数据 x、y 和 z，x 到 y 的度量距离小于 x 到 z 再到 y 的度量距离。

根据上述三个性质给出如下关于扩展置信规则间度量距离的定义。

定义 8-4（扩展置信规则间的度量距离）　假设 $\{x_1^k, \cdots, x_M^k\}$ 和 $\{x_1^l, \cdots, x_M^l\}$ 是扩展置信规则 R_k 和 R_l 的标准化元组值，则这两条扩展置信规则的度量距离可表示为

$$d(R_k, R_l) = \sqrt{\sum_{i=1}^M \left(x_i^k - x_i^l\right)^2} \tag{8-6}$$

依据定义 8-4，当 $\{x_1^k, \cdots, x_M^k\}$ 和 $\{x_1^q, \cdots, x_M^q\}$ 是扩展置信规则 R_k 和输入值 x_q 的标准化元组值时，扩展置信规则与输入值间的度量距离可表示为

$$d(R_k, x_q) = \sqrt{\sum_{i=1}^M \left(x_i^k - x_i^q\right)^2} \tag{8-7}$$

根据上述关于扩展置信规则的度量距离定义，BKT-MaSF 的构建方法如下。

（1）假设 EBRB 中有 L 条扩展置信规则，根据定义 8-1 将 L 条扩展置信规则

转化为标准化元组形式，其中第 $k(k=1, 2, \cdots, L)$ 条规则的标准化元组形式为 $T(R_k) = <x_1^k, \cdots, x_M^k>$。

（2）当 EBRB 中所有规则都用于构建 BKT-MaSF 时，算法结束；否则，从 EBRB 中任意选择一条规则 R_k，初始化 BKT-MaSF 中的一个节点，并根据定义 8-4 计算 R_k 与 EBRB 中剩余规则之间的度量距离，以及将具有相同度量距离的扩展置信规则构成子集合。

（3）当子集合为非空时，以子集合作为新的 EBRB，通过执行步骤（2）初始化当前节点的子节点。

为了通过算例说明 BKT-MaSF 的构建流程，假设 EBRB 中的扩展置信规则如表 8-1 所示。根据步骤（1），将所有的扩展置信规则转换为标准化元组形式，如表 8-2 所示；根据步骤（2），选取扩展置信规则 R_1 为根节点。同时，可算得 R_1 到其他规则的度量距离分别为 $d(R_1, R_2) = 0.1414$、$d(R_1, R_3) = 0.5$、$d(R_2, R_4) = 0.7810$ 和 $d(R_1, R_5) = 0.6708$。因此，可构建子集合 $\{R_2, R_4\}$、$\{R_3\}$ 和 $\{R_4\}$；根据步骤（3），利用三个子集合初始化根节点的三个子节点。经过多次迭代后，最终构建出如图 8-3 所示的 BKT-MaSF。

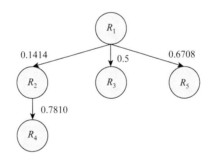

图 8-3　BKT-MaSF 的示例

8.3　基于 MaSF 的规则检索和优化方法

通过构建 EBRB 的 MaSF，能够让扩展置信规则在输入空间中处于有序的状态。本节为了基于 MaSF 降低规则检索的时间复杂度，依据 KNN[6] 的思想提出 EBRB 的规则检索和优化方法。

8.3.1　低维数据情形下的规则检索方法

为了在 MaSF 中达到快速检索扩展置信规则的目的，下面给出 KDT-MaSF 的规则检索优化原理。

定理 8-1（KDT-MaSF 的规则检索优化）　　在 KDT-MaSF 中，假设 node 表示一个节点，R_t 表示由 node 索引的扩展置信规则且 $T(R_t)=<x_1^t,\cdots,x_M^t>$，$\{R_1,\cdots,R_K\}$ 表示由 node 索引的左子集合或右子集合，x_j^t 表示由 node 索引的分割值，ξ 表示扩展置信规则与输入值间可接受的最大度量距离。因此，对于输入值 x_q 及其标准化元组形式 $T(x_q)=\{x_1^q,\cdots,x_M^q\}$，当满足如下的约束条件时，$\{R_1,\cdots,R_K\}$ 中任意一条扩展置信规则均无须被激活：

$$x_j^q \leqslant x_j^t \leqslant x_j^k \text{ 和 } \left|x_j^t-x_j^q\right| > \xi, \quad R_k \in \{R_1,\cdots,R_K\} \qquad (8\text{-}8)$$

证明： 首先，根据定义 8-4 可得扩展置信规则 R_k 与输入值 x_q 之间的度量距离为

$$d(R_k,x_q)=\sqrt{\sum_{i=1}^{M}\left(x_i^k-x_i^q\right)^2} \geqslant \sqrt{\left(x_j^k-x_j^q\right)^2}=\left|x_j^k-x_j^q\right|, \quad j=1,2,\cdots,M \quad (8\text{-}9)$$

其次，根据已知的约束条件 $x_j^q \leqslant x_j^t \leqslant x_j^k$，可得如下两个不等式：

$$\begin{cases} x_j^k-x_j^t \geqslant 0 \\ x_j^t-x_j^q \geqslant 0 \end{cases} \qquad (8\text{-}10)$$

再次，通过将式（8-10）代入式（8-9）可得

$$d(R_k,x_q) \geqslant \left|x_j^k-x_j^q\right| = \left|x_j^k-x_j^t+x_j^t-x_j^q\right| = \left|x_j^k-x_j^t\right|+\left|x_j^t-x_j^q\right| \geqslant \left|x_j^t-x_j^q\right|$$

$$(8\text{-}11)$$

最后，将已知的约束条件 $\left|x_j^t-x_j^q\right| > \xi$ 代入式（8-11）可得

$$d(R_k,x_q) > \xi \qquad (8\text{-}12)$$

由式（8-12）可知，输入值 x_q 与 $\{R_1,\cdots,R_K\}$ 中任意一条扩展置信规则之间的度量距离均大于可接受的最大度量距离 ξ。因此，$\{R_1,\cdots,R_K\}$ 中任意一条扩展置信规则均无须被激活。证毕。

根据定理 8-1 和 KNN 搜索策略，我们提出 KDT-MaSF 的规则检索方法，具体步骤如下。

（1）假设 node 是在 KDT-MaSF 中的一个节点，R_t 表示由 node 索引的扩展置信规则，$\mathrm{SA}=U_i$ 和 $\mathrm{SV}=x_i^t$ 分别表示由 node 索引的分割属性和分割值，x_q 表示输入值，Q 表示关于 x_q 的激活规则集合，η 表示最多可激活的规则数量。因此，当 $|Q| < \eta$ 时，将 R_t 作为激活规则放入 Q 中；否则，当 Q 中存在任意一条规则 R_k 满足 $\max_{R_k \in Q}(d(R_k,x_q)) > d(R_t,x_q)$ 时，用规则 R_t 替换集合 Q 中的规则 R_k。

（2）当 $x_i^q \leqslant x_i^t$ 时，以 node 索引的左子节点作为新节点重新执行步骤（1）；同时，通过 $\xi = \max_{R_k \in Q}(d(R_k,x_q))$ 和定理 8-1，判断 node 索引的右子节点是否需要遍历。

（3）当 $x_i^q > x_i^t$ 时，以 node 索引的右子节点作为新节点重新执行步骤（1）；

同时，通过 $\xi = \max_{R_k \in Q}(d(R_k, x_q))$ 和定理 8-1，判断 node 索引的左子节点是否需要遍历。

根据上述步骤，可以从 EBRB 中检索出 η 条规则作为激活规则，且这 η 条激活规则与输入值 x_q 的距离均小于等于 ξ（$\xi = \max_{R_k \in Q}(d(R_k, x_q))$）。根据定理 8-1 中的约束条件，每个节点的左子节点或右子节点可能不会被遍历，从而有效地降低规则检索的时间复杂度。此外，当集合 Q 中的规则发生变化时，ξ 的取值也会随之改变，因此能够动态调整无须遍历规则的情况。

为了通过算例说明基于 KNN 的规则检索优化方法，假设 KDT-MaSF 如图 8-2 所示。同时，依据输入值 $x_q = \{(x_1^q, 0.5), (x_2^q, 0.5)\}$ 需要激活 EBRB 中 $\eta = 1$ 条扩展置信规则。

首先，遍历规则 R_1 对应的节点。由于 $|Q| = 0 < \eta$，将规则 R_1 添加到集合 Q，并初始化 $\xi = \max_{R_k \in Q}(d(R_k, x_q)) = 0.2236$；由于 $x_2^q = 0.5 \leqslant SV_1 = 0.7$，左子节点需要被遍历。

其次，以规则 R_5 对应的左子节点作为新的节点。由于 $d(R_5, x_q) = 0.7071 > \max_{R_k \in Q}(d(R_k, x_q))$，无须将规则 R_5 添加到集合 Q 中；由于 $x_1^q = 0.5 > SV_5 = 0$，右子节点需要被遍历。

再次，以规则 R_2 对应的右子节点作为新的节点。由于 $d(R_2, x_q) = 0.1 < \max_{R_k \in Q}(d(R_k, x_q))$，用规则 R_2 替换集合 Q 中的 R_1，并且更新参数 $\xi = \max_{R_k \in Q}(d(R_k, x_q)) = 0.1$。

最后，返回规则 R_1 对应的节点。由于 $|x_2^q - SV_1| = 0.2 > \max_{R_k \in Q}(d(R_k, x_q))$，右子节点无须遍历；由于没有新的规则需要被遍历，最终的激活规则为 R_2。

8.3.2　高维数据情形下的规则检索方法

为了在 MaSF 中达到快速检索扩展置信规则的目的，下面给出 BKT-MaSF 的规则检索优化原理。

定理 8-2（BKT-MaSF 的规则检索优化）　在 BKT-MaSF 中，假设 node 表示一个节点，R_t 表示由 node 索引的扩展置信规则且 $T(R_t) = <x_1^t, \cdots, x_M^t>$，$\{R_1, \cdots, R_K\}$ 表示由 node 索引的子集合，ξ 表示扩展置信规则与输入值间可接受的最大度量距离。因此，对于输入值 x_q 及其 $T(x_q) = \{x_1^q, \cdots, x_M^q\}$，当满足如下约束条件时，$\{R_1, \cdots, R_K\}$ 中任意一条扩展置信规则均无须被激活：

$$|d(x_q, R_t) - d(R_t, R_k)| > \xi, \quad R_k \in \{R_1, \cdots, R_K\} \tag{8-13}$$

证明：首先，根据定义 8-4 可得扩展置信规则 R_k 与 R_t 之间的度量距离，再通过以下公式推理证明度量距离满足非负性和对称性，即

$$d(R_t, R_k) = \sqrt{\sum_{i=1}^{M}\left(x_i^t - x_i^k\right)^2} \geqslant 0, \quad t = k, \quad d(R_k, R_k) = \sqrt{\sum_{i=1}^{M}\left(x_i^k - x_i^k\right)^2} = 0$$

（8-14）

$$d(R_t, R_k) = \sqrt{\sum_{i=1}^{M}\left(x_i^t - x_i^k\right)^2} = \sqrt{\sum_{i=1}^{M}\left(x_i^k - x_i^t\right)^2} = d(R_k, R_t) \qquad （8\text{-}15）$$

其次，通过柯西-布尼亚科夫斯基-施瓦茨（Cauchy-Buniakowsky-Schwarz）不等式[7]，可得扩展置信规则 R_k 与 R_t 之间的度量距离满足三角不等性：

$$d(R_t, R_s) + d(R_s, R_k)$$

$$= \sqrt{\left(\sqrt{\sum_{i=1}^{M}\left(x_i^t - x_i^s\right)^2} + \sqrt{\sum_{i=1}^{M}\left(x_i^s - x_i^k\right)^2}\right)^2}$$

$$= \sqrt{\sum_{i=1}^{M}\left(x_i^t - x_i^s\right)^2 + \sum_{i=1}^{M}\left(x_i^s - x_i^k\right)^2 + 2\sqrt{\sum_{i=1}^{M}\left(x_i^t - x_i^s\right)^2}\sqrt{\sum_{i=1}^{M}\left(x_i^s - x_i^k\right)^2}}$$

$$\geqslant \sqrt{\sum_{i=1}^{M}\left(x_i^t - x_i^s\right)^2 + \sum_{i=1}^{M}\left(x_i^s - x_i^k\right)^2 + 2\sum_{i=1}^{M}\left(\left(x_i^t - x_i^s\right)\left(x_i^s - x_i^k\right)\right)}$$

$$= \sqrt{\sum_{i=1}^{M}\left(x_i^t - x_i^s + x_i^s - x_i^k\right)^2}$$

$$= d(R_t, R_k)$$

（8-16）

式（8-14）～式（8-16）说明定义 8-4 的度量距离可适用于 BKT-MaSF。

再次，根据三角不等性可得如下的不等式：

$$\begin{cases} d(x_q, R_k) + d(R_t, R_k) \geqslant d(x_q, R_t) \\ d(x_q, R_k) + d(x_q, R_t) \geqslant d(R_t, R_k) \end{cases} \qquad （8\text{-}17）$$

通过变换式（8-17）可得如下的不等式：

$$\begin{cases} d(x_q, R_k) \geqslant d(x_q, R_t) - d(R_t, R_k) \\ d(x_q, R_k) \geqslant d(R_t, R_k) - d(x_q, R_t) \end{cases} \qquad （8\text{-}18）$$

最后，通过结合式（8-18）中的不等式及已知的约束条件 $|d(x_q, R_t) - d(R_t, R_k)| > \xi$ 可得

$$d(x_q, R_k) \geqslant |d(x_q, R_t) - d(R_t, R_k)| > \xi \qquad （8\text{-}19）$$

由式（8-19）可知，输入值 x_q 与 $\{R_1, \cdots, R_K\}$ 中任意一条扩展置信规则之间的度量距离均大于可接受的最大度量距离 ξ。因此，$\{R_1, \cdots, R_K\}$ 中任意一条扩展置信规则均无须被激活。证毕。

根据定理 8-2 和 KNN 搜索策略，我们提出 BKT-MaSF 的规则检索方法，具体步骤如下。

（1）假设 node 是 BKT-MaSF 的一个节点，R_t 表示由 node 索引的扩展置信规则，x_q 表示输入值，Q 表示关于 x_q 的激活规则集合，η 表示最多可激活的规则数量。因此，当 $|Q| < \eta$ 时，将 R_t 作为激活规则放入 Q 中；否则，当 Q 中存在任意一条规则 R_k 满足 $\max_{R_k \in Q}(d(R_k, x_q)) > d(R_t, x_q)$ 时，用规则 R_t 替换集合 Q 中的规则 R_k。

（2）遍历 node 的所有子节点，假设第 l 个子节点对应的扩展置信规则为 R_l，依据定义 8-4 计算扩展置信规则 R_t 和 R_l 之间的度量距离 $d_1 = d(R_t, R_l)$，以及扩展置信规则 R_t 和输入值 x_q 之间的度量距离 $d_2 = d(R_t, x_q)$。

（3）当 $d_1 \geqslant d_2 - \max_{R_k \in Q}(d(R_k, x_q))$ 且 $d_1 \leqslant d_2 + \max_{R_k \in Q}(d(R_k, x_q))$ 时，以第 l 个子节点作为新的节点执行步骤（1）和步骤（2）；否则，依据 $\xi = \max_{R_k \in Q}(d(R_k, x_q))$ 和定理 8-2，无须遍历第 l 个子节点相关的其余节点。

根据上述步骤，可以从 EBRB 中检索出 η 条规则作为激活规则，且这些扩展置信规则与输入值 x_q 的距离均小于 ξ（$\xi = \max_{R_k \in Q}(d(R_k, x_q))$）。根据定理 8-2 中的约束条件，每个节点的子节点可能均不会被遍历，从而能够有效地降低规则检索的时间复杂度。此外，当集合 Q 中的规则发生变化时，ξ 的取值也会随之改变，因此能够调整无须遍历规则的情况。

为了通过算例说明基于 KNN 的规则检索方法，假设 BKT-MaSF 如图 8-3 所示。同时，依据输入值 $x_q = \left\{\left(x_1^q, 0.5\right), \left(x_2^q, 0.5\right)\right\}$，需要检索 $\eta = 1$ 条激活规则。

首先，遍历规则 R_1 对应的节点。由于 $|Q| = 0 < \eta$，将规则 R_1 添加到集合 Q 中，并初始化 $\xi = \max_{R_k \in Q}(d(R_k, x_q)) = 0.2236$；由于 $d_1 = d(R_1, R_2) = 0.1414$ 和 $d_2 = d(R_1, x_q) = 0.2236$，所以 $d_1 \geqslant d_2 - \max_{R_k \in Q}(d(R_k, x_q))$ 和 $d_1 \leqslant d_2 + \max_{R_k \in Q}(d(R_k, x_q))$，因此需要遍历规则 R_2。

其次，遍历规则 R_2 对应的节点。由于 $d(R_2, x_q) = 0.1 < \max_{R_k \in Q}(d(R_k, x_q))$，用规则 R_2 替换集合 Q 中的 R_1 及 $\xi = \max_{R_k \in Q}(d(R_k, x_q)) = 0.1$；由于 $d_1 = d(R_2, R_4) = 0.7810$ 和 $d_2 = d(R_2, x_q) = 0.1$，所以 $d_1 > d_2 + \max_{R_k \in Q}(d(R_k, x_q))$，因此不需要遍历规则 R_4。

最后，重新遍历规则 R_1 对应的节点。由于 $d_1 = d(R_1, R_3) = 0.5$ 和 $d_2 = d(R_1, x_q) = 0.2236$，所以 $d_1 > d_2 + \max_{R_k \in Q}(d(R_k, x_q))$，因此不需要遍历其余的规则；由于没有新的规则需要被遍历，因此最终的激活规则为 R_2。

8.3.3　面向最优激活规则集合的检索策略

8.3.1 节和 8.3.2 节根据 BKT-MaSF 和 KDT-MaSF 的特性，分别介绍了面向低维数据和高维数据情形的规则检索方法,以此减少 EBRB 中规则检索的次数,从而降低 EBRB 推理模型的时间复杂度。然后,由于规则检索还需要利用专家经验确定激活规则的数量,即确定参数 η 的取值,考虑到专家经验往往存在局限性,可能会导致无法确定激活规则的最优数量,因此本节进一步提出面向最优激活规则集合的规则检索策略。

首先,给出评价最优激活规则集合的准则,如定义 8-5 所示。

定义 8-5(最优激活规则集合的评价准则)　假设规则集合 $Q = \{R_1, \cdots, R_L\}$ 是激活规则集合,其中第 $k(k = 1, 2, \cdots, L)$ 条激活规则中结果属性的置信分布为 $\{(D_n, \beta_{n,k}); n = 1, 2, \cdots, N\}$,$x$ 表示关于规则集合 Q 的无量纲化数据,则规则集合 Q 的评价值可以定义如下:

$$C(Q) = \max_{n=1, 2, \cdots, N} \left\{ \frac{\sum_{k=1}^{L} \tau(n, k) \beta_{n,k} \left(\sqrt{N} - d(R_k, x) \right)}{L\sqrt{N}} \right\} \quad (8\text{-}20)$$

式中

$$\tau(n, k) = \begin{cases} 1, & n = \arg(\max_{i=1, 2, \cdots, N} \{\beta_{i,k}\}) \\ 0, & \text{否则} \end{cases} \quad (8\text{-}21)$$

为了说明定义 8-5 的具体含义,以表 8-1 和表 8-2 中的数据为例,并给定无量纲化的数据 $x = <x_1 = 0.5, x_2 = 0.5>$。首先,可以先计算数据 x 与 5 条规则之间的距离,分别为 $d(R_1, x) = 0.2236$、$d(R_2, x) = 0.1000$、$d(R_3, x) = 0.7071$、$d(R_4, x) = 0.3606$ 和 $d(R_5, x) = 0.7071$;然后,根据每条规则在结果属性上的置信分布,可知规则 R_1 是 50%属于结果等级 D_2 和 D_3、R_2 是 100%属于结果等级 D_2、规则 R_3 是 100%属于结果等级 D_1、规则 R_4 是 100%属于结果等级 D_3、规则 R_5 是 100%属于结果等级 D_4;最后,可计算得到规则集合 Q 的评价值为 $C(Q) = \max\{0.1000, 0.2700, 0.2332, 0.1000\} = 0.2700$。

然后,根据定义 8-5,给出面向最优激活规则的检索策略。

(1)设定初始的参数 $p = 1.0$,其中 p 表示激活规则数量占规则总数的百分比,因此 p 的取值范围为[0, 1]。再通过 p 计算激活规则的数量,即得到 KDT-MaSF 或 BKT-MaSF 中参数 η 的取值。

(2)根据参数 η 和 EBRB 的 KDT-MaSF 或 BKT-MaSF,计算输入值 x 的激活集合 Q,并根据定义 8-5 计算激活集合 Q 的评价值 $C(Q)$。

(3)调整参数 p 的取值,例如,$p = p - 0.1$,重复执行步骤(1)和步骤(2),并保留 $C(Q)$ 值最大的规则集合作为最终的激活规则集合。

8.4　实验分析与方法比较

本节将引入多个不同数据数量和属性数据的分类数据集，并以此说明所提的 MaSF 如何优化 EBRB 推理模型的性能，以及在低维数据情形和高维数据情形中 KDT-MaSF 和 BKT-MaSF 的区别。

8.4.1　数据介绍与实验设定

本节使用 19 个分类数据集进行实验分析和方法比较,这些数据集均取自机器 学习领域所熟知的 UCI 数据库,其中数据集的特征信息如表 8-3 所示。

表 8-3　分类数据集基本信息表

序号	名称	样本数量	属性数量	分类数量
1	Banknote	1372	4	2
2	Transfusion	748	4	2
3	Iris	150	4	3
4	Mammographic	830	5	2
5	Thyroid	215	5	3
6	Knowledge	403	5	4
7	Vertebral	310	6	3
8	Seeds	210	7	3
9	Ecoli	336	7	8
10	Diabetes	393	8	2
11	Yeast	1484	8	10
12	Glass	214	9	6
13	Pageblocks	5473	10	4
14	Wine（Red）	1599	11	6
15	Wine	178	13	3
16	Forest	523	27	4
17	Cancer	569	30	2
18	Ionosphere	351	34	2
19	Satimage	6435	36	6

为了进行不同的实验,应用 k-CV 划分每个数据集,其中每个数据集分为 k 个 块,$k-1$ 个块作为训练数据集,其余块作为测试数据集。因此,可以保证每个数 据在 k-CV 中都会被使用一次。在比较分析中,使用 5-CV 分析 KDT-MaSF 和

BKT-MaSF 在低维度和高维度数据情形中的差异。同时，在与现有方法比较时，使用与文献中一致的 4-CV 和 10-CV 划分数据集。此外，为了方便表述，下文中基于 BKT-MaSF 和 KDT-MaSF 的 EBRB 推理模型分别简称为 BKT-EBRB 推理模型和 KDT-EBRB 推理模型。

8.4.2　KDT-MaSF 与 BKT-MaSF 的比较分析

为了能够说明 KDT-EBRB 推理模型与 BKT-EBRB 推理模型的差异，我们从 UCI 数据库中选取 4 个具有不同属性数量的数据集，分别是 Banknote、Pageblocks、Forest 和 Satimage，其中 Banknote 和 Pageblocks 是具有少量属性或低维度的数据集；Forest 和 Satimage 是具有大量属性或高维度的数据集。表 8-4 显示了 EBRB 推理模型在 5-CV 情形下四个数据集的分类结果，包括以下指标。

表 8-4　不同数据集中 EBRB 推理模型的性能分析

数据集名称	属性数量	5-CV						
		建模时间/s	VRN	VRR/%	CRR/%	准确性/%	FDN	EDN
Banknote	4	5.20	1 505 906	100	99.99	96.65	0	46
Pageblocks	10	125.01	22 966 516	100	99.96	93.06	0	380
Forest	27	2.84	218 822	100	99.79	86.23	0	72
Satimage	36	554.21	33 127 356	100	98.92	89.37	0	684

（1）建模时间：完成建模总时间，其中 KDT-EBRB 推理模型与 BKT-EBRB 推理模型中还包括构建 KDT-MaSF 和 BKT-MaSF 的时间。

（2）遍历规则数量（visiting rule number，VRN）：模型在生成测试数据的预测结果时，需要遍历的规则总数。

（3）遍历规则率（visiting rule rate，VRR）：模型在生成测试数据的预测结果时，所需遍历规则数量占规则总数量的百分比。

（4）合成规则率（combining rule rate，CRR）：模型在生成测试数据的预测结果时，所需合成规则数量占规则总数量的百分比。

（5）准确性：模型生成结果的正确率。

（6）未激活规则的数据数量（failed data number，FDN）：无法通过模型激活任何规则的数据数量。

（7）分类错误的数据数量（error data number，EDN）：模型无法正确分类的数据数量。

对于上述 4 个数据集，当使用 EBRB 推理模型进行建模和分类时，由于 EBRB 推理模型中的规则处于无序状态，因此 EBRB 推理模型在确定激活规则时需要访问 EBRB 中所有的规则，即遍历规则率等于 100%。同时，由于部分规则可能未被激活，因此合成规则率小于 100%。

通过 KDT-MaSF 和 BKT-MaSF 构建方法，可以使用训练数据生成 KDT-EBRB 推理模型和 BKT-EBRB 推理模型。考虑到参数 p 可能是取值范围[0，1]中的任意值，本节通过对参数 p 进行灵敏度分析来比较分析 KDT-EBRB 推理模型和 BKT-EBRB 推理模型的性能。因此，区间范围[0, 0.2]内参数 p 的取值间隔为 0.01，在区间[0.2，1]内参数 p 的取值间隔为 0.1。图 8-4～图 8-13 给出了与建模时间、遍历规则数量、合成规则数量、未激活规则的数据数量和分类错误的数据数量相关的实验结果。

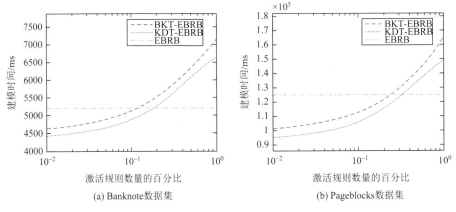

图 8-4　低维度数据情形中建模时间的比较

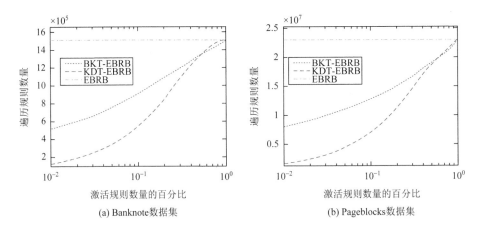

图 8-5　低维度数据情形中遍历规则数量的比较

对于低维度数据情形的分类问题，本节使用 Banknote 和 Pageblocks 数据集对比分析 KDT-EBRB 推理模型和 BKT-EBRB 推理模型的有效性，其中 Banknote 和 Pageblocks 数据集分别有 4 个属性和 10 个属性。图 8-4～图 8-6 显示了低维度数据情形中 KDT-EBRB 推理模型和 BKT-EBRB 推理模型的效率，图 8-7 和图 8-8 显示了 KDT-EBRB 推理模型和 BKT-EBRB 推理模型的准确性。

关于低维度数据情形中的效率比较，由图 8-4～图 8-6 可知，KDT-EBRB 推理模型比 BKT-EBRB 推理模型具有更高的效率，其中建模时间、遍历规则数量和合成规则数量均能够体现这一特点。同时，由图 8-4 可知，即使在 EBRB 推理模型的建模过程中考虑了构建 MaSF 所需的时间，本章所提出的 MaSF 仍然提高了 EBRB 推理模型的性能，即建模时间在激活规则数量百分比较小时能够短于 EBRB 推理模型的建模时间。

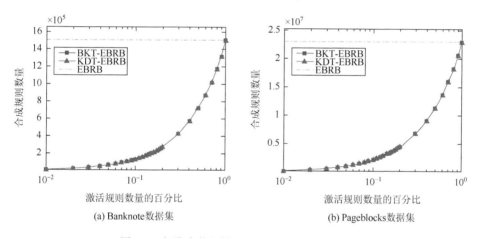

图 8-6　低维度数据情形中合成规则数量的比较

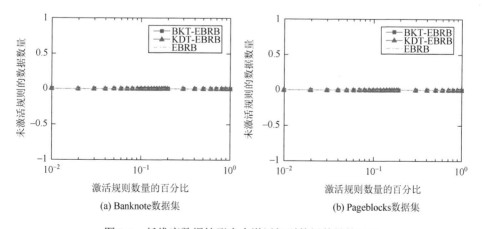

图 8-7　低维度数据情形中未激活规则数据数量的对比

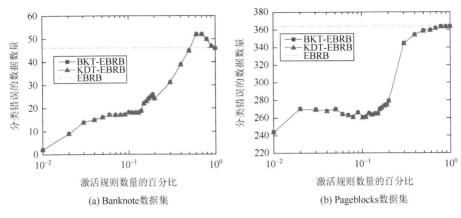

图 8-8　低维度数据情形中分类错误数据数量的对比

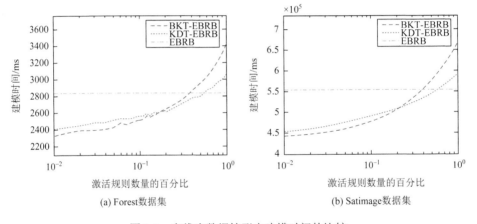

图 8-9　高维度数据情形中建模时间的比较

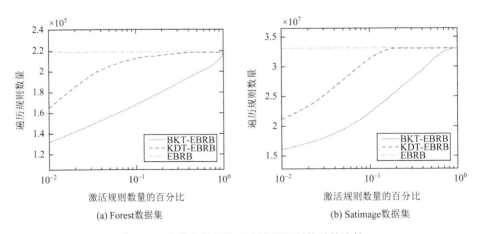

图 8-10　高维度数据情形中遍历规则数量的比较

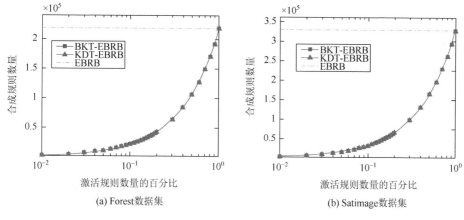

图 8-11　高维度数据情形中合成规则数量的比较

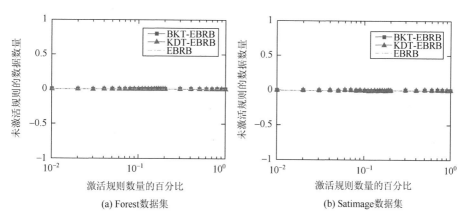

图 8-12　高维度数据情形中未激活规则数据数量的比较

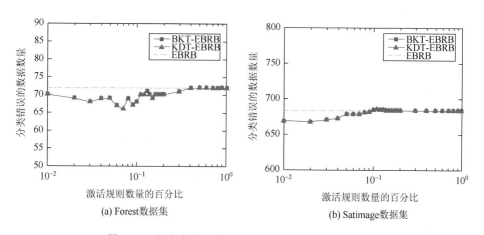

图 8-13　高维度数据情形中分类错误数据数量的比较

关于低维度数据情形中的准确性比较，由图 8-7 和图 8-8 可知，KDT-EBRB 推理模型和 BKT-EBRB 推理模型多数情况下都能比 EBRB 推理模型具有更高的准确性。这里需要注意的是，所提的规则检索方法能够有效避免推理模型中出现无激活规则的问题，这是因为规则检索方法能够有效利用 KNN 的思想检索相应的规则。

对于高维度数据情形的分类问题，本节使用 Forest 和 Satimage 数据集对比分析 KDT-EBRB 推理模型和 BKT-EBRB 推理模型的有效性，其中 Forest 和 Satimage 数据集分别有 27 个属性和 36 个属性。图 8-9～图 8-11 显示了高维度数据情形中 KDT-EBRB 推理模型和 BKT-EBRB 推理模型的效率，图 8-12 和图 8-13 显示了 KDT-EBRB 推理模型和 BKT-EBRB 推理模型的准确性。

关于高维度数据情形中的效率比较，由图 8-9～图 8-11 可知，BKT-EBRB 推理模型比 KDT-EBRB 推理模型具有更高的效率，其中建模时间、遍历规则数量和合成规则数量均能够体现这一特点。同时，由图 8-9 可知，即使在 EBRB 推理模型的建模过程中考虑了构建 MaSF 所需的时间，本章所提出的 MaSF 仍然提高了 EBRB 推理模型的性能，即 KDT-EBRB 推理模型和 BKT-EBRB 推理模型的建模时间均能够短于 EBRB 推理模型的建模时间。

关于高维度数据情形中的准确性比较，由图 8-12 和图 8-13 可知，KDT-EBRB 推理模型和 BKT-EBRB 推理模型都能比 EBRB 推理模型具有更高的准确性。同时，规则检索方法能够有效避免推理模型中出现无激活规则的问题。

为了验证前提属性数量对 KDT-EBRB 推理模型和 BKT-EBRB 推理模型的影响，本节对低维度分类数据集的前提属性数量进行了扩充。例如，Banknote 数据集中原有 4 个属性，可以通过复制属性实现 Banknote 数据集中有 8 个、12 个和 16 个属性，Banknote 和 Pageblocks 扩展数据集的实验结果如表 8-5 所示。

表 8-5 **Banknote 和 Pageblocks 扩展数据集的实验结果**

数据集名称	属性数量	5-CV						
		建模时间/s	VRN	VRR/%	CRR/%	准确性/%	FDN	EDN
Banknote 扩展数据集 1	8	7.504	1 505 906	100	99.99	98.54	0	20
Banknote 扩展数据集 2	12	10.298	1 505 906	100	99.99	98.83	0	16
Banknote 扩展数据集 3	16	12.245	1 505 906	100	99.99	99.13	0	12
Pageblocks 扩展数据集 1	20	219.58	22 966 516	100	99.96	95.54	0	244
Pageblocks 扩展数据集 2	30	316.08	22 966 516	100	99.96	96.31	0	202
Pageblocks 扩展数据集 3	40	411.36	22 966 516	100	99.96	96.57	0	188

　　基于 Banknote 和 Pageblocks 扩展数据集，可以得到 EBRB 推理模型、BKT-EBRB 推理模型和 KDT-EBRB 推理模型的建模时间、遍历规则数量和合成规则数量，如图 8-14～图 8-16 所示。由图 8-14～图 8-16 可知，KDT-EBRB 推理模型的优势随着前提属性数量的增加而降低。以 Banknote 扩展数据集为例，当数据集中有 4 个前提属性即 $a=4$ 时，KDT-EBRB 推理模型的遍历规则数量优于 BKT-EBRB 推理模型。当数据集有 16 个前提属性即 $a=16$ 时，BKT-EBRB 推理模型优于 KDT-EBRB 推理模型。

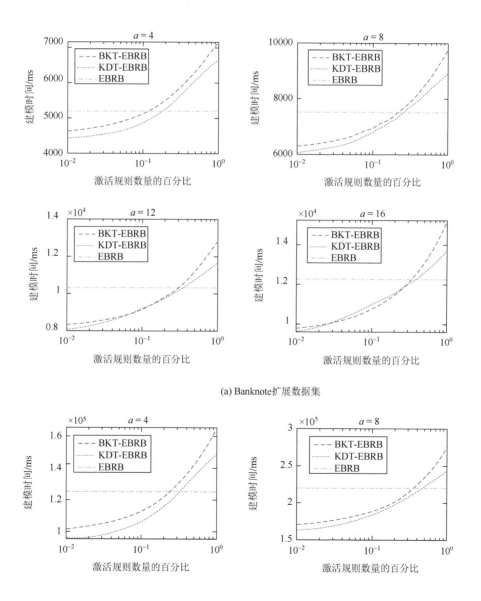

(a) Banknote扩展数据集

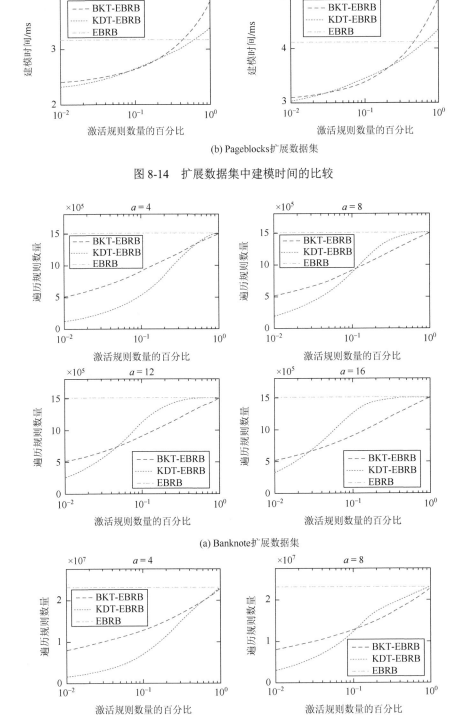

(b) Pageblocks扩展数据集

图 8-14 扩展数据集中建模时间的比较

(a) Banknote扩展数据集

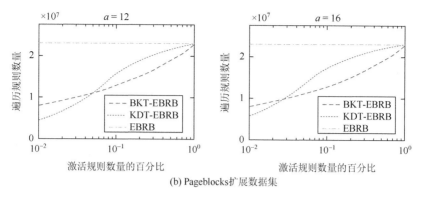

(b) Pageblocks扩展数据集

图 8-15　扩展数据集中遍历规则数量的比较

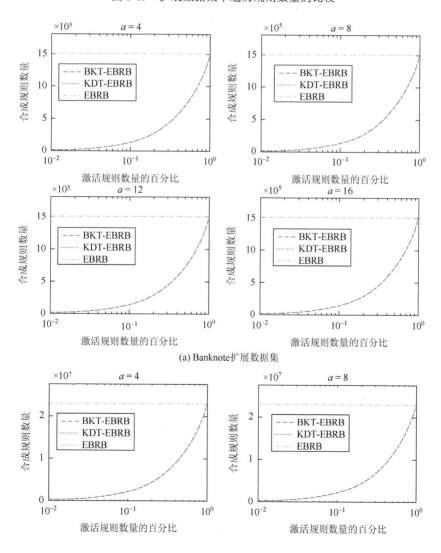

(a) Banknote扩展数据集

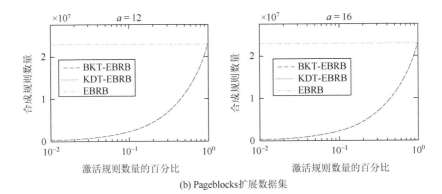

(b) Pageblocks扩展数据集

图8-16　扩展数据集中合成规则数量的比较

根据这些比较结果可以得出以下初步结论。

（1）由BKT-EBRB推理模型和KDT-EBRB推理模型在4个分类数据集的实验结果可知，基于MaSF的EBRB推理模型优于初始的EBRB推理模型。当百分比p位于区间[0，0.2]时，基于MaSF的EBRB推理模型比初始的EBRB推理模型具有更好的准确性和效率，但随着百分比p的增加，基于MaSF的EBRB推理模型的优势逐渐消失。由于构造MaSF需要额外的建模时间，当搜索所有规则作为激活规则时，基于MaSF的EBRB推理模型的效率低于初始的EBRB推理模型。

（2）基于KDT的MaSF适用于低维度数据情形的决策问题。在Banknote和Pageblocks分类数据集中，KDT-EBRB推理模型的效率高于BKT-EBRB推理模型。同时，当分类数据集中的属性数量越多时，KDT-EBRB推理模型的性能越差，这意味着属性数量会影响KDT-EBRB推理模型的性能。

（3）基于BKT的MaSF适用于高维度数据情形的决策问题。在Forest和Satimage数据集以及Banknote和Pageblocks扩展数据集中，BKT-EBRB推理模型的效率高于KDT-EBRB推理模型。同时，KDT-EBRB推理模型的准确性几乎等于BKT-EBRB推理模型。

8.4.3　与现有研究方法的比较分析

本节从UCI机器学习数据库中收集了19个分类数据集，并以此比较本章所构建的EBRB推理模型与文献[2]、[8]和[9]中的分类算法的性能，进而说明本章所提建模方法的有效性和合理性。

第一个实验旨在比较基于MaSF的EBRB推理模型和基于DRA的EBRB推理模型[9]。为了方便叙述，将这两者简称为MaSF-EBRB推理模型和DRA-EBRB推理模型。由文献[2]可知，DRA-EBRB推理模型是一种提高准确性的EBRB推理模型。图 8-17 显示了 EBRB 推理模型、DRA-EBRB 推理模型和 MaSF-EBRB 推理模型的框架图。由图 8-17 可知，DRA-EBRB 推理模型和 MaSF-EBRB 推理模型在进行基于 EBRB 的规则推理之前都有一个验证最优激活规则集合的额外步骤，但 MaSF-EBRB 推理模型在检索激活规则时是通过 MaSF 访问 EBRB 的。

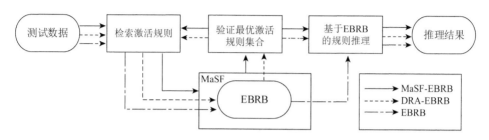

图 8-17　三类 EBRB 推理模型的比较分析

　　为了对分类数据集的维度进行区分，将文献[9]中的 15 个分类数据集分为两组：第一组由少于等于 10 个属性的分类数据集组成；另一组则由多于 10 个属性的分类数据集组成。使用 10-CV 对每个分类数据集执行 10 次测试，相应的平均结果如表 8-6 和表 8-7 所示。需要注意的是，使用遍历规则率而不是时间对比分析不同的 EBRB 推理模型。由于 DRA-EBRB 推理模型和 MaSF-EBRB 推理模型都需要遍历 EBRB 中的规则，因此这些推理模型的运行时间可以通过遍历规则率进行对比分析。此外，模型的运行时间容易受实验设备和编程语言的影响，因此遍历规则率比时间能够更准确地比较不同 EBRB 推理模型的效率。

表 8-6　与 DRA 方法在低维度数据情形中的比较

数据集名称	属性数量	指标类型	DRA-EBRB[9]		EBRB	MaSF-EBRB	
			WA	ER		BKT-EBRB	KDT-EBRB
Banknote	4	准确性/%	99.70（1）	99.70（1）	96.74（5）	99.58（3）	99.58（3）
		遍历规则率/%	100	100	100	22.81±2.00	8.23±0.05
Transfusion	4	准确性/%	76.55（4）	76.57（3）	76.14（5）	78.65（1）	78.65（1）
		遍历规则率/%	100	100	100	17.47±1.16	14.14±0.24
Iris	4	准确性/%	95.63（1）	95.50（2）	95.33（3）	95.20（5）	95.20（5）
		遍历规则率/%	100	100	100	16.96±1.38	19.70±0.22
Mammographic	5	准确性/%	78.67（4）	78.39（5）	79.70（3）	80.61（1）	80.61（1）
		遍历规则率/%	100	100	100	16.75±2.42	18.42±0.33

续表

数据集名称	属性数量	指标类型	DRA-EBRB[9]		EBRB	MaSF-EBRB	
			WA	ER		BKT-EBRB	KDT-EBRB
Thyroid	5	准确性/%	97.18（2）	97.19（1）	81.35（5）	93.02（3）	92.70（4）
		遍历规则率/%	100	100	100	35.70±2.40	27.33±0.36
Knowledge	5	准确性/%	80.67（4）	80.71（3）	80.47（5）	87.59（1）	87.59（1）
		遍历规则率/%	100	100	100	56.72±2.82	31.65±0.37
Vertebral	6	准确性/%	83.66（2）	84.29（1）	72.94（5）	76.39（3）	76.39（3）
		遍历规则率/%	100	100	100	40.14±5.41	31.45±0.40
Seeds	7	准确性/%	92.14（3）	92.02（4）	91.33（5）	93.33（2）	93.71（1）
		遍历规则率/%	100	100	100	37.73±2.70	30.39±0.27
Ecoli	7	准确性/%	83.75（4）	83.76（3）	81.16（5）	86.93（1）	86.93（1）
		遍历规则率/%	100	100	100	42.01±6.13	34.01±0.42
Diabetes	8	准确性/%	71.34（5）	71.44（4）	72.88（3）	75.04（1）	75.04（1）
		遍历规则率/%	100	100	100	64.43±6.38	63.29±0.18
Yeast	8	准确性/%	54.15（3）	54.13（4）	45.61（5）	59.77（1）	59.77（1）
		遍历规则率/%	100	100	100	57.94±3.36	46.85±0.24
Glass	9	准确性%	70.26（1）	69.65（4）	67.85（5）	70.19（2）	69.86（3）
		遍历规则率/%	100	100	100	35.70±3.39	39.05±0.37
平均排名			2.83（3）	2.92（4）	4.50（5）	2.00（1）	2.08（2）

注：括号中的值表示排名。

表 8-7　与 DRA 方法在高维度数据情形中的比较

数据集名称	属性数量	指标类型	DRA-EBRB		EBRB	MaSF-EBRB	
			WA	ER		BKT	KDT
Wine（Red）	11	准确性/%	67.38（1）	67.28（2）	62.30（5）	66.30（3）	66.30（3）
		遍历规则率/%	100	100	100	58.38±1.57	63.03±0.16
Wine	13	准确性/%	96.40（3）	96.46（2）	96.24（5）	96.40（3）	96.52（1）
		遍历规则率/%	100	100	100	72.39±10.83	80.48±0.49
Cancer	30	准确性/%	94.52（5）	94.61（4）	96.52（3）	96.63（1）	96.63（1）
		遍历规则率/%	100	100	100	65.85±8.67	89.31±0.14
平均排名			3.00（4）	2.66（3）	4.33（5）	2.33（2）	1.67（1）

注：括号中的值表示排名。

由表 8-6 可知, 当仅使用 EBRB 推理模型进行数据分类时, 在 Seeds、Ecoli 和 Glass 等具有4～9个属性的数据集上具有相对较差的平均准确性。尽管文献[9] 中的 DRA 方法可以提高 EBRB 推理模型的准确性, 但 MaSF-EBRB 推理模型能 够表现出更好的准确性。由于 MaSF 的特点, MaSF-EBRB 推理模型的遍历规则率 小于其他的 EBRB 推理模型, 这也表明 DRA-EBRB 推理模型的推理时间大于 MaSF-EBRB 推理模型。同时, 表 8-6 还显示出 KDT-EBRB 推理模型在遍历规则 率上优于 BKT-EBRB 推理模型。

由表 8-7 可知, 在具有 10 个以上属性的分类数据集中, MaSF-EBRB 推理模 型的平均准确性优于 DRA-EBRB 推理模型, 其中初始的 EBRB 推理模型具有相 对较差的准确性。对于不同推理模型的遍历规则率, 当属性数增加时, KDT-EBRB 推理模型的效率仍高于 BKT-EBRB 推理模型。

第二个实验根据文献[8]和[9]中的 6 个常见分类数据集对比了 MaSF-EBRB 推理 模型与常见分类器的性能。为了保证方法比较具有相同的环境, MaSF-EBRB 推理 模型是依据文献[8]和[9]中的环境进行建模和测试的, 包括重新排列原始分类数据 集和运行 10 次 4-CV (75%的数据用于训练数据集, 其余 25%用于测试数据集)。 表 8-8 和表 8-9 给出了相应的实验结果, 其中表 8-8 中的对比方法包括: 朴素贝叶 斯、C4.5、序列最小优化 (sequential minimal optimization, SMO) 和模糊增益度量 (fuzzy gain measure, FGM) 的比较; 而表 8-9 中的对比方法包括线性判别分析 (linear discriminant analysis, LDA)、SVM、拉普拉斯支持向量机 (Laplacian support vector machine, LapSVM)、拉普拉斯正则化最小二乘 (Laplacian regularized least squares, LapRLS)、判别正则化最小二乘分类 (discriminatively regularized least-squares classification, DRLSC) 和半监督判别正则化 (semi-supervised discriminative regularization, SSDR), 这些方法分别使用线性核 (linear kernel, LK) 和径向基函 数核 (radial basis function kernel, RBFK) 计算输入空间中样本之间的相似性, 表 中结果为: 平均值±标准差。从平均排名来看, EBRB 推理模型的准确性劣于传统 方法或传统改进方法。例如, 在 14 种方法中, EBRB 推理模型的平均排名为 12。 另外, 当使用 BKT-MaSF 优化 EBRB 推理模型时, MaSF-EBRB 推理模型的平均排 名为 4, 表明 MaSF 可以提高 EBRB 推理模型的准确性。

表 8-8 与文献[8]中传统方法的比较

方法	Iris (4 个属性)	Glass (9 个属性)	Wine (13 个属性)	Cancer (30 个属性)	平均排名
BKT-EBRB	95.67±0.68 (5)	70.09±1.00 (1)	96.63±0.71 (4)	96.70±0.31 (3)	3.25 (3)
KDT-EBRB	95.73±0.68 (4)	69.72±1.40 (2)	96.52±0.79 (5)	96.70±0.31 (3)	3.50 (4)
EBRB	95.13±0.31 (6)	67.90±1.18 (4)	96.46±0.56 (6)	96.38±0.39 (5)	5.25 (6)

续表

方法	Iris （4 个属性）	Glass （9 个属性）	Wine （13 个属性）	Cancer （30 个属性）	平均排名
朴素贝叶斯	96.00±0.30（3）	42.90±1.70（7）	96.75±2.32（3）	95.90±0.20（6）	4.75（5）
C4.5	95.13±0.20（6）	67.90±0.50（4）	91.14±5.12（7）	94.71±0.09（7）	6.00（7）
SMO	96.69±2.58（2）	58.85±6.58（6）	97.87±2.11（2）	97.51±0.97（2）	3.00（2）
FGM	96.88±2.40（1）	69.14±4.69（3）	98.36±1.26（1）	98.14±0.90（1）	1.50（1）

注：括号中的值表示排名。

表 8-9　与文献[9]中传统改进方法的比较

方法	Thyroid （5 属性）	Glass （9 个属性）	Wine （13 个属性）	Ionosphere （34 个属性）	平均排名
BKT-EBRB	92.84±0.84（9）	70.09±1.00（3）	96.63±0.71（4）	86.47±0.60（8）	6.00（4）
KDT-EBRB	92.79±0.67（10）	69.72±1.40（4）	96.52±0.79（5）	86.47±0.60（8）	6.75（6）
EBRB	81.72±0.42（14）	67.90±1.18（8）	96.46±0.56（7）	85.87±0.60（11）	10.00（12）
SVM（LK）	96.19±1.57（5）	61.21±3.08（10）	96.40±1.21（8）	87.44±1.38（6）	7.25（9）
LDA（LK）	88.33±2.48（11）	52.90±3.47（14）	71.24±3.72（14）	71.76±5.53（14）	13.25（14）
LapSVM（LK）	96.11±2.30（6）	63.08±4.32（9）	96.85±1.48（3）	84.59±2.24（12）	7.50（10）
LapRLS（LK）	85.56±2.48（12）	58.88±3.33（12）	96.52±0.98（5）	81.95±2.65（13）	10.50（13）
DRLSC（LK）	85.19±2.76（13）	58.04±3.90（13）	97.75±0.75（2）	85.91±1.28（10）	9.50（11）
SSDR（LK）	93.70±2.68（8）	58.97±3.78（11）	98.09±1.19（1）	87.50±1.72（5）	6.25（5）
SVM（RBFK）	96.39±1.66（3）	68.79±3.85（6）	85.17±2.89（13）	93.30±1.91（1）	5.75（3）
LapSVM（RBFK）	94.81±2.00（7）	68.41±5.06（7）	88.76±2.54（11）	88.69±2.33（3）	7.00（7）
LapRLS（RBFK）	96.48±2.08（2）	71.50±3.00（2）	93.60±1.50（10）	88.68±1.96（4）	4.50（2）
DRLSC（RBFK）	96.30±1.38（4）	69.07±3.00（5）	87.42±4.13（12）	87.22±3.21（7）	7.00（7）
SSDR（RBFK）	96.67±1.86（1）	71.96±1.39（1）	94.27±1.45（9）	88.75±1.65（2）	3.25（1）

注：括号中的值表示排名。

根据比较结果，可以得出以下初步结论。

（1）MaSF 容易受属性数量的影响。对于属性数量较少的分类数据集，KDT-EBRB 推理模型的遍历规则数量小于 BKT-EBRB 推理模型。另外，随着属性数量的增加，KDT-EBRB 推理模型的性能不如 BKT-EBRB 推理模型。需要注意的是，MaSF-EBRB 推理模型的准确性和遍历规则率都优于初始的 EBRB 推理模型。

（2）评估最优激活规则集合是有用的。如表 8-7 和表 8-8 所示，MaSF-EBRB 推理模型的平均准确性高于 DRA-EBRB 推理模型和初始的 EBRB 推理模型，这是由于前者根据激活规则集合考虑了每个类别的支持度。最优激活规则集合的评估保证了能够自动确定关键参数最优值。

（3）本章成果提高了 EBRB 推理模型的精度。与现有的一些方法相比，EBRB 推理模型的准确性相对最差。而 MaSF 通过降低遍历规则率提高分类准确性，从而提高了 EBRB 推理模型的性能，这直接证明了 MaSF 的有效性。同时，由于 MaSF 是一个通用的优化框架，因此在其他基于规则的推理模型中也可以使用 MaSF 优化其规则库来提高准确性。

8.5　本　章　小　结

本章提出了一种面向任意维度数据情形的 MaSF，以提高基于规则的推理模型的性能。在面向 EBRB 构造 MaSF 时，本章还提出了规则检索和优化方法，实现无须遍历整个 EBRB 检索最优激活规则集合。在低维度和高维度数据情形的实验分析中，本章证明了 MaSF 能够有效优化 EBRB 推理模型的性能。另外，本章的主要结论总结如下。

（1）本章基于 KDT 和 BKT 构造了两种 MaSF。根据 KNN 搜索，分别在 KDT-MaSF 和 BKT-MaSF 中进行了一系列实验对比和分析，证明前者适用于低维度数据情形的决策问题，后者适用于高维度数据情形的决策问题。

（2）MaSF 适用于不同决策问题，且 MaSF-EBRB 推理模型的效率优于初始 EBRB 推理模型和 DRA-EBRB 推理模型。需要注意的是，尽管最优激活规则集合的检索过程是有效的，但 MaSF-EBRB 推理模型的建模过程需要额外的时间，尤其是当规则数量较大或决策过程频率增加时。

（3）在各种分类数据集的实验对比中，MaSF-EBRB 推理模型的准确性高于 DRA-EBRB 推理模型，初始的 EBRB 推理模型具有相对最差的准确性。另外，与传统分类方法相比，MaSF 可以提高 EBRB 推理模型的准确性。

参 考 文 献

[1]　余瑞银, 杨隆浩, 傅仰耿. 数据驱动的置信规则库构建与推理方法[J]. 计算机应用, 2014, 34 (8) : 2155-2160, 2169.

[2]　Calzada A, Liu J, Wang H, et al. A new dynamic rule activation method for extended belief rule-based systems[J]. IEEE Transactions on Knowledge and Data Engineering, 2015, 27 (4) : 880-894.

[3]　Bentley J L. Multidimensional binary search trees used for associative searching[J]. Communications of the ACM, 1975, 18 (9) : 509-517.

[4]　Burkhard W A, Keller R M. Some approaches to best-match file searching[J]. Communications of the ACM, 1973, 16 (4) : 230-236.

[5]　Goodman J E, Rourke J O, Indyk P. Nearest Neighbors in High-Dimensional Spaces[M]//Handbook of Discrete and Computational Geometry. London: Chaman and Hall Press, 2004.

[6]　Altman N S. An introduction to kernel and nearest-neighbor nonparametric regression[J]. American Statistician,

1992, 46 (3) : 175-185.

[7]   Kurepa S. On the Buniakowsky-Cauchy-Schwarz inequality[J]. Glasnik Matematicki, 1966, 27 (2) : 147-158.

[8]   Fallahnezhad M, Moradi M H, Zaferanlouei S. A hybrid higher order neural classifier for handling classification problems[J]. Expert Systems with Applications, 2011, 38 (1) : 386-393.

[9]   Wu F, Wang W H, Yang Y, et al. Classification by semi-supervised discriminative regularization[J]. Neurocomputing, 2010, 73 (10/11/12) : 1641-1651.

第9章　基于区域划分的扩展置信规则库建模方法

9.1　概　　述

面向大规模数据情形的推理模型通常需要有较低的时间复杂度，从而保证推理模型能够在可接受的时间内完成建模和决策的过程。从第1章中关于BRB推理模型的介绍可知，CBRB推理模型和DBRB推理模型在建模过程中对优化模型的依赖性较大，导致这两类BRB推理模型无法适用于大规模的数据情形中。EBRB推理模型因建模过程中不存在规则数量的"组合爆炸"问题和无须通过优化模型同样能够具有理想的准确性，因此EBRB推理模型在大规模任意维度的数据情形中具有更好的适用性。在第8章中，虽然本书通过构建EBRB推理模型的多属性索引框架降低了规则推理过程中的时间复杂度，但为了确保EBRB推理模型能够更好地应用于大规模数据情形中的决策问题，还需关注和解决以下两个问题。

（1）进一步降低EBRB推理模型的时间复杂度，以确保在大规模数据情形中具有高计算效率。对此，本章拟优化EBRB推理模型的各个流程，以降低时间复杂度，这些流程主要包括：规则权重计算、规则合成和规则约简。具体思路为：首先，对规则权重的计算公式求偏导和极值，以证明在大规模数据情形的EBRB建模过程中，无须通过现有的规则权重计算公式即可直接将规则权重赋值为1；其次，在分类问题的背景下，对规则合成过程中的ER方法进行化简，以推导出面向分类问题的证据推理（evidential reasoning for classification，ERC）方法；最后，为了确保在大规模数据情形中EBRB不会具有过多的规则，通过区域划分的方式实现EBRB的规则约简。由于经规则约简后的EBRB类似于微型EBRB推理模型，因此称所构建的EBRB推理模型为Micro-EBRB推理模型。

（2）为了进一步提高计算效率，需采用集群计算实现Micro-EBRB推理模型的并行计算。Chi等[1]提出的模糊规则库的分类系统（fuzzy rule base classification system，FRBCS）作为规则库推理模型的代表，其在集群计算平台上被广泛用于处理大数据问题。考虑到FRBCS与EBRB推理模型的相似性，同样可以将Micro-EBRB推理模型通过集群计算平台用于处理大数据问题。为此，本章拟引入当前为人所熟知的Apache Spark[2]集群计算平台，实现Micro-EBRB推理模型的并行规则生成、规则约简和规则合成，以提高大数据情况下Micro-EBRB推理模型的计算效率，其中 Apache Spark 是一个开源框架，支持在分布式计算环境中处理大型数据集，以及支持 Scala、Java 和 Python 等编程语言。

9.2　背景介绍与问题描述

本节首先回顾 FRBCS 在大数据问题上的相关工作，以便与 Micro-EBRB 推理模型进行比较。然后，讨论传统 EBRB 推理模型的时间复杂度，以阐明本章研究的必要性。

9.2.1　大数据问题中的 Chi-FRBCS

FRBCS 是规则库推理模型中的常用方法，至今已具有众多的版本，如 Chi-FRBCS[1]、模糊环境下的结构学习算法（structural learning algorithm on vague environment，SLAVE）[3]、基于模糊混合遗传的机器学习（fuzzy hybrid generic-based machine learning，FH-GBML）算法[4]、模糊无序规则归纳算法（fuzzy unordered rule induction algorithm，FURIA）[5]和基于模糊关联规则的高维问题分类（fuzzy association rule-based classification for high-dimensional problems，FARC-HD）方法[6]。然而，考虑到常规 FRBCS 在大数据问题中的局限性，许多研究人员认为 Chi-FRBCS 更适合处理大数据问题[7, 8]。

近年来，国内外学者提出了多种基于 Chi-FRBCS 的大数据分类器，并利用 Apache Hadoop 部署了分布式系统。例如，López 等[7]提出了第一个能够处理大数据和不平衡数据集的 FRBCS，称为 Chi-FRBCS-BigDataCS，其不仅利用 Apache Hadoop 来并行化 Chi-FRBCS 的计算过程，还使用成本敏感型学习技术处理不平衡的大数据。随后，Del Rio 等[8]基于 Chi-FRBCS 和 Apache Hadoop 开发了更通用的大数据分类器，称为 Chi-FRBCS-BigData，包括两个版本：Chi-FRBCS-BigData-Max 和 Chi-FRBCS-BigData-Ave。两者都显示出了处理大数据问题的能力，并提供了有竞争力的结果和合理的计算效率。Fernández 等[9]研究了大数据分类问题中 Chi-FRBCS 的粒度与数据分散之间的关系，并利用 Chi-FRBCS-BigData 完成了分析。后来，Fernández 等[10]进行了许多关于使用 Chi-FRBCS-BigData 的实验研究，以分析在学习阶段中缺乏数据时的建模性能以及对分类阶段的性能影响。Elkano 等[11]提出了 Chi-FRBCS-BigDataCS 的全局版本，以解决以前的大数据分类器的问题，即当更多计算节点添加到集群中时，其准确性会降低。

上述文献综述显示了 Chi-FRBCS 在大数据分类问题中的许多潜在应用。然而，这些研究主要关注二分类问题。虽然一对一（one-versus-one，OVO）和一对全部（one-versus-all，OVA）分解策略[12]可用于将多类分类问题分解为多个二分类问题，但不可避免地会导致时间复杂度的增加。考虑到 EBRB 中的前提属性和结果属性都具有置信分布，EBRB 推理模型具有比 Chi-FRBCS 更好的有效规则表示方案，本章旨在将 EBRB 推理模型应用于大数据问题中，并取得比 Chi-FRBCS 更优的准确性和计算效率。

9.2.2　大数据问题中的 EBRB 推理模型

由于计算效率在大数据问题中的重要性，本节将重点分析 EBRB 推理模型的规则生成和规则推理的时间复杂性。为了便于讨论，下面分别给出了 EBRB 推理模型中规则生成过程和规则推理过程的伪代码。

伪代码 9-1：EBRB 推理模型的规则生成过程
输入：$\{x_1, \cdots, x_T\}$ 表示 T 个训练数据；$\{A_{i,j}; i = 1, 2, \cdots, M; j = 1, 2, \cdots, J_i\}$ 表示前提属性的评价等级；$\{D_n; n = 1, 2, \cdots, N\}$ 表示结果属性的评价等级。
输出：EBRB 表示扩展置信规则的集合。

01	Initialize EBRB = {};
02	For each training data x_t in $\{x_1, \cdots, x_T\}$
03	For each input data $x_{t,l}$ in $x_t = \{x_{t,1}, \cdots, x_{t,M}\}$
04	Generate $S(x_{t,i}) = \{(A_{i,j}, \alpha_{t,i}^j); j = 1, 2, \cdots, J_i\}$
05	End for
06	Generate $S(y_t) = \{(D_n, \beta_n^t); n = 1, 2, \cdots, N\}$
07	Update EBRB = EBRB $\cup <S(x_{t,1}), \cdots, S(x_{t,M}), S(y_t)>$;
08	End for
09	For each extended belief rule R_k in EBRB
10	Calculate SRA(l, k)($l = 1, 2, \cdots, T; l \neq k$)
11	Calculate SRC(l, k)($l = 1, 2, \cdots, T; l \neq k$)
12	Calculate Incons（R_k）
13	Calculate θ_k
14	End for

从伪代码 9-1 可以看出，第 1～8 行中所示的生成置信分布的时间复杂度为 $O(T \times (\Sigma_{i=1,2,\cdots,M} J_i + N))$，计算第 9～14 行中显示的规则权重的时间复杂度为 $O(T^2 \times (\Sigma_{i=1,2,\cdots,M} J_i + N))$，其中 T 是数据数量，M 是前提属性的数量，J_i 是第 i 个前提属性中候选等级的数量，N 是结果属性评价等级的数量。显然，对于 EBRB 推理模型的规则生成过程，规则权重的计算需要最长的计算时间，并且当有大量数据时，可能会导致不可接受的计算时间。例如，Poker 数据集有 1 025 010 个样本（即 $T = 1\,025\,010$）、10 个属性（即 $M = 10$）和 10 个类（即 $N = 10$）。假设每个前提属性的候选等级数量为 3（即 $J_i = 3$；$i = 1, 2, \cdots, M$），并且每个操作的计算时间为 10^{-6}s，则生成规则权重的总计算时间为 11673.8h。

伪代码 9-2： EBRB 推理模型的规则推理过程

输入： $\{x_1, \cdots, x_S\}$ 表示 S 个测试数据；$\{R_1, \cdots, R_L\}$ 表示扩展置信规则的集合。

输出： $f(x)$ 表示 EBRB 推理模型的输出结果。

> For each testing data x_t in $\{x_1, \cdots, x_S\}$
> 　For each input data $x_{t,i}$ in $x_t = \{x_{t,1}, \cdots, x_{t,M}\}$
> 　　Calculate $S(x_{t,i}) = \{(A_{i,j}, \alpha_{i,j}); \ j = 1, 2, \cdots, J_i\}$
> 　End for
> 　For each extended belief rule R_k in $\{R_1, \cdots, R_L\}$
> 　For each antecedent attribute U_i in $\{U_1, \cdots, U_M\}$
> 　　　Calculate $S^k (x_{t,i}, U_i)$
> 　　End for
> 　Calculate w_k
> 　End for
> 　Calculate $\beta_n (n = 1, 2, \cdots, N)$
> 　Estimate $f(x)$
> End for

从伪代码 9-2 可以看出，规则推理的时间复杂度为 $O(S \times L \times (\Sigma_{i=1,2,\cdots,M} J_i + N))$，其中 S 是测试数据的数量，L 是 EBRB 中扩展置信规则的数量。考虑到一个扩展置信规则直接从一个样本数据转换而来，因此 $T = L$。因此，规则推理的时间复杂度可以表示为 $O(S \times T \times (\Sigma_{i=1,2,\cdots,M} J_i + N))$。显然，当规则生成方案中涉及大量的样本数据时，计算时间可能是不可接受的。例如，当使用 10 折交义验证测试 Poker 数据集时，训练数据和测试数据的数量分别为 922 509 和 102 501，由此可以推算规则推理的计算时间大约为 1050.6h。

上述讨论清楚地表明，虽然 EBRB 推理模型在建模过程中不涉及任何的优化模型，但当应用 EBRB 推理模型解决具有大规模数据的问题时，规则权重计算和规则推理过程都是十分耗时的过程，有待进一步降低其时间复杂度。

9.3　基于区域分割的 EBRB 构建方法

为了将 EBRB 推理模型应用到大规模数据情形中，本节首先分析 EBRB 的规则权重计算公式，提出针对大规模数据情形的规则权重赋值策略；其次，针对分类问题，提出精简的 ERC 算法；最后，再提出基于区域分割的扩展置信规则生成方法，降低 EBRB 推理模型的时间复杂度，从而最终得到 Micro-EBRB 推理模型。

9.3.1　大规模数据情形下规则权重的赋值策略

本节将通过优化规则权重的计算步骤，降低 EBRB 建模方法的时间复杂度。为此，给出如下的定理。

定理 9-1（大规模数据下规则权重的赋值策略）　对于扩展置信规则的规则权重，当有大规模数据用于构建扩展置信规则时，每条扩展置信规则的规则权重近似于 1。

证明：假设有 L 条扩展置信规则，根据规则权重的计算公式，可以推导如下关于第 $k(k=1,2,\cdots,L)$ 条扩展置信规则的一阶偏导数，即

$$\frac{\partial \theta_k}{\partial \mathrm{ID}(R_k)} = -\frac{\sum\limits_{l=1}^{L}\mathrm{ID}(R_l) - \mathrm{ID}(R_k)}{\left(\mathrm{ID}(R_k) + \sum\limits_{l=1,l\neq k}^{L}\mathrm{ID}(R_l)\right)^2} = -\frac{\sum\limits_{l=1,l\neq k}^{L}\mathrm{ID}(R_l)}{\left(\mathrm{ID}(R_k) + \sum\limits_{l=1,l\neq k}^{L}\mathrm{ID}(R_l)\right)^2} < 0$$

(9-1)

由式（9-1）可知，因为偏导数小于 0，所以扩展置信规则 R_k 的规则权重会随着不一致度 $\mathrm{ID}(R_k)$ 的递增而逐渐减小。换言之，当 $\mathrm{ID}(R_k)$ 的取值为 1 时，扩展置信规则 R_k 的规则权重最小。

与此同时，当 EBRB 中的规则数量增加时，每条规则的不一致度也会随之增加。因此，当规则数量 L 为无限大时，每条规则的不一致度将近似于 1。以计算第 k 条扩展置信规则的规则权重为例，有如下的推导过程：

$$\theta_k = \lim_{L\to+\infty}\left(1 - \frac{\mathrm{ID}(R_k)}{\sum\limits_{l=1}^{L}\mathrm{ID}(R_l)}\right) = 1 - \lim_{L\to+\infty}\frac{1}{L} = 1 \qquad (9\text{-}2)$$

由式（9-2）可知，当有大规模数据用于构建扩展置信规则时，每条扩展置信规则的规则权重将近似于 1。证毕。

为了通过具体的算例说明定理 9-1，假设 EBRB 中有 L 条扩展置信规则，以及每条扩展置信规则 $R_k(k=1,2,\cdots,L)$ 的不一致度为 $\mathrm{ID}(R_k)$。首先，从 L 条扩展置信规则中选出两条不同的扩展置信规则 R_k 和 R_i。依据规则权重的计算公式，规则权重与不一致度间的关系可以表示成如图 9-1 所示。

从图 9-1 可以看出，当第 i 条规则 R_i 的不一致度固定时，第 k 条规则 R_k 的规则权重将随着不一致度的递减而逐渐增加。同时，当不一致度为 1 时，第 k 条扩展置信规则具有最小的规则权重。

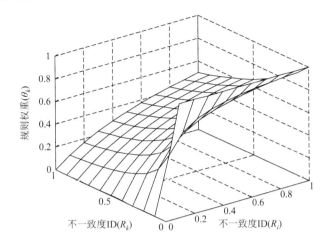

图 9-1　扩展置信规则的不一致度与规则权重间的关系

接着，假设 EBRB 中第 k 条规则的不一致度为 1，其余规则的不一致度由随机方式生成，则第 k 条规则的规则权重随规则数量增加而变化的情形如图 9-2 所示，其中图 9-2 中包含了 20 次重复对不同规则的规则权重进行随机赋值的结果。

从图 9-2 可以看出，尽管将第 k 条规则的不一致度设定为 1，以保证该条规则具有最小的规则权重，但是随着规则数量的不断增加，第 k 条规则的规则权重将无限接近于 1。由此可知，对于大规模的数据情形，EBRB 中每条规则的规则权重不必经过计算，而可以直接赋值为 1。

由定理 9-1 以及图 9-1 和图 9-2 可知，面向大规模数据情形时，在 EBRB 推

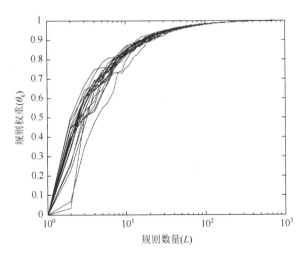

图 9-2　扩展置信规则的规则权重与规则数量之间的关系

图中线条为 20 次重复实验相应的结果

理模型的建模过程中无须通过原始公式计算规则权重，而可以直接将规则权重赋值为 1。由此，可以将 EBRB 推理模型的建模时间复杂度由 $O\left(T^2 \cdot \left(\sum_{i=1}^{M} J_i + N\right)\right)$ 精简到 $O\left(T \cdot \left(\sum_{i=1}^{M} J_i + N\right)\right)$。

9.3.2　EBRB 推理模型中面向分类问题的 ERC 算法

本节以分类问题为背景，将通过简化规则合成中的 ER 方法降低 EBRB 推理模型中规则推理的时间复杂度。为此，给出如下的定理。

定理 9-2（分类问题中的 ERC 算法）　对于分类问题，EBRB 推理模型使用如下的 ERC 算法能够获得与原始的 ER 算法等同的结果：

$$\beta_n^{\mathrm{ERC}} = \prod_{k=1}^{L}\left(w_k \beta_{n,k} + 1 - w_k \sum_{i=1}^{N} \beta_{i,k}\right) \tag{9-3}$$

证明：假设分类问题中有 N 个类别且第 $n(n = 1, 2, \cdots, N)$ 个类别表示为 D_n。对于输入数据 x，由 EBRB 推理模型推理所得的类别为 D_n，根据 EBRB 推理模型在分类问题中的结果表示，可得如下的不等式：

$$\beta_n > \beta_t, \quad t = 1, 2, \cdots, N; t \neq n \tag{9-4}$$

为了简化 EBRB 推理模型中规则合成所用的 ER 算法，假设以下两个变量：

$$\chi^1 = \prod_{k=1}^{L}\left(1 - w_k \sum_{i=1}^{N} \beta_{i,k}\right) \tag{9-5}$$

$$\chi^2 = \prod_{k=1}^{L}(1 - w_k) \tag{9-6}$$

因此，ER 算法可以进行如下的精简：

$$\beta_n = \frac{\beta_n^{\mathrm{ERC}} - \chi^1}{\sum_{i=1}^{N} \beta_i^{\mathrm{ERC}} - (N-1)\chi^1 - \chi^2} > \frac{\beta_t^{\mathrm{ERC}} - \chi^1}{\sum_{i=1}^{N} \beta_i^{\mathrm{ERC}} - (N-1)\chi^1 - \chi^2}$$

$$= \beta_t, t = 1, 2, \cdots, N; t \neq n \tag{9-7}$$

$$\Leftrightarrow \quad \beta_n^{\mathrm{ERC}} > \beta_t^{\mathrm{ERC}}, t = 1, 2, \cdots, N; t \neq n$$

根据上述推导过程可知，对于分类问题，EBRB 推理模型使用 ERC 算法能够得到与 ER 算法等同的结果。证毕。

为了通过具体的算例说明定理 9-2，假设 EBRB 中有两条扩展置信规则以及在结果属性上的置信分布如下：

$$R_k : \{(D_n, \beta_{n,k}); n = 1, 2\} \text{ 且 } \sum_{n=1}^{2} \beta_{n,k} = 1 \qquad (9\text{-}8)$$

$$R_l : \{(D_n, \beta_{n,l}); n = 1, 2\} \text{ 且 } \sum_{n=1}^{2} \beta_{n,l} = 1 \qquad (9\text{-}9)$$

式中，R_k 和 R_l 的激活权重分别记为 w_k 和 w_l，且 $w_k + w_l = 1$。

根据 ER 算法和 ERC 算法，可以计算出不同类别上合成置信度的差值为

$$d^{ER} = \beta_1 - \beta_2 \qquad (9\text{-}10)$$

$$d^{ERC} = \beta_1^{ERC} - \beta_2^{ERC} \qquad (9\text{-}11)$$

为了说明 d^{ER} 和 d^{ERC} 的所有可能值，在 $\beta_{1,l} > \beta_{1,k}$、$\beta_{1,l} = \beta_{1,k}$ 和 $\beta_{1,l} < \beta_{1,k}$，以及 w_k 位于取值范围[0,1]的假设前提下考虑 9 种不同类型的案例，其中 $\beta_{1,l}$ 和 $\beta_{1,k}$ 的取值分别假设为 0.3、0.5 和 0.7，则相应的 d^{ER} 和 d^{ERC} 曲线如图 9-3 所示。

由图 9-3 可知，在 9 个不同的案例中，当选取不同的 $\beta_{1,l}$ 和 $\beta_{1,k}$ 的取值时，d^{ER} 和 d^{ERC} 始终具有相同的正负符号。因此，对于分类问题，EBRB 推理模型使用 ERC 算法能够得到与 ER 算法等同的结果。

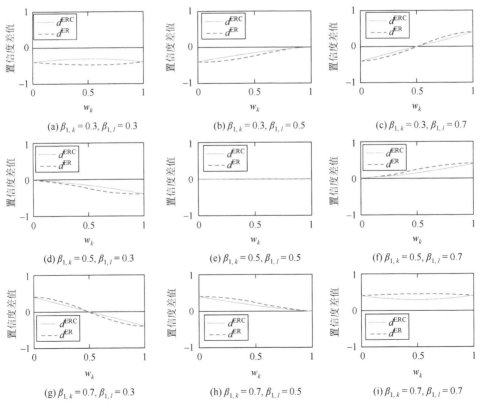

图 9-3　d^{ER} 和 d^{ERC} 曲线

根据定理 9-2 和图 9-3 可知，对于分类问题，EBRB 推理模型可以使用 ERC 算法替代 ER 算法进行规则合成。考虑到 ERC 算法比 ER 算法具有更精简的规则合成公式，因此 ERC 算法有助于降低 EBRB 推理模型的时间复杂度，其中在规则合成过程中，时间复杂度将由原先的 $O(LN^2)$ 精简到 $O(LN)$。

9.3.3　基于区域分割的扩展置信规则约简方法

在大规模的数据情形中，因 EBRB 中的扩展置信规则是由数据转换而来的，导致 EBRB 中具有大量的扩展置信规则，以及 EBRB 推理模型具有较高的时间复杂度。为此，本节通过借鉴 Wang-Mendel 模型[13]，提出基于区域分割的扩展置信规则约简方法，进而有效地控制 EBRB 中扩展置信规则的数量。首先，给出如下的定义说明所提方法的基本思想。

定义 9-1（输入空间的分割点）　输入空间的分割点是指 EBRB 推理模型中置信度计算函数间的交点。为了方便表述，以 $P(A_{i,j}, A_{i,j+1})(i = 1, 2, \cdots, M; j = 1, 2, \cdots, J_{i-1})$ 表示输入空间中与第 i 个前提属性的候选等级 $A_{i,j}$ 和 $A_{i,j+1}$ 相关的分割点。

定义 9-2（输入空间的分割域）　输入空间的分割域是指 EBRB 推理模型的局部输入空间，且由每个前提属性中相邻的分割点组成。为了方便表述，以 $D(A_{1,j_1}, \cdots, A_{M,j_M})(j_i = 1, 2, \cdots, J_i; i = 1, 2, \cdots, M)$ 表示由 M 个分割点 $A_{1,j_1}, \cdots, A_{M,j_M}$ 所构建的分割域。

为了通过简单的算例说明定义 9-1 和定义 9-2，假设 EBRB 中包含一个前提属性 U_1 及其三个候选等级 $A_{1,j}(j = 1, 2, 3)$ 和效用值 $u(A_{1,j})$，其中这三个效用值的大小关系假定为 $u(A_{1,1}) < u(A_{1,2}) < u(A_{1,3})$；$x_1$ 表示在输入空间中的输入变量。此外，以文献[14]中基于效用的转换函数作为置信度的计算函数，即三个候选等级的置信度转换函数表示成图 9-4 中的 $\alpha_{1,j}(x_1)$。根据上述假设，图 9-4 显示了输入空间中的分割点和分割域。

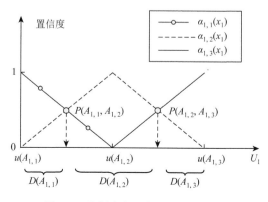

图 9-4　分割点与分割域的图形表示

由图 9-4 可知，所构建的分割点为 $P(A_{1,1}, A_{1,2})$ 和 $P(A_{1,2}, A_{1,3})$，所构建的分割域为 $D(A_{1,1})$、$D(A_{1,2})$ 和 $D(A_{1,3})$。根据定义 9-1 和定义 9-2 以及图 9-4，当输入值位于任意一个分割域时，由转换函数可得该分割域上的最大置信度。换言之，每个分割域实质上可以当作以最大置信度为标准的聚类中心。

定义 9-3（EBRB 的规则聚类策略）　EBRB 的规则聚类策略实质上是一个规则聚类函数，依据每条扩展置信规则在前提属性中的最大置信度，将该扩展置信规则聚类到不同的分割域中，具体定义如下：

$$R_k \to D(A_{1,j_1}, \cdots, A_{M,j_M}), \quad j_i = \arg\max_{j=1,2,\cdots,J_i}\left\{\alpha_{i,j}^k\right\}; k = 1, 2, \cdots, L; i = 1, 2, \cdots, M$$

$$(9\text{-}12)$$

式中，$\alpha_{i,j}^k$ 为第 k 条扩展置信规则的第 i 个前提属性在第 j 个候选等级上的置信度；M 为前提属性的数量；J_i 为第 i 个前提属性的候选等级数量。

定义 9-4（EBRB 的规则生成策略）　EBRB 的规则生成策略是指将所有聚类在同一个分割域的扩展置信规则合并成一条新的规则，其中新扩展置信规则的置信度生成公式为

$$\bar{\alpha}_{i,j}^l = \frac{\sum_{k=1}^{L_l} \alpha_{i,j}^k}{L_l}, \quad L_l > 0; i = 1, 2, \cdots, M; j = 1, 2, \cdots, J_i; l = 1, 2, \cdots, \prod_{i=1}^{M} J_i$$

$$(9\text{-}13)$$

$$\bar{\beta}_n^l = \frac{\sum_{k=1}^{L_l} \beta_n^k}{L}, \quad L_l > 0; l = 1, 2, \cdots, \prod_{i=1}^{M} J_i; n = 1, 2, \cdots, N \qquad (9\text{-}14)$$

式中，$\prod_{i=1}^{M} J_i$ 为分割域的数量；J_i 为第 i 个前提属性的候选等级数量；M 为前提属性的数量；L_l 为在第 l 个分割域中扩展置信规则的数量；L 为扩展置信规则的数量；$\alpha_{i,j}^k$ 和 β_n^k 分别为第 k 条扩展置信规则在候选等级 $A_{i,j}$ 和结果等级 D_n 上的置信度。

为了通过简单的算例说明定义 9-3 和定义 9-4，假设 EBRB 中包含两个前提属性 $U_i(i=1,2)$ 及三个候选等级 $A_{i,j}(j=1,2,3)$ 和效用值 $u(A_{i,j})$。对于每个前提属性，效用值间的大小关系为 $u(A_{i,1}) < u(A_{i,2}) < u(A_{i,3})$。此外，EBRB 中的三条扩展置信规则分别为 R_1、R_2 和 R_3，如图 9-5 所示。

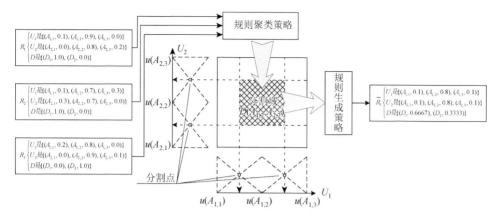

图 9-5　规则聚类策略和规则生成策略的图形说明

　　由图 9-5 可知，根据定义 9-1 和定义 9-2 可以构建 4 个分割点和 9 个分割域。接着，根据定义 9-3，三条扩展置信规则可以聚集在分割域 $D(A_{1,2}, A_{2,2})$ 中。由定义 9-4 可知，将分割域 $D(A_{1,2}, A_{2,2})$ 中所有的扩展置信规则生成一条新的扩展置信规则 $\bar{R}_1$，即通过式（9-13）和式（9-14）计算在前提属性 U_1 中的置信度分别为 $\bar{\alpha}_{1,1}^1 = (0.1 + 0.0 + 0.2)/3 = 0.1$、$\bar{\alpha}_{1,2}^1 = (0.9 + 0.7 + 0.8)/3 = 0.8$ 和 $\bar{\alpha}_{1,3}^1 = (0.0 + 0.3 + 0.0)/3 = 0.1$；在结果属性中的置信度分别为 $\bar{\beta}_{1,1} = (1.0 + 1.0 + 0.0)/3 \approx 0.6667$ 和 $\bar{\beta}_{2,1} = (0.0 + 0.0 + 1.0)/3 \approx 0.3333$。由定义 9-3 和定义 9-4 以及图 9-5 可知，EBRB 的规则聚类策略将所有的扩展置信规则聚类于不同的分割域中，再通过 EBRB 的规则生成策略将不同分割域中的扩展置信规则合并成一条新的规则，进而保证扩展置信规则处于有序状态。

　　根据定义 9-1～定义 9-4，基于区域分割的规则约简方法可以描述如下。

　　（1）根据每个前提属性上的置信度转换函数生成输入空间的分割点；假设有 M 个前提属性以及每个前提属性有 J_i 个候选等级。根据定义 9-1，每个前提属性可以构建 J_i-1 个分割点 $\{P(A_{i,j}, A_{i,j+1}); j = 1, 2, \cdots, J_i-1\}$。

　　（2）根据每个前提属性上的分割点生成输入空间的分割域；根据定义 9-2，利用步骤（1）构建的分割点在输入空间中构建 $\prod_{i=1}^{M} J_i$ 个分割域 $\{D(A_{1,j_1}, \cdots, A_{M,j_M}); j_i = 1, 2, \cdots, J_i; i = 1, 2, \cdots, M\}$。

　　（3）将所有的扩展置信规则聚类到不同的分割域中；假设 EBRB 中有 L 条扩展置信规则，根据定义 9-3，将这 L 条规则聚类到 $\prod_{i=1}^{M} J_i$ 个分割域中。

　　（4）利用每个分割域中的所有扩展置信规则生成一条新的规则；假设有 $\bar{L}$ 个至少包含一条扩展置信规则的分割域，则根据定义 9-4，将所有的扩展置信规则以分割域为单位生成新的扩展置信规则。

由上述四个步骤，可以精简 EBRB 的规则数量，从而降低 EBRB 推理模型在规则推理过程中的时间复杂度。

9.4　Micro-EBRB 推理模型与并行化实现

根据 9.3 节中提出的大规模数据情形下规则权重的赋值策略、面向分类问题的 ERC 算法和基于区域分割的扩展置信规则约简方法，本节进一步提出 Micro-EBRB 推理模型及其在 Apache Spark 集群计算平台的并行化实现。

9.4.1　Micro-EBRB 推理模型的基本原理

本节在 EBRB 推理模型的基础上，进一步提出 Micro-EBRB 推理模型，相比于 EBRB 推理模型，Micro-EBRB 推理模型具有更简化的规则生成和规则推理过程，具体的流程框架如图 9-6 所示。

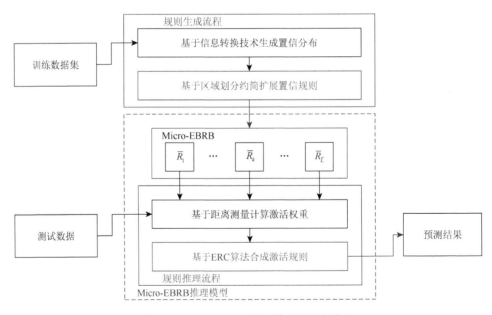

图 9-6　Micro-EBRB 推理模型的基本流程

由图 9-6 可知，相比于第 2 章中介绍的传统 EBRB 推理模型，Micro-EBRB 推理模型增设了规则约简步骤，并删减了规则权重的计算步骤；同时，在激活规则合成过程中使用 ERC 算法替换了 ER 算法。更具体而言，Micro-EBRB 推理模型的规则生成和规则推理流程包括以下步骤。

（1）Micro-EBRB 推理模型的规则生成流程包括以下两个步骤。

①基于信息转换技术生成置信分布。首先，由专家知识确定 EBRB 中基本参数的取值，包括属性权重、前提属性和结果属性的效用值；然后再将输入、输出数据转换为前提属性和结果属性的置信分布。

首先，假设 $\{u(A_{i,j}); j = 1, 2, \cdots, J_i\}$ 表示第 $i(i = 1, 2, \cdots, M)$ 个前提属性的给定效用值集合，$x_{k,i}$ 表示第 i 个前提属性的第 $k(k = 1, 2, \cdots, L)$ 个输入值。因此，经基于效用的信息转换技术可计算得到第 i 个前提属性的置信分布：

$$S(x_{k,i}) = \left\{ \left(A_{i,j}, \alpha_{i,j}^{k} \right); j = 1, 2, \cdots, J_i \right\} \tag{9-15}$$

式中

$$\alpha_{i,j}^{k} = \frac{u(A_{i,j+1}) - x_{k,i}}{u(A_{i,j+1}) - u(A_{i,j})} \text{ 且 } \alpha_{i,j+1}^{k} = 1 - \alpha_{i,j}^{k}, \quad u(A_{i,j}) \leqslant x_{k,i} \leqslant u(A_{i,j+1})$$

$$\tag{9-16}$$

$$\alpha_{i,t}^{k} = 0, \quad t = 1, 2, \cdots, J_i \text{ 且 } t \neq j, j+1 \tag{9-17}$$

其次，假设 y_k 表示第 k 个输出值，以及结果属性的效用值集合为 $\{u(D_n); n = 1, 2, \cdots, N\}$，则结果属性的置信分布可表示为

$$S(y_k) = \left\{ \left(D_n, \beta_n^k \right); n = 1, 2, \cdots, N \right\} \tag{9-18}$$

最后，由所有输入输出数据转换得到的置信分布，以及专家给定的属性权重，可组合成具有 L 条扩展置信规则的 EBRB。

②基于区域划分约简扩展置信规则。对于步骤①生成的 EBRB，由于其具有冗余的扩展置信规则，因此还需要根据 9.3.3 节中的规则约简方法进行规则约简，以生成 Micro-EBRB，其中 Micro-EBRB 中第 $k(k = 1, 2, \cdots, \overline{L})$ 条扩展置信规则表示如下：

$$\overline{R}_k : \text{IF } U_1 \text{ is } \left\{ \left(A_{1,j}, \overline{\alpha}_{1,j}^k \right); j = 1, 2, \cdots, J_1 \right\} \wedge \cdots \wedge U_M \text{ is } \left\{ \left(A_{M,j}, \overline{\alpha}_{M,j}^k \right); j = 1, 2, \cdots, J_M \right\},$$
$$\text{THEN } D \text{ is } \{ (D_n, \overline{\beta}_{n,k}); n = 1, 2, \cdots, N \}; \text{ with } \theta_k = 1 \text{ and } \{\delta_1, \cdots, \delta_M\}$$

$$\tag{9-19}$$

式中，$\overline{\alpha}_{i,j}^k$ 和 $\overline{\beta}_{n,k}$ 分别为等级 $A_{i,j}$ 和 D_n 上的合成置信度，具体计算公式参见 9.3.3 节。这里需要注意，在规则约简过程中最为复杂的步骤是由 EBRB 中 L 条规则计算合成的置信度 $\overline{\alpha}_{i,j}^k$ $(k = 1, 2, \cdots, \overline{L}; i = 1, 2, \cdots, M; j = 1, 2, \cdots, J_i)$ 和 $\overline{\beta}_{n,k}$ $(n = 1, 2, \cdots, N)$；同时，生成 L 条扩展置信规则的置信分布的时间复杂度为

$O\left(L \cdot \left(\sum_{i=1}^{M} J_i + N\right)\right)$。因此，Micro-EBRB 推理模型的规则生成流程的时间复杂度

为 $O\left(L \cdot \overline{L}\left(\sum_{i=1}^{M} J_i + N\right)\right)$。

（2）Micro-EBRB 推理模型的规则推理流程包括以下两个步骤。

①基于距离测量计算激活权重。首先，当 Micro-EBRB 推理模型的输入值向量为 $x = (x_1, \cdots, x_M)$ 时，其中 x_i 表示第 i 个前提属性的输入值，则根据基于效用的信息转换方法可以将输入值转换为置信分布：

$$S(x_i) = \{(A_{i,j}, \alpha_{i,j}); j = 1, 2, \cdots, J_i\} \tag{9-20}$$

其次，根据欧氏距离公式计算第 k 条规则中第 i 个前提属性的个体匹配度：

$$S^k(x_i, U_i) = 1 - d^k(x_i, U_i) = 1 - \min\left\{1, \sqrt{\sum_{j=1}^{J_i}\left(\alpha_{i,j} - \alpha_{i,j}^k\right)^2}\right\} \tag{9-21}$$

最后，结合规则权重和属性权重，可以进一步计算第 k 条规则的激活权重：

$$w_k = \frac{\theta_k \prod_{i=1}^{M}\left(S^k(x_i, U_i)\right)^{\overline{\delta_i}}}{\sum_{l=1}^{L}\left(\theta_l \prod_{i=1}^{M}\left(S^l(x_i, U_i)\right)^{\overline{\delta_i}}\right)}, \quad \overline{\delta_i} = \frac{\delta_i}{\max_{i=1,2,\cdots,M}\{\delta_i\}} \tag{9-22}$$

②基于 ERC 算法合成激活规则。经步骤①后可算得所有规则的激活权重，由此可通过 ERC 算法将所有激活规则中结果属性的置信分布进行合成，其中 ERC 算法参见 9.3.2 节，合成后的置信分布表示如下：

$$f(x) = \left\{\left(D_n, \beta_n^{\text{ERC}}\right); n = 1, 2, \cdots, N\right\} \tag{9-23}$$

根据合成的置信分布生成相应的推理结果：

$$f(x) = D_n, \quad n = \arg\max_{i=1,2,\cdots,N}\left\{\beta_i^{\text{ERC}}\right\} \tag{9-24}$$

对于上述 Micro-EBRB 推理模型的规则推理流程，由于至多只有 $\overline{L}$ 条规则参与激活权重计算和激活规则合成，因此相应的时间复杂度为 $O\left(\overline{L} \cdot \left(\sum_{i=1}^{M} J_i + N\right)\right)$。

9.4.2 Micro-EBRB 推理模型的并行化实现

为了能够进一步提升 Micro-EBRB 推理模型在大数据中的适用性，本节引入 Apache Spark 集群计算平台提出 Micro-EBRB 推理模型的并行化实现方式，其中 Apache Spark 属于基于内存计算的大数据平台，并在以往的研究中被证明能够比 Apache Hadoop 具有更广阔的应用前景。Apache Spark 的基础数据结构是弹性分布式数据集（resilient distributed dataset，RDD），其表示可在多个计算节点上并行

操作的分布式项的集合。因此，RDD 允许将数据缓存在内存中，并直接在内存中对相同的数据执行计算操作。当 RDD 构建完成后，Apache Spark 可以执行以下两个基本操作。

（1）转换操作：该操作的用途是从已有的 RDD 中创建新的 RDD，具体函数包括 map 函数（该函数能够返回一个新的 RDD 并且包含每个元素）、mapToPair 函数（该函数能够返回元素键值对的 RDD）、reduceByKey 函数（该函数能够返回元素键值对的 RDD，并且该 RDD 中的元素均已根据 reduce 函数将元素键值对合成）。具体的函数及其说明可参见文献[2]。

（2）执行操作：该操作的用途是返回 RDD 计算结果，具体函数包括 reduce 函数（该函数能够合成 RDD 中的所有元素）、collect 函数（该函数能够以数组的形式返回 RDD 中的所有元素）。具体的函数及其说明可参见文献[2]。

根据 Apache Spark 的两个基本操作，可以将 Micro-EBRB 推理模型的并行化实现表示成如图 9-7 和图 9-8 所示。

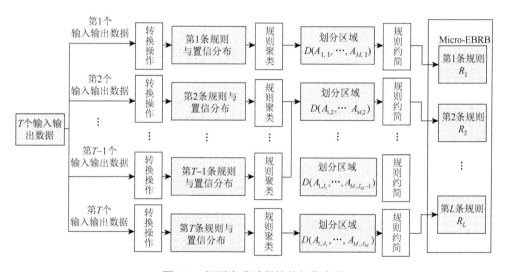

图 9-7　规则生成过程的并行化实现

根据图 9-7 和转换与执行操作，Micro-EBRB 推理模型的并行化规则生成过程如伪代码 9-3 所示。

伪代码 9-3：Micro-EBRB 推理模型的并行化规则生成过程

输入：SampleDataSet 表示输入输出数据集，且其中任一数据表示为 sampleData；rule 表示扩展置信规则；tuple1、tuple2 和 tuple3 表示由 rule 与其划分区域组成的二元组。

输出：EBRBSet 表示扩展置信规则集合。

```
01   EBRBSet = new JavaSparkContext（）.parallelize（SampleDataSet）
02       .mapToPair（sampleData->{
03       Generate rule from sampleData by using Steps 1 to 2 shown in the rule generation scheme of the
         Micro-EBRBS；
04       Generate divisionDomain for rule by using Steps 1 to 3 shown in the domain division-based rule
05       reduction method；
06       Return new Tuple2<>（divisionDomain，rule）
07       }）.reduceByKey（（tuple1，tuple2）->{
08       Generate tuple3 by using Step 4 shown in the domain division-based rule reduction method；
         Return tuple3；
09       }）.map（tuple3->{
10       Obtain rule from tuple3；
11       Return rulc；
12       }）.collect（）；
```

根据图 9-8 和转换与执行操作，Micro-EBRB 推理模型的并行化规则生成过程如伪代码 9-4 所示。

伪代码 9-4： Micro-EBRB 推理模型的并行化规则生成过程

输入： TestDataSet 表示测试数据集，且其中任一数据表示为 testData；class1 表示 Micro-EBRB 推理模型的推理结果；class2 表示 testData 的实际结果；a 和 b 表示整数变量。

输出： totalCorrect 表示 Micro-EBRB 推理模型分类正确的数据数量。

```
01   totalCorrect = new JavaSparkContext（）.parallelize（TestDataSet）
02       .map（testData->{
03       Generate class1 for testData by using Steps 1 to 2 shown in the inference scheme of the Micro-EBRB；
04       Obtain class2 from testData；
05       Return class1 = = class2? 1:0；
06       }）.reduce（（a，b）->a+b）；
```

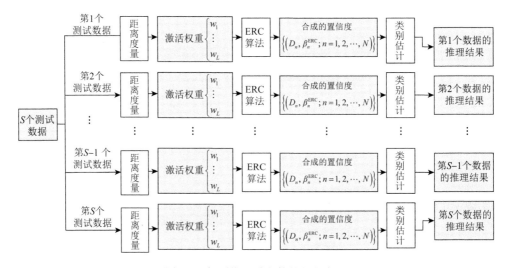

图 9-8　规则推理过程的并行化实现

9.5　实验分析与方法比较

为了验证本章所提的 Micro-EBRB 推理模型的有效性，我们从机器学习领域公认的 UCI 数据库中选取百万数据规模和一百数据维度以内的 12 个分类问题进行实例分析。表 9-1 总结了这些分类问题的名称、数据数量、属性数量和分类数量。此外，在方法比较中，本节除了对比原始的 EBRB 推理模型外，还会比较常见的分类方法和基于集群计算的大数据分类方法。

表 9-1　UCI 数据库中分类问题的基本信息

编号	分类问题名称	数据数量	属性数量	分类数量
1	Diabetes	393	8	2
2	Cancer	569	30	2
3	Transfusion	748	4	2
4	Banknote	1 372	4	2
5	Wine（Red）	1 599	11	6
6	Satimage	6 435	36	6
7	Waveform	5 000	21	3
8	Magic	19 020	10	2
9	Census	95 130	40	2
10	Gas sensors	928 991	10	3
11	Covertype	581 012	54	7
12	Poker	1 025 010	10	10

9.5.1　Micro-EBRB 推理模型的性能分析

本节将分析 Micro-EBRB 推理模型的分类准确性和时间复杂度，其中以 2-CV、4-CV、6-CV、8-CV 和 10-CV 将 Transfusion、Banknote、Wine（Red）和 Waveform 分类数据集划分成不同的训练数据集和测试数据集。在 Micro-EBRB 的建模过程中，假设 M 个前提属性 $U_i(i = 1, 2, \cdots, M)$ 的属性权重为 $\delta_i = 1$，每个前提属性中设定 3 个候选等级 $A_{i,j}(j = 1, 2, 3)$ 及效用值为 $\{u(A_{i,j}); j = 1, 2, 3\} = \{lb_i, 0.5 \times (lb_i + ub_i), ub_i\}$，其中 lb_i 和 ub_i 分别是第 i 个前提属性取值的下界和上界。为了避免 Micro-EBRB 推理模型中出现不一致性问题，本节将个体匹配度的计算公式设定为

$$S^k(x_i, U_i) = 1 - \min\left\{1, \sqrt{\sum_{j=1}^{3}\left(\alpha_{i,j} - \alpha_{i,j}^k\right)^2}\right\} \qquad (9\text{-}25)$$

式中，x_i 为第 i 个前提属性的输入值；$\alpha_{i,j}$ 为由 x_i 转换后在候选等级 $A_{i,j}$ 上的概率值；$\alpha_{i,j}^k$ 为第 k 条扩展置信规则中候选等级 $A_{i,j}$ 的置信度。

图 9-9 显示了 EBRB 和 Micro-EBRB 推理模型在 Transfusion、Banknote、Wine（Red）和 Waveform 数据集中的实验结果，包括以下几个指标。

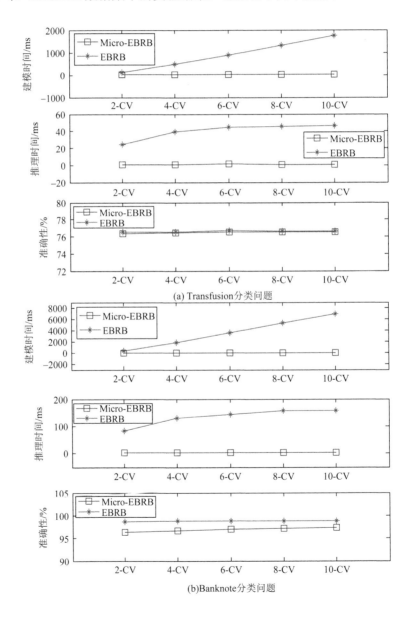

(a) Transfusion 分类问题

(b) Banknote 分类问题

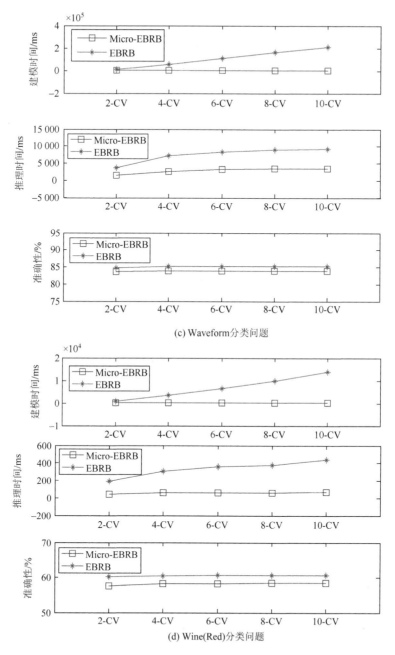

图 9-9　分类问题中计算时间与分类准确性的比较

（1）准确性：被正确分类的数据占总数据的百分比。

（2）建模时间：利用训练数据集构建 EBRB/Micro-EBRB 的时间。

（3）推理时间：EBRB/Micro-EBRB 推理模型为测试数据集生成推理结果的时间。

从图 9-9 可以看出，EBRB 推理模型的建模时间和推理时间都会随着训练数据数量的增多而增加，例如，4 个分类数据集中 2-CV 对应的建模时间明显短于 10-CV 对应的建模时间，其主要原因为：2-CV 以 50%的数据用作训练数据，而 10-CV 是以 90%的数据作为训练数据。由图 9-9 还可以发现，在相同的条件下，Micro-EBRB 推理模型的建模时间和推理时间随着训练数据的增多变化不明显。此外，在 4 个分类数据集中，EBRB 与 Micro-EBRB 推理模型之间的分类准确性不存在明显的差异。

为了更详细地比较 EBRB 推理模型和 Micro-EBRB 推理模型，在以 10-CV 划分训练数据集和测试数据集的基础上，表 9-2 显示了在 4 个分类问题中的建模时间、推理时间以及包括两者的总时间；表 9-3 显示了在 4 个分类问题中的规则数量、激活规则数量和准确性。同时，还通过计算 Micro-EBRB 推理模型与 EBRB 推理模型的结果比值分析比较了这两个推理模型，其中准确性的比值越大和计算时间的比值越小说明 Micro-EBRB 推理模型具有更好的性能。

表 9-2　Micro-EBRB 与 EBRB 推理模型的时间复杂度比较

数据集名称	建模时间/ms		比值	推理时间/ms		比值	总时间/ms		比值
	Micro-EBRB	EBRB		Micro-EBRB	EBRB		Micro-EBRB	EBRB	
Transfusion	5	1736	0.003	1	46	0.022	6	1782	0.003
Banknote	9	6943	0.001	4	157	0.025	13	7099	0.002
Waveform	508	210244	0.002	3552	9256	0.384	4059	219500	0.018
Wine（Red）	42	13684	0.003	72	434	0.166	114	14118	0.008

表 9-3　Micro-EBRB 推理模型与 EBRB 推理模型的准确性比较

数据集名称	规则数量		比值	激活规则数量		比值	准确性/%		比值
	Micro-EBRB	EBRB		Micro-EBRB	EBRB		Micro-EBRB	EBRB	
Transfusion	12.8	673.2	0.019	7.4	533.1	0.014	76.52	76.62	0.999
Banknote	30.8	1234.8	0.025	22.3	1234.8	0.018	97.34	98.86	0.985
Waveform	2031.7	4500.0	0.451	1492.9	3523.1	0.424	84.00	85.22	0.986
Wine（Red）	230.8	1439.1	0.160	139.6	964.1	0.145	58.36	60.61	0.963

由表 9-2 可知，在所有的分类数据集中，Micro-EBRB 推理模型能够比 EBRB 推理模型具有更短的建模时间、推理时间和总时间，且两者的差距较为明显，其中最小的比值由 Banknote 数据集获得，分别为 0.001、0.025 和 0.002；而最大的比值由 Waveform 数据集获得，分别为 0.002、0.384 和 0.018。可见，Micro-EBRB 推理模型在所有的分类数据集中均能更快地构建 EBRB 和基于 EBRB 生成推理结果，且所用的总时间仅为 EBRB 推理模型的 0.2%～1.8%。

由表 9-3 可知，在所有的数据集中，Micro-EBRB 推理模型比 EBRB 推理模型具有更少的规则数量和激活规则数量，且两者的差距较为明显，其中最小的比值由 Transfusion 数据集获得，分别为 0.019 和 0.014；而最大的比值由 Waveform 数据集获得，分别为 0.451 和 0.424。综上比较可知，Micro-EBRB 推理模型在所有的分类问题中均能够构建更精简的 EBRB 和基于更少的激活规则生成推理结果。此外，表 9-3 还清楚地表明了 Micro-EBRB 推理模型的分类准确性与 EBRB 推理模型相近，由这 4 个分类问题形成的比值区间为[0.963，0.999]，即两者分类准确性的相似度为 96.3%～99.9%。

根据上述的性能比较和分析，Micro-EBRB 推理模型能够明显比 EBRB 推理模型具有更低的时间复杂度。同时，还能让 Micro-EBRB 推理模型在更少的扩展置信规则和激活规则的前提下与 EBRB 推理模型具有相近的准确性。

9.5.2　与 FRBCS 大数据方法的比较与分析

本节将对 Micro-EBRB 推理模型与 FRBCS 大数据分类方法进行比较，其中因 Chi-FRBCS 具有相对较低的时间复杂度[1]，所以现有 FRBCS 大数据分类方法主要是以 Chi-FRBCS 为理论核心，且可以分成如下两种类型[8]。

（1）基于最大规则权重的 FRBCS 方法（Chi-FRBCS-BigData-Max）：该分类方法是以 Chi-FRBCS 为核心，在模糊规则生成过程中通过最大的规则权重最终确定有效的模糊规则。为了方便叙述，以下简称该分类方法为 Chi-Max。

（2）基于平均规则权重的 FRBCS 方法（Chi-FRBCS-BigData-Ave）：该分类方法同样是以 Chi-FRBCS 为核心，在模糊规则生成过程中通过平均的规则权重最终确定有效的模糊规则。为了方便叙述，以下简称该分类方法为 Chi-Ave。

为了实现 Chi-Max 和 Chi-Ave 分类方法以及 Micro-EBRB 推理模型的并行化，本节引入 Apache Spark 集群平台，该集群平台中包括 1 个 Master 节点计算机和 17 个 Slave 节点计算机，其中 Master 节点计算机的配置为：1 个英特尔至强 E5-2640 的 4 核 2.5GHz 主频处理器和 16GB 内存。Slave 节点计算机的配置为：两个英特尔至强 E5-2670v2 的 10 核 2.5GHz 主频处理器和 64GB 内存。此外，整个集群平台安装在 Red Hat 7.3 的操作系统中且 Apache Spark 版本为 2.1.0 和 Java 开发包（Java development kit，JDK）版本为 1.8.0。

基于 Apache Spark 集群平台与 Census、Gas sensors、Covertype 和 Poker 分类数据集，图 9-10 显示了 Chi-Max 和 Chi-Ave 分类方法与 Micro-EBRB 推理模型的建模时间、推理时间和准确性，其中这四个分类问题已被多次用于检验 FRBCS 大数据分类方法的有效性。为了比较集群平台中不同处理器数量对分类方法和推理模型的影响，实验中设定参与并行计算的处理器数量依次为 4 核、8 核、16 核、32 核、64 核和 128 核。

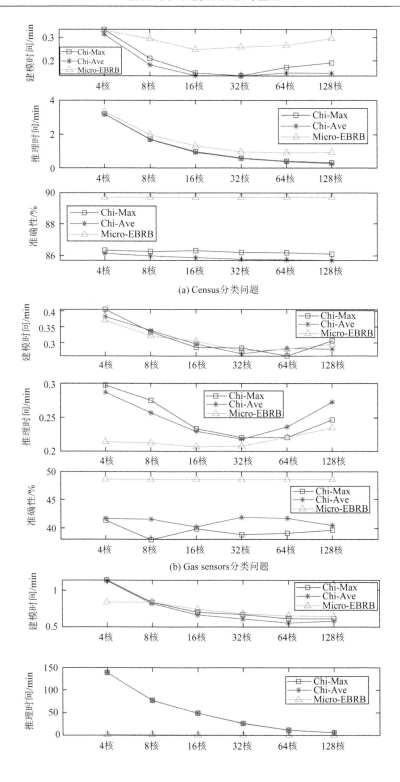

(a) Census分类问题

(b) Gas sensors分类问题

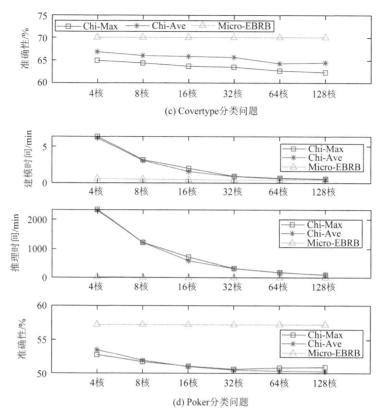

图 9-10　分类问题中计算时间与分类准确性的比较

从图 9-10 可以看出，当并行计算中处理器数量增加时，Chi-Max 和 Chi-Ave 分类方法与 Micro-EBRB 推理模型的建模时间和推理时间整体上均呈减少趋势。在 Census 分类数据集中，Chi-Max 和 Chi-Ave 分类方法的建模时间和推理时间短于 Micro-EBRB 推理模型。除此之外，在 Gas sensors 和 Poker 分类问题中，Micro-EBRB 推理模型均具有更短的建模时间和推理时间。在 Covertype 分类问题中，Micro-EBRB 推理模型具有更短的推理时间。而在准确性的比较中，随着并行计算中处理器数量的增加，Chi-Max 和 Chi-Ave 分类方法的准确性会发生改变；而 Micro-EBRB 推理模型的准确性始终保持一致。由此可见，Micro-EBRB 推理模型比 Chi-Max 和 Chi-Ave 分类方法具有更强的鲁棒性。

为了更详细地比较 Micro-EBRB 推理模型与 Chi-Max 和 Chi-Ave 分类方法的差异，表 9-4 显示了当并行计算处理器数量为 4 时，相应的计算时间和准确性，以及 Micro-EBRB 的结果与 Chi-Max 和 Chi-Ave 的结果的比值。由表 9-4 可知，在 Census 分类数据集中，Chi-Max 和 Chi-Ave 分类方法的推理时间短于 Micro-EBRB 推理模型。除此之外，在其余三个分类问题中，Micro-EBRB 推理模型均具有更短的建模时间和推理时间，且彼此间的差距明显。例如，对于 Poker 分类数据集，Chi-Max 和 Chi-Ave 分类方法的总时间分别为 2368.661min 和 2339.131min，而 Micro-EBRB 推理模型的总时间仅为 30.906min，该时间仅为前两者的 1.3%。在准确性的比较中，Micro-EBRB 推理模型的准确性均高于 Chi-Max 和 Chi-Ave 分类方法，且提升的幅度为 3.9%～17.6%。

表 9-4　与 FRBCS 大数据分类方法的性能比较

评价指标	模型	Census		Gas sensors		Covertype		Poker	
		数值	比值	数值	比值	数值	比值	数值	比值
建模时间/min	Micro-EBRB	0.330	—	0.371	—	0.834	—	0.602	—
	Chi-Max	0.333	0.991	0.406	0.914	1.137	0.734	6.482	0.093
	Chi-Ave	0.313	1.054	0.383	0.969	1.128	0.739	6.274	0.096
推理时间/min	Micro-EBRB	3.322	—	0.215	—	2.164	—	30.304	—
	Chi-Max	3.190	1.041	0.297	0.724	138.507	0.016	2362.179	0.013
	Chi-Ave	3.180	1.045	0.287	0.749	138.454	0.016	2332.857	0.013
总时间/min	Micro-EBRB	3.652	—	0.586	—	2.998	—	30.906	—
	Chi-Max	3.523	1.037	0.703	0.834	139.644	0.021	2368.661	0.013
	Chi-Ave	3.493	1.046	0.670	0.875	139.582	0.021	2339.131	0.013
准确性/%	Micro-EBRB	89.69	—	48.60	—	70.24	—	57.20	—
	Chi-Max	86.34	1.039	41.34	1.176	65.19	1.077	52.79	1.084
	Chi-Ave	86.14	1.041	41.68	1.166	67.08	1.047	53.53	1.069

根据上述与 FRBCS 大数据分类方法的比较结果，可以总结出：基于区域分割的 EBRB 构建方法能够在 Apache Spark 集群平台中进一步提升 EBRB 推理模型的性能。同时，相比于同样是以规则库推理为理论核心的大数据分类方法，Micro-EBRB 推理模型表现出了更高的准确性和更低的时间复杂度。

9.6　本章小结

针对大规模任意维度的数据情形，本章以 EBRB 为研究对象，提出了基于区域分割的 EBRB 构建方法，降低了 EBRB 推理模型的时间复杂度。同时，本章引入 UCI 数据库中的多个分类问题，用于验证本章所提的 EBRB 构建方法，结果表明：本章所提建模方法能够有效地降低 EBRB 推理模型的时间复杂度，以及让 EBRB 推理模型具有较高的分类准确性。除此之外，本章还在基于集群计算的实验环境中比较了大数据分类算法，进而表明基于区域分割的 EBRB 构建方法能够提升 EBRB 推理模型的计算效率，且准确性高于 FRBCS 大数据分类方法。

参 考 文 献

[1]　Chi Z, Yan H, Pham T. Fuzzy algorithms with applications to image processing and pattern recognition[J].World Scientific, 1996: 139-187.

[2]　Kattt A. Spark: Lightning-fast cluster computing[EB/OL]. [2024-04-22]. https://amplab.cs.berkeley.edu/projects/spark-lightning-fast-cluster-computing.

[3]　Gonzblez A, Perez R. SLAVE: A genetic learning system based on an iterative approach[J]. IEEE Transactions on Fuzzy Systems, 1999, 7 (2) : 176-191.

[4]　Ishibuchi H, Yamamoto T, Nakashima T. Hybridization of fuzzy GBML approaches for pattern classification problems[J]. IEEE Transactions on Systems, Man, and Cybernetics, Part B (Cybernetics) , 2005, 35 (2) : 359-365.

[5]　Hühn J, Hüllermeier E. FURIA: An algorithm for unordered fuzzy rule induction[J]. Data Mining and Knowledge Discovery, 2009, 19 (3) : 293-319.

[6]　Alcala-Fdez J, Alcala R, Herrera F. A fuzzy association rule-based classification model for high-dimensional problems with genetic rule selection and lateral tuning[J]. IEEE Transactions on Fuzzy systems, 2011, 19 (5) : 857-872.

[7]　López V, del Río S, Benítez J M, et al. Cost-sensitive linguistic fuzzy rule based classification systems under the MapReduce framework for imbalanced big data[J]. Fuzzy Sets and Systems, 2015, 258 (C) : 5-38.

[8]　Del Rio S, Lopez V, Manuel Benitez J, et al.A MapReduce approach to address big data classification problems based on the fusion of linguistic fuzzy rules[J].International Journal of Computational Intelligence Systems, 2015, 8 (3) : 422-437.

[9]　Fernández A, Río S, Bawakid A, et al. Fuzzy rule based classification systems for big data with MapReduce: Granularity analysis[J]. Advances in Data Analysis and Classification, 2017, 11 (4) : 711-730.

[10]　Fernández A, Altalhi A, Alshomrani S, et al. Why linguistic fuzzy rule based classification systems perform well in big data applications？ [J]. International Journal of Computational Intelligence Systems, 2017, 10 (1) : 1211-1225.

[11]　Elkano M, Galar M, Sanz J, et al.CHI-BD: A fuzzy rule-based classification system for big data classification problems[J].Fuzzy Sets & Systems, 2017, 348 (1) : 75-101.

[12]　Lorena A C, de Carvalho A C, Gama J M P. A review on the combination of binary classifiers in multiclass problems[J]. Artificial Intelligence Review, 2008, 30 (1-4) : 19-37.

[13]　Wang L X, Mendel J M. Generating fuzzy rules by learning from examples[C]//Proceedings of the 1991 IEEE International Symposium on Intelligent Control, Arlington, 1991: 263-268.

[14]　Ishibuchi H, Nakashima T, Muratam T. A fuzzy classifier system that generates fuzzy if-then rules for pattern classification problems[J]. IEEE International Conference on Evolutionary Computation, 1995, 2: 759-764.

第五部分　置信规则库推理模型的应用

本书的第五部分将对 BRB 推理模型的若干应用进行介绍,包括智能环境中基于传感器的活动识别问题和交通网络中的桥梁风险评估与预测问题,在不同数据规模和维度的建模方法的基础上,进一步扩展和丰富 BRB 推理模型的应用范畴和成功案例。

第10章 智能环境中基于传感器的活动识别

10.1 概 述

随着出生率的下降和预期寿命的增加，人类社会正逐渐发展成为一个人口老龄化的社会。Rafferty 等[1]报告称，到 2050 年，64 岁以上人口将达到总人口的 20%以上。因此，为老年人提供医疗保健的负担正在增加，有必要找到一种新的方式来提供健康的生活环境。传统上，护理人员对老年人的医疗保健过程至关重要，他们可以帮助提供医疗管理所需的必要服务。然而，这一现象给正规和非正规护理都带来了财政压力。所有这些问题都凸显了寻找有效和经济的方式为老龄人口提供护理和支持的重要性。

智能环境是通过不同的互联设备所构建的，这些设备具有较强的信息处理、数据存储和知识推理能力[2, 3]。显然，这些环境具有根据用户与环境本身的交互记录，识别和预测用户行为的强大能力[4]。智能环境可以被视为智能健康和福利的潜在解决方案。

智能环境领域的核心挑战之一是基于传感器的活动识别[5, 6]，其目的是识别智能环境中居民的行动和目标。迄今为止，基于传感器的活动识别方法可分为三类：数据驱动方法、知识驱动方法和混合驱动方法[7]。第一种方法利用用户行为的历史数据和传感器数据来构建活动识别方法；第二种方法基于领域专家的先验知识，结合知识工程和管理技术，构建活动识别方法；第三种方法是第一种方法和第二种方法的结合。10.2 节将对这些方法进行文献综述。

近年来，为了结合数据驱动方法和知识驱动方法的优势，Espinilla 等[8]利用 BRB 推理模型[9]和传感器选择方法[10, 11]提出了一种新的活动识别方法[8]，简称基于 BRB 推理模型的活动识别方法。与传统的活动识别方法相比，基于 BRB 推理模型的活动识别方法的优点可以总结如下。

（1）作为所提活动识别方法的核心组件，BRB 推理模型本身可以是数据驱动方法、知识驱动方法或这两种方法的组合，而且 BRB 是活动识别方法的数据库和知识库，其能够依据输入输出数据和先验知识实现自动构建。

（2）BRB 能够拟合传感器数据和用户活动之间的非线性关系。它还能够表示与传感器数据和专家知识相关的多种类型的不确定信息。因此，基于 BRB 推理模型的活动识别方法具有强大的不确定数据和知识表示能力。

（3）基于 BRB 推理模型的活动识别方法能够适用于最小数量的传感器。因此，即便所选定的传感器出现故障，基于 BRB 推理模型的活动识别方法仍然可以针对一系列基准活动进行高准确性的识别。

然而，在继承以上优点的基础上，本章还进一步优化了基于 BRB 推理模型的活动识别方法，以便适用于动态的智能环境中，其中动态的智能环境往往要求在新数据或新传感器可用时，必须实时更新活动识别方法中的 BRB，相应的具体要求还包括以下两点。

（1）基于 BRB 推理模型的活动识别方法在构建 BRB 时，需要选取相应的传感器作为前提属性，而这一选择过程通常采用穷举遍历的策略，BRB 的构建过程是十分费时的。

（2）基于 BRB 推理模型的活动识别方法必须依据整个 BRB 计算规则的参数取值。因此，当在活动识别中考虑新的数据或传感器时，通常会导致需要耗费大量的时间更新 BRB。

鉴于上述两点局限性，本章提出一种新的传感器选择方法和规则生成方法，以提高基于 BRB 推理模型的活动识别方法的性能，特别是在计算效率方面，从而保证在动态智能环境中准确且实时地识别用户活动，具体创新如下。

对于传感器选择，使用特征分解方法对传感器数据矩阵进行分解，从而获取传感器数据的特征值和特征向量。同时，还引入累积贡献率和负载矩阵选择最优数量的传感器。本章所提的传感器选择方法有两个优点：①该方法的核心思想是选择传感器，而非从传感器数据中提取主成分，进而鉴别哪个传感器在活动识别中有重要作用；②由于所提方法最复杂的过程是特征分解，而这一过程已被证明是一个高效的过程，因此所提方法可以高效地确定 BRB 的前提属性。

对于规则生成，本章使用区域划分减少参数赋值时彼此之间的依赖性，这些参数包括规则权重、前提属性和结果属性的置信度，同时还因此提出一种规则的简化表示方案，以减少需要计算的参数数量。所提的规则生成方法有两个优点：①基于区域划分的规则表示不需要计算规则的所有参数值；②当有新数据可用或增删传感器时，只需在规则更新过程中计算结果属性的置信度。因此，本章所提的规则生成方法能够更高效地更新 BRB 中的规则参数。

通过使用所提的传感器选择方法和规则生成方法改进基于 BRB 推理模型的活动识别方法，本章进一步提出一种新的活动识别方法，称为在线更新的 BRB 推理模型，进而能够在动态智能环境中识别用户活动和有效更新 BRB。为了验证新活动识别方法的有效性，我们使用智能环境中获取的模拟数据集和自适应系统高级研究中心（Center of Advanced Studies in Adaptive System，CASAS）提供的公认数据集，从效率和准确性两方面进行实验分析。

10.2　基于传感器活动识别的文献综述

在过去的研究中，国内外学者开展了大量的研究工作，并在基于传感器的活动识别方面取得了重要的研究成果。根据研究成果的建模机制，这些研究工作可分为三类：数据驱动方法、知识驱动方法和混合驱动方法。

10.2.1　活动识别建模的数据驱动方法

活动识别建模的数据驱动方法旨在使用用户活动数据和机器学习方法构建基于传感器的活动识别方法，具体的建模过程为：先构建统计模型，再通过参数学习调整模型参数[12]。常用方法又可以细分为生成方法和判别方法。

在生成方法方面，代表性的方法包括：朴素贝叶斯分类器（native Bayes classifier，NBC）、隐马尔可夫模型（hidden Markov model，HMM）和动态贝叶斯网络（dynamic Bayes network，DBN），这些代表性的方法已被不同程度地用于活动识别建模研究中。例如，Brdiczka 等[13]使用 NBC 检测未识别的活动，并证明 NBC 是识别这些活动的最简单生成方法之一。Oliver 和 Horvitz[14]研究了 HMM 和 DBN 在办公自动化应用领域中的应用。他们得出结论：DBN 比 HMM 能够学习更多的时间依赖关系。Sanchez 等[15]引入 HMM 对个人行为的活动数据进行建模和预测。结果表明，HMM 在许多开源的活动识别数据集上具有良好的预测性能。

在判别方法方面，代表性的方法包括：最近邻（nearest neighbor，NN）、DT、SVM 和模糊系统。相关的研究有：Bao 和 Intille[16]研究了基于活动识别的 DT 分类器对加速度数据的优势。结果表明，DT 分类器的性能优于许多基本分类器，如人工神经网络（artificial neural network，ANN）、NBC 和决策表分类器。Brdiczka 等[17]提出了一种基于 SVM 的学习情境模型框架。他们的研究在活动识别中提供了上下文感知服务。Ordóñez 等[18]描述了如何从日常环境中收集传感器数据，以及使用进化模糊系统进行活动识别。他们得出结论，新的活动识别方法能够在线实现良好的识别性能。Hu 等[4]提出了一种类增量随机森林来实现自动活动识别。结果表明，该模型能够以更高的准确性和时间消耗持续识别新活动。

10.2.2　活动识别建模的知识驱动方法

活动识别建模的知识驱动方法旨在使用知识工程和管理技术建立基于传感器的活动识别方法，这些技术通常与知识获取和表示相关[19]。形式逻辑推理是研究中常用的框架之一，具体又可以分为基于逻辑的建模方法和基于本体的建模方法。

　　基于逻辑的建模方法通常用于表示领域知识，它们的建模在活动识别过程中具有语义清晰的特点。这些方法易于将领域知识集成到活动识别方法中，以开发活动识别方法。Bouchard 等[20]将计划识别的思想应用于活动识别中。在他们的工作中，他们使用动作描述逻辑将智能家居中的动作、实体和变量状态形式化，以创建领域理论。Chen 和 Nugent[21]提出了一种基于事件演算的框架，其中将传感器的激活作为建模中的一类事件。结果表明，该框架的有效性可以通过在真实的日常活动中展示其操作来验证。Yao 等[22]提出了一种基于计算效率的模糊逻辑的自动人类行为识别方法。结果表明：所提方法在魏茨曼数据集上优于传统的非模糊系统和其他现有方法。

　　基于本体的建模方法可被认为是活动识别领域中一种相对较新的方法，特别是在活动识别应用开发和系统原型设计方面，受到了许多研究人员的关注。尽管如此，该方法仍存在许多缺点，尤其是在对时间和不确定数据进行推理时存在局限性[23]。Chen 等[7]提出了知识驱动方法的通用模型框架，并进一步描述了基于本体的增强现实过程。结果表明，该方法在真实和模拟活动场景中都具有良好的准确性和效率。为了增强具有不确定性的本体推理，Noor 等[24]将网络本体语言（web ontology language，OWL）的本体推理机制与 D-S 证据理论相结合，以解决活动识别中的不确定性信息。Kim 等[3]提出了一种基于本体中定义的内容的人类活动意图识别方法。研究结果表明，对于从 6 名独居老人收集的验证数据集，所提方法显示出较高的精度和召回率，且优于基于长短期记忆（long-short term memory，LSTM）、简单递归神经网络（recurrent neural network，RNN）和门控递归单元（gated recurrent unit，GRU）的活动识别方法。

10.2.3　活动识别建模的混合驱动方法

　　对于活动识别建模的数据驱动方法，其通常需要收集大量的传感器数据以保证能够准确识别用户的行为，而这使数据驱动类型的方法会受到数据稀缺或冷启动问题的影响。同时，活动识别建模的知识驱动方法在解决不确定性方面存在诸多局限性[25]，导致建模过程可能被视为静态的和不完整的。因此，许多研究试图使用混合驱动的活动识别方法对基于传感器的活动识别问题进行建模，即数据驱动方法和知识驱动方法的组合，代表性研究如下。

　　Riboni 和 Bettini[26]在本体论和本体推理与统计推理相结合的基础上提出了一种活动识别方法。该方法能够识别某些具有不确定性的复杂活动，这些活动有时无法单独由数据驱动或知识驱动的方法检测到，同时实验结果也证实了所提活动识别方法的优越性。类似的研究参见文献[19]。Okeyo 等[27]使用混合本体和时间方法建立了复合活动识别方法。该方法的核心思想是将 Allen 的时序逻辑[28]集成到本体中，并应用基于语义 Web（网页）的规则语言对居住者的活动进行推理。此外，基于该方法还创建了多个复合活动识别模型。Ihianle 等[29]提出了一种新的混合驱动方法，其将潜在狄利克雷分布（用作数据驱动方法）和由本体表示的知识驱动方法相结合以识别活动。结果表明，该方法能够克服数据驱动方法和知识驱动方法的一些局限性，但其学习过程取决于用户的具体行动顺序。Sukor 等[23]提出了混合驱动方法的架构，该架构将知识驱动推理与机器学习方法相结合，以弥补基于知识的活动识别方法中的信息不足。该活动识别方法随后被传递到数据驱动推理以进行进一步的活动学习，以便可以根据用户的具体情况进行训练以进化。最近，基于 BRB 推理模型的活动识别方法[8]展示了其独特的潜力，即利用数据驱动方法和知识驱动方法的结合，主要原因是该方法继承了 BRB 推理模型的优点，因此它可以从大量传感器数据中构建基于数据的规则库，此外，还可以从用户的不确定性知识中构建基于知识的规则库。结果表明，基于 BRB 推理模型的活动识别方法在准确性和鲁棒性方面均优于现有的活动识别方法，尤其是在关键传感器故障的情况下。

现有的混合驱动方法研究可以在不同程度上促进活动识别方法的建立。相比之下，Espinilla 等[8]的研究成果为活动识别开辟了一种新的建模方法，因为 BRB 推理模型是人工智能领域中基于规则的高级专家系统的一个新分支，其作为"白盒"的推理过程可以解释如何使用模型识别用户的活动。因此，本章重点关注 BRB 推理模型及其在活动识别中的应用。

10.3　面向活动识别的 BRB 推理模型

本节首先介绍面向活动识别的 BRB 建模和推理方法，然后讨论和总结在动态智能环境中可能面对的关键挑战和问题。

10.3.1　面向活动识别的 BRB 建模

面向活动识别问题，假设 BRB 由 M 个与传感器相关的前提属性 $U_i(i = 1, 2, \cdots, M)$ 和一个与日常生活活动相关的结果属性 D 组成。每个前提属性 U_i 由 J_i 个候选等级 $A_{i,j}(j = 1, 2, \cdots, J_i)$ 和一个属性权重 $\delta_i(0 < \delta_i \leqslant 1)$ 表示，结果属性 D 由 N 个活动类 $D_n(n = 1, 2, \cdots, N)$ 表示。因此，BRB 中的第 k 个规则 $R_k(k = 1, 2, \cdots, L)$ 可以写成：

R_k : IF U_1 is $\left\{\left(A_{1,j}, \alpha_{1,j}^k\right); j = 1, 2, \cdots, J_1\right\} \wedge \cdots \wedge U_M$ is $\left\{\left(A_{M,j}, \alpha_{M,j}^k\right); j = 1, 2, \cdots, J_M\right\}$,

THEN D is $\{(D_n, \beta_{n,k}); n = 1, 2, \cdots, N\}$, with θ_k and $\{\delta_1, \cdots, \delta_M\}$

（10-1）

式中，$\alpha_{i,j}^k$（$0 \leqslant \alpha_{i,j}^k \leqslant 1$）和 $\beta_{n,k}$（$0 \leqslant \beta_{n,k} \leqslant 1$）为第 k 条规则中 $A_{i,j}$ 和 D_n 的置信度，满足 $\sum_{j=1}^{J_i} \alpha_{i,j}^k \leqslant 1$ 和 $\sum_{n=1}^{N} \beta_{n,k} \leqslant 1$；$\theta_k$（$0 \leqslant \theta_k \leqslant 1$）为第 k 条规则的权重。

以识别与两个二进制传感器相关的三个活动为例，图 10-1 显示了一种关于三个活动和两个传感器的规则。在图 10-1 中，两个前提属性分别是 $U_1 =$ "微波传感器"和 $U_2 =$ "冰箱传感器"，每个前提属性有两个候选等级 $A_{i,j} \in \{$值 $= 0$，值 $= 1\}$（$i, j = 1, 2$），以及结果属性为 $D =$ "活动"和三个活动类型 $D_n = \{$睡觉、喝酒、准备晚餐$\}$（$n = 1, 2, 3$）。因此，该规则的含义可以描述为：当 62%确定"微波传感器"为"值 $= 1$"和 38%确定为"值 $= 0$"，并且 33%确定"冰箱传感器"为"值 $= 1$"和 50%确定为"值 $= 0$"，那么 20%确定"活动"为"睡觉"、40%确定为"准备晚餐"和 30%确定为"喝酒"。由于结果属性"活动"的总置信度为 20% + 40% + 30% = 90% < 100%，因此该规则包含 10%不完全的不确定性信息。此外，"微波传感器"和"冰箱传感器"的属性权重分别为 0.6 和 0.7，这反映了两个传感器重要性的差异。该规则的权重为 0.9，表示该规则相对于其他规则的重要性。

图 10-1　关于活动识别的规则示例

为了构建面向活动识别的 BRB，应考虑如图 10-2 所示的建模框架。

根据图 10-2 以及文献[8]中提出的方法，具体的建模步骤如下。

（1）选择传感器。该步骤需要根据穷举搜索方法为 BRB 选择最优数量的传感器。

①基于相关性度量的传感器选择方法[10]：该方法通过考虑每个传感器的个体预测能力以及它们之间的冗余度来评估传感器的价值。

②基于一致性度量的传感器选择方法[11]：当训练数据投影到传感器子集上时，该方法通过活动类别的一致性水平来评估传感器的价值。

（2）确定基础参数。该步骤是利用领域专家的先验知识确定基础参数的值，包括属性权重、候选等级和活动类。

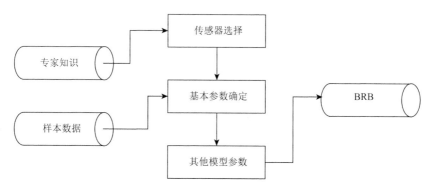

图 10-2　面向活动识别的 BRB 建模框架

（3）计算模型参数。该步骤是计算模型参数的值，包括规则权重、前提属性和结果属性的置信分布。假设 $\{u(A_{i,j}); j = 1, 2, \cdots, J_i\}$ 是第 $i(i = 1, 2, \cdots, M)$ 个前提属性的给定效用值，而 $x_{t,i}$ 是第 i 个前提属性的第 $t(t = 1, 2, \cdots, L)$ 个样本输入数据。使用基于效用的等价转换技术，可以生成第 i 个前提属性的置信分布：

$$S(x_{t,i}) = \left\{ \left(A_{i,j}, \alpha_{i,j}^t \right); j = 1, 2, \cdots, J_i \right\} \tag{10-2}$$

式中

$$\alpha_{i,j}^t = \frac{u(A_{i,j+1}) - x_{t,i}}{u(A_{i,j+1}) - u(A_{i,j})} \text{ 且 } \alpha_{i,j+1}^t = 1 - \alpha_{i,j}^t, \quad u(A_{i,j}) \leqslant x_{t,i} \leqslant u(A_{i,j+1}) \tag{10-3}$$

$$\alpha_{i,s}^t = 0, \quad s = 1, 2, \cdots, J_i \text{ 且 } s \neq j, j+1 \tag{10-4}$$

类似地，当第 t 个样本输出数据是 y_t，并且结果属性 D 的给定效用值是 $\{u(D_n); n = 1, 2, \cdots, N\}$ 时，结果属性的置信分布表示为

$$S(y_t) = \{(D_n, \beta_{n,t}); n = 1, 2, \cdots, N\} \tag{10-5}$$

基于前提属性和结果属性的置信分布，可以使用相似性度量生成每条规则的规则权重。

对于上述面向活动识别的 BRB 建模，需要注意的是，每个规则都是从活动的观察数据生成的，这些数据通常是从执行活动的某个时间收集的传感器数据转换而来的。

10.3.2 面向活动识别的 BRB 推理

在构建完 BRB 后，BRB 推理模型可用于基于传感器的活动识别，图 10-3 显示了面向活动识别的 BRB 推理框架。

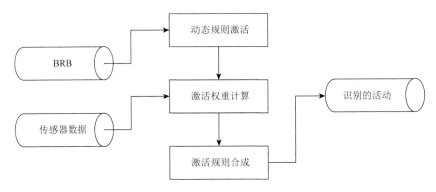

图 10-3　面向活动识别的 BRB 推理框架

（1）动态规则激活。该步骤是为每个待识别活动的传感器数据动态激活 BRB 中的规则。首先，通过引入参数 λ 为前提属性集 $U = \{U_1, \cdots, U_M\}$ 计算新的相似度，计算公式如下：

$$S_\lambda^k(x,U) = (S^k(x,U))^\lambda \tag{10-6}$$

式中，$x = (x_1, \cdots, x_M)$ 为待识别活动的传感器数据向量；$S^k(x,U)$ 为原始的相似度：

$$S^k(x,U) = \begin{cases} 1, & H^k(x) = 0 \\ 0.2, & 0 < H^k(x) \leqslant 1 \\ 0.1, & 1 < H^k(x) \leqslant 2 \\ 0, & H^k(x) > 2 \end{cases} \tag{10-7}$$

式中

$$H^k(x) = \sum_{i=1}^M \delta_i d_H^k(x_i) \tag{10-8}$$

$$d_H^k(x_i) = \begin{cases} 0, & S(x_i) = S(x_{k,i}) \\ 1, & \text{否则} \end{cases} \tag{10-9}$$

式中，δ_i 为第 i 个前提属性的属性权重；$S(x_i)$ 为传感器数据的置信分布；$S(x_{k,i})$ 为样本输入数据的置信分布。

其次，基于新的相似度，需要使用式（10-10）计算第 k 个规则的新激活权重，

表示为 w_k。同时，如果 w_k 大于 0，则将该规则 R_k 放入集合 $\varDelta_\lambda$ 中，即 $\varDelta_\lambda = \varDelta_\lambda \bigcup R_k$。

$$w_k = \theta_k S^k(x_i, U_i) \tag{10-10}$$

式中，θ_k 为第 k 条规则的规则权重。

再次，使用函数 $C(\varDelta_\lambda)$ 来衡量规则集合 $\varDelta_\lambda$ 中的一致性，$C(\varDelta_\lambda)$ 定义如下：

$$C(\varDelta_\lambda) = \frac{\max_{n=1,2,\cdots,N}\{C_n\}}{|\varDelta_\lambda|} \tag{10-11}$$

式中，C_n 的计算公式如下：

$$C_n = |D_n; n = \arg\max_{i=1,2,\cdots,N}\{\beta_{i,k}\}|, \ R_k \in \varDelta_\lambda \tag{10-12}$$

最后，通过在定义域范围内调整 λ 的取值以获得最大值 $C(\varDelta_\lambda)$，并将相关的规则集合 $\varDelta_\lambda$ 视为激活规则的最终集合。

（2）激活权重计算。首先，计算规则集合 $\varDelta_\lambda$ 中激活规则的激活权重。对于待识别活动的传感器数据向量 x 中的每个数据 $x_i(i=1,2,\cdots,M)$，使用式（10-3）和式（10-4）计算置信分布：

$$S(x_i) = \{(A_{i,j}, \alpha_{i,j}); j = 1, 2, \cdots, J_i\} \tag{10-13}$$

其次，使用汉明距离计算第 k 个规则中前提属性集 U 的相似度，如式（10-7）所示。

最后，第 k 条规则的激活权重 w_k 可以通过式（10-10）计算。

（3）激活规则合成。该步骤使用 ER 方法的解析公式合成所有激活规则，其中第 n 个类别的置信度合成公式如下：

$$\beta_n = \frac{\prod_{k=1}^{L}\left(w_k\beta_{n,k} + 1 - w_k\sum_{i=1}^{N}\beta_{i,k}\right) - \prod_{k=1}^{L}\left(1 - w_k\sum_{i=1}^{N}\beta_{i,k}\right)}{\sum_{i=1}^{N}\prod_{k=1}^{L}\left(w_k\beta_{n,k} + 1 - w_k\sum_{i=1}^{N}\beta_{i,k}\right)(N-1)\prod_{k=1}^{L}\left(1 - w_k\sum_{i=1}^{N}\beta_{i,k}\right) - \prod_{k=1}^{L}(1 - w_k)} \tag{10-14}$$

通过寻求最大置信度对应的活动类型来确定模型推理所得的活动类型：

$$f(x) = D_n, \quad n = \arg\max_{i=1,2,\cdots,N}\{\beta_i\} \tag{10-15}$$

10.3.3　面向活动识别建模的问题描述

为老年人构建基于传感器的活动识别方法是非常具有挑战性的，因为性能优越的活动识别方法可以让老年人尽可能长时间地待在家里，并保持健康的居家养老生活。除了通过数据驱动方法和知识驱动方法构建的活动识别方法外，BRB 推理模型是目前建模方法中可靠性最强的方法之一，其在多种类型不确定性信息的处理和传感器故障情形下的活动识别均具有明显优势[8]。但对于需要定期更新模型的动态环境，现有基于 BRB 推理模型的活动识别方法还存在以下不足。

（1）需缩短传感器选择过程中所花费的时间。如 10.3.1 节所述，BRB 的现有传感器选择方法是基于相关性和一致性度量，即通过穷举搜索所有的传感器来确定前提属性的。显然，这是一个组合爆炸问题：传感器子集的大小将随着传感器数量的增加呈指数级增长。例如，当智能环境中有 M 个传感器时，必须搜索 2^M 个候选子集来确定所需的传感器。此外，由于需要定期更新 BRB，如果 M 的值太大，则使用穷举搜索法将是非常耗费时间的过程。

（2）需缩短参数赋值过程中所花费的大量时间。如 10.3.1 节所示，BRB 建模需要计算每条规则中所有前提属性和结果属性的置信分布，同时这些置信分布又都会用于计算每条规则的规则权重。显然，当有新数据可用或增删传感器导致更改 BRB 中的前提属性数量时，必须对 BRB 中的所有参数进行重新赋值。由此可知，面向活动识别的 BRB 建模过程中的规则更新同样是非常耗费时间的过程。

综上可知，虽然 BRB 推理模型已应用于基于传感器的活动识别中，并与许多传统活动识别方法相比具有明显优势，但由于上述不足的存在，本章将进一步提高 BRB 推理模型在智能环境中的性能。此外，以 EBRB 为核心的 BRB 推理模型的现有研究，主要是关于激活规则选择[30, 31]、激活规则索引[32, 33]和有效规则判别[34]的，至今 BRB 推理模型尚未发展成为一种高效的模型。因此，本章旨在提出在线更新的 BRB 推理模型，并用于基于传感器的活动识别问题中，以确保活动识别过程中具有高效的传感器选择和规则生成过程。

10.4　面向活动识别的在线更新 BRB 推理模型

根据 10.3.3 节中提及的不足，本节引入特征分解和区域划分概念，分别提出新的传感器选择方法和规则生成方法。这两种方法都是在线更新 BRB 的主要组成部分，详见 10.4.3 节。

10.4.1　基于特征分解的传感器选择方法

为了介绍基于特征分解的传感器选择方法，假设样本输入数据集由大小为 $n \times m$ 的数据矩阵 $X = (x_{i,j}; i = 1, 2, \cdots, n; j = 1, 2, \cdots, m)$ 表示，其中 n 是收集数据数量，m 是传感器数量。例如，有 3 个活动数据（即 $n = 3$），有 5 个传感器（即 $m = 5$），其中每个传感器的取值为 {0，1，2，3}，因此 3×5 的数据矩阵 X 可以表示为

$$X = \begin{bmatrix} 0 & 1 & 1 & 0 & 3 \\ 2 & 2 & 0 & 0 & 1 \\ 1 & 3 & 0 & 2 & 2 \end{bmatrix} \qquad (10\text{-}16)$$

接下来，由于不同传感器之间的不可通约性，使用零均值归一化方法消除矩阵 X 的维数单位，如下：

$$y_{i,j} = \frac{x_{i,j} - \mu_j}{\sigma_j}, \quad i = 1, 2, \cdots, n; \ j = 1, 2, \cdots, m \qquad (10\text{-}17)$$

式中

$$\mu_j = \frac{\sum_{i=1}^{n} x_{i,j}}{n}, \quad j = 1, 2, \cdots, m \qquad (10\text{-}18)$$

$$\sigma_j = \sqrt{\frac{\sum_{i=1}^{n} (x_{i,j} - \mu_j)^2}{n}}, \quad j = 1, 2, \cdots, m \qquad (10\text{-}19)$$

在执行归一化计算后，矩阵 $Y = (y_{i,j}; i = 1, 2, \cdots, n; j = 1, 2, \cdots, m)$每一列的平均值等于 0，即

$$\overline{y}_j = \frac{\sum_{i=1}^{n} y_{i,j}}{n} = 0, \quad j = 1, 2, \cdots, m \qquad (10\text{-}20)$$

因此，矩阵 Y 的协方差矩阵 $C = (c_{i,j}; i, j = 1, 2, \cdots, m)$的计算公式如下：

$$c_{i,j} = \frac{\sum_{t=1}^{n} (y_{t,i} - \overline{y}_i) \cdot (y_{t,j} - \overline{y}_j)}{m - 1} = \frac{\sum_{t=1}^{n} y_{t,i} \cdot y_{t,j}}{m - 1}, \quad i, j = 1, 2, \cdots, m \qquad (10\text{-}21)$$

根据矩阵 C 的特征分解，我们可以得到 m 个特征值 $\lambda_i (i = 1, 2, \cdots, m)$ 及其对应的 m 个特征向量 $u_i = (u_{i,j}; j = 1, 2, \cdots, m)(i = 1, 2, \cdots, m)$，其中特征值 $\lambda_i (i = 1, 2, \cdots, m)$ 按降序排序，即 $\lambda_1 \geqslant \cdots \geqslant \lambda_m$，$u_i(i = 1, 2, \cdots, m)$满足条件 $u_i^{\mathrm{T}} \cdot u_i = 1$。然后，使用基于特征值的累积贡献率（accumulative contribution ratio，ACR）来确定应保留多少特征向量以选择最优数量的传感器，即

$$\mathrm{ACR} = \frac{\sum_{i=1}^{t} \lambda_i}{\sum_{j=1}^{m} \lambda_j} \geqslant r \qquad (10\text{-}22)$$

式中，r 为预定的最小累积贡献率；t 为满足式（10-22）的最小特征值数。

接下来，用于描述每个传感器在每个特征向量中所做贡献的载荷矩阵 $L = (l_{i,j}; i = 1, 2, \cdots, t; j = 1, 2, \cdots, m)$ 可以计算如下：

$$l_{i,j} = u_{i,j} \sqrt{\lambda_i}, \quad i = 1, 2, \cdots, t; j = 1, 2, \cdots, m \qquad （10\text{-}23）$$

式中，$l_{i,j}$ 为第 j 个传感器在第 i 个特征向量中所做的贡献。

最后，根据预定的传感器选择策略，即每个特征向量中贡献最大或贡献大于 0.7 的传感器，可以从 m 个传感器中选择传感器的最优数量。

对于上述传感器选择方法，需要特别注意以下方面。

（1）计算特征值和特征向量的过程类似于主成分分析（principal component analysis，PCA）法，其目的是将原始 m 个变量转换为新的 k 个变量（$k<m$）。相比而言，本节所提方法只是通过特征值和特征向量选择传感器，这样更容易解释哪个传感器在活动识别过程中起重要作用。

（2）数据矩阵的特征分解是线性代数中最常用的方法之一，其时间复杂度已被证明为 $O(m^3)$[35]。换句话说，本节所提的基于特征分解的传感器选择方法能够高效地选择最优数量的传感器。

（3）参数 r 和选择策略在确定传感器的最优数量时起着重要作用。当参数 r 取值为 1 且选择策略定义为每个特征向量中贡献最大的传感器时，应使用样本数据中的所有传感器来构建 BRB。

10.4.2　基于区域划分的规则生成方法

为了实现 BRB 中参数的在线更新，本节提出基于区域划分的规则生成方法，以更有效地生成或更新 BRB。首先，给出以下两个定义[36]说明 BRB 推理模型中输入空间的区域划分。

定义 10-1（分割点）　分割点是用于计算输入数据属于候选等级的置信度的变换函数之间的交点。为了方便起见，我们定义了 $P(A_{i,j}, A_{i,j+1})(i = 1, 2, \cdots, M; j = 1, 2, \cdots, J_{i-1})$ 来表示第 i 个前提属性中候选等级 $A_{i,j}$ 和 $A_{i,j+1}$ 之间的分割点。

定义 10-2（分割域）　分割域是由每个前提属性的两个相邻划分点构成的局部输入空间。为了方便起见，$D(A_{1,j_1}, \cdots, A_{M,j_M})$ $(j_i = 1, 2, \cdots, J_i; i = 1, 2, \cdots, M)$ 定义为与候选等级 $A_{1,j_1}, \cdots, A_{M,j_M}$ 相关的分割域。

以 BRB 推理模型的二维输入空间为例，基于式（10-3）和式（10-4）中所示的置信分布计算公式，每个属性中的两个候选等级可以分别构造两个分割点 $P(A_{1,1}, A_{1,2})$ 和 $P(A_{2,1}, A_{2,2})$，并进一步将输入空间分解为四个分割域 $D(A_{1,1}, A_{2,1})$、$D(A_{1,2}, A_{2,1})$、$D(A_{1,1}, A_{2,2})$ 和 $D(A_{1,2}, A_{2,2})$，如图 10-4 所示。

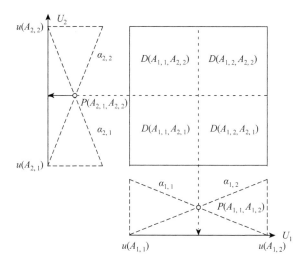

图 10-4　分割点和分割域示例

基于定义 10-1 和定义 10-2，BRB 推理模型中的所有规则最多可以划分为 $\prod_{i=1}^{M} J_i$ 组。对于每个划分域 $D(A_{1,j_1}, \cdots, A_{M,j_M})$ （$j_i = 1, 2, \cdots, J_i; i = 1, 2, \cdots, M$），相应的规则组简化如下：

$R_{j_1, \cdots, j_M}$: IF U_1 is $A_{1,j_1} \wedge \cdots \wedge U_M$ is A_{M,j_M},

THEN D is $\{(D_n, \beta_{n,j_1,\cdots,j_M}); n = 1, 2, \cdots, N\}$, with $\theta_{j_1,\cdots,j_M} = 1$ and $\{\delta_1, \cdots, \delta_M\}$

$$\tag{10-24}$$

式中

$$\beta_{n,j_1,\cdots,j_M} = \sum_{k=1}^{L_{j_1,\cdots,j_M}} \beta_{n,k} \tag{10-25}$$

$L_{j_i,\cdots,j_M}$ 为分割域中的规则数 $D(A_{1,j_1}, \cdots, A_{M,j_M})$ （$j_i = 1, 2, \cdots, J_i; i = 1, 2, \cdots, M$）； $\beta_{n,k}$ 为属于分割域 $D(A_{1,j_1}, \cdots, A_{M,j_M})$ 的第 k 个规则的第 n 个置信度。

对于上述新的规则表示方式，需要特别注意以下方面。

（1）在比较式（10-1）中所示的规则表示时，式（10-24）中的规则表示不仅在 IF 部分有一个简单的表达式，而且默认设置规则权重为 $\theta_k = 1$，具体的化简原理可以参见文献[36]。

（2）对于新的规则表示，式（10-12）中所示的计算相似度的公式也可以简化为

$$d_H^k(x_i) = \begin{cases} 0, & \text{如果 } x_i \text{ 和 } x_{k,i} \text{ 位于相同的分割域} \\ 1, & \text{否则} \end{cases} \tag{10-26}$$

基于式（10-24）中所示的新规则表示，BRB 中参数的在线更新策略可分为以下三种情况。

（1）当新样本数据 (x_k, y_k) 落在分割域 $D(A_{1,j_1}, \cdots, A_{M,j_M})$ $(j_i = 1, 2, \cdots, J_i; i = 1, 2, \cdots, M)$ 中，并且结果属性的置信分布为 $S(y_k) = \{(D_n, \beta_{n,k}); n = 1, 2, \cdots, N\}$ 时，规则更新操作如下：

$$\beta'_{n, j_1, \cdots, j_M} = \beta_{n, j_1, \cdots, j_M} + \beta_{n,k}, \quad n = 1, 2, \cdots, N \qquad (10\text{-}27)$$

（2）当新的传感器应被加入 BRB 中作为前提属性时，可以使用每个划分域中的规则集合独立地计算结果属性的置信分布。

（3）当从 BRB 删减前提属性时，以第 $i(i = 2, 3, \cdots, M\text{-}1)$ 个前提属性为例，规则更新操作如下：

$$\beta'_{n, j_1, \cdots, j_{i-1}, j_i, j_{i+1}, \cdots, j_M} = \sum_{j_i=1}^{J_i} \beta_{n, j_1, \cdots, j_{i-1}, j_i, j_{i+1}, \cdots, j_M}, \quad n = 1, 2, \cdots, N \qquad (10\text{-}28)$$

对于上述规则生成方法，需要特别注意以下方面。

（1）通过区域划分可以将 BRB 推理模型的输入空间划分成几个局部输入空间，因此，当有新的活动数据可用时，无须更新不在同一划分域中的规则。对于删减前提属性的情况，规则更新操作通过合成结果属性的置信分布实现，无须再重新计算置信分布。因此，基于区域划分的方法能够有效地更新规则。

（2）考虑到规则的置信度之和不大于 1，需要使用如下的标准化公式对激活规则的置信度进行归一化：

$$\beta''_{n, j_1, \cdots, j_M} = \frac{\beta'_{n, j_1, \cdots, j_M}}{L}, \quad n = 1, 2, \cdots, N \qquad (10\text{-}29)$$

式中，$\beta'_{n, j_1, \cdots, j_M}$ 为划分域中的第 n 个置信度 $D(A_{1,j_1}, \cdots, A_{M,j_M})$ $(j_i = 1, 2, \cdots, J_i; i = 1, 2, \cdots, M)$；$L$ 为用于生成规则的观察数据总数。

10.4.3　基于在线更新的 BRB 推理模型

为了清楚地介绍基于特征分解的传感器选择方法和基于区域划分的规则生成方法如何有效工作，本节进一步提出基于在线更新的 BRB 推理模型，其中图 10-5 显示了所提模型的主要框架。

根据图 10-5，在线更新的 BRB 推理模型具有如下的建模和推理步骤。

（1）通过特征分解选择传感器。与面向活动识别的 BRB 现有建模方法相比，该步骤是一个新的步骤且其目的是引入基于特征分解的传感器选择方法，以高效地选择最优数量的传感器，并且与基于依赖性度量和基于一致性度量的传感器选

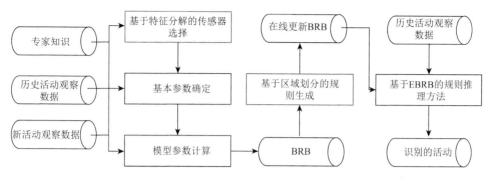

图 10-5　面向活动识别的 BRB 推理模型在线更新框架

择方法形成对比。这里需要注意的是，当有新的观测数据可用时，应将新数据与原始数据一起用于传感器选择方法。

（2）确定 BRB 的基础参数。对于所选取的传感器，首先将其作为 BRB 的前提属性，并使用领域专家的先验知识确定这些前提属性的基础参数值，包括属性权重、候选等级和活动类。

（3）计算 BRB 的模型参数。基于 BRB 的基础参数，使用基于效用的等价转换技术计算规则权重、前提属性和结果属性的置信分布。

（4）基于区域划分更新规则。与面向活动识别的 BRB 现有建模方法相比，该步骤是一个新的步骤且其目的是引入基于区域划分的规则生成方法，以确保 BRB 推理模型不仅具有高效的推理过程，而且能够在动态智能环境下有效地生成或更新规则。

（5）使用在线更新 BRB 推理模型进行活动识别。当根据专家知识和传感器数据构建在线更新的 BRB 后，BRB 推理模型能够基于动态规则激活、激活权重计算和激活规则合成识别人类活动。这些步骤的详细信息参见 10.3.2 节。

10.5　智能环境中活动识别的实例应用

本节引入两个基于传感器的活动识别数据集进行实例分析，包括：①依据传感器选择和规则生成过程验证在线更新 BRB 推理模型的有效性；②与传统活动识别方法进行比较，验证在线更新 BRB 推理模型的准确性。在此基础上，还对时间复杂度进行分析，以检验在线更新 BRB 推理模型的效率。

10.5.1　数据集预处理和实验框架

为了在基于传感器的活动识别数据中使用在线更新 BRB 推理模型，应将智能家居环境中收集的关于不同活动的传感器数据转换为活动数据。以智能家居环境中与打电话相关的传感器数据为例，当参与者在 2020 年 11 月 11 日 12:43:27 至 12:43:59 打电话时，收集的传感器数据如表 10-1 所示。由于智能家居环境中安装了四个运动传感器 M_1~M_4 和一个电话传感器，因此可以获得如表 10-1 所示的传感器数据，以及如表 10-2 所示的活动数据。基于上述数据收集和转换方式，可获得在 10.5.2 节和 10.5.3 节中使用的两个数据集。

表 10-1　智能家居中收集的用于打电话的传感器数据

开始时间	结束时间	传感器名称	取值
2020-11-11 12:43:27	2020-11-11 12:43:31	运动传感器 M_2	1
2020-11-11 12:43:31	2020-11-11 12:43:59	运动传感器 M_3	1
2020-11-11 12:43:33	2020-11-11 12:43:45	电话传感器	1

表 10-2　根据传感器数据生成的通话观察数据

运动传感器 M_1	运动传感器 M_2	运动传感器 M_3	运动传感器 M_4	电话传感器	活动
0	1	1	0	1	打电话

为了评估在线更新 BRB 推理模型的有效性和准确性，本节设计了两个实验框架，以提供全面的实验分析，其中第一个实验框架旨在比较现有方法和本章所提传感器选择和规则生成方法对活动识别准确性和效率的影响。它们之间的差异如图 10-6 所示。为了方便表述，基于相关性度量的传感器选择记为 SS^{DM}，基于一致性度量的传感器选择记为 SS^{CM}，所提的基于特征分解的传感器选择记为 SS^{New}，原始规则生成记为 RG，所提的基于区域划分的规则更新记为 RG^{New}。

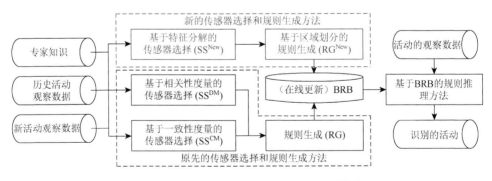

图 10-6　不同 BRB 推理模型在活动识别中的差异

第二个实验框架旨在比较所提的在线更新 BRB 推理模型与传统活动识别方

法的分类准确性,其中传统活动识别方法包括以下几种。

(1)基于朴素贝叶斯的活动识别方法(记为 AR^{NB}):该方法使用传感器与活动之间的联合概率估计新收集传感器数据的活动概率。需要特别说明的是,在建模过程中还假定传感器之间是彼此相互独立的。

(2)基于最近邻的活动识别方法(记为 AR^{NN}):该方法先计算新采集活动数据和已有活动数据之间的距离,再根据最小距离选择 k 个已有活动数据来估计新采集数据的活动类型。需要特别说明的是,k 设置为收集数据数量的 20%。

(3)基于决策树的活动识别方法(记为 AR^{DT}):该方法基于已有的活动数据创建树结构,每个叶子包含一个活动。当新收集的数据到达树结构中的叶节点时,相关活动就是估计的活动。需要特别说明的是,将收集数据数量的 5% 设置为每个叶节点的最小数据数量。

(4)基于支持向量机的活动识别方法(记为 AR^{SVM}):该方法将已有的活动数据转换到更高维度的数据空间中,进而在高维数据空间内发现一个超平面,并以此估计新收集数据的活动类型。

10.5.2 应用一:模拟数据集上的活动识别

1. 数据集描述和实验设置

本节应用智能环境模拟工具,通过与模拟环境交互收集基于传感器的活动识别模拟数据集[37],其中模拟数据集包含 924 个活动数据,并涵盖 21 个传感器和 11 个活动类型。在模拟交互环境中,传感器位于智能家居的 21 个不同位置,包括床、杯柜、洗碗机、冷冻柜、前门、杂货柜、大厅浴室门、大厅卧室门、大厅卫生间门、水壶、微波炉、平底锅柜、盘柜、冰箱、淋浴器、沙发、电话、冲水器、电视、衣柜、洗衣机;11 项活动包括上床(A_1)、使用厕所(A_2)、看电视(A_3)、准备早餐(A_4)、淋浴(A_5)、离开家(A_6)、喝冷饮(A_7)、喝热饮(A_8)、准备晚餐(A_9)、穿好衣服(A_{10})、使用电话(A_{11})。此外,每项活动的观察数据数量如表 10-3 所示。

表 10-3 模拟数据集中每项活动的观察数据数量

项目	活动名称缩写										
	A_1	A_2	A_3	A_4	A_5	A_6	A_7	A_8	A_9	A_{10}	A_{11}
观察到的数据数量	84	84	84	84	84	84	84	84	84	84	84

为了在动态智能环境中检验在线更新 BRB 推理模型的性能,将活动识别的实验环境设置如下。

（1）所有数据均分为 9 个块，视为连续 9 天收集的数据。

（2）每天都会将当天之前收集的数据用于选择最优数量的传感器。

（3）每天都会基于 10 折交叉验证对数据进行划分和检测模型。

为了能更具体地描述实验设置，以第 4 天为例，首先，将第 1～3 天收集的数据用于选择第 4 天活动识别所需的最优传感器；然后，将第 4 天收集的数据随机分成 10 份，其中 9 份与第 1～3 天收集的数据相结合，用于更新模型，剩余的 1 份用于测试模型。

2. 活动识别的有效性分析

本节以 10.5.1 节中介绍的第一个实验框架评估在线更新 BRB 推理模型的有效性。表 10-4～表 10-9 给出了基于不同传感器选择方法（包括 SS^{DM}、SS^{CM} 和 SS^{New}）和规则生成方法（包括 RG 和 RG^{New}）的 BRB 推理模型的性能，包括传感器的最优数量、分类准确性、F_1 值、规则数量、传感器选择时间、规则更新时间和规则推理时间，其中与时间统计相关的指标以毫秒为单位。此外，为了显示不同 BRB 推理模型在每个活动上的准确性，附录 F 的表 F-1～表 F-3 提供了在 SS^{DM}、SS^{CM} 和 SS^{New} 下 RG 和 RG^{New} 的混淆矩阵。

表 10-4　基于依赖性度量的传感器选择下规则生成方法的性能比较

天数	传感器的最优数量	分类准确性/%		F_1 值		规则数量	
		RG	RG^{New}	RG	RG^{New}	RG	RG^{New}
1	21	88.35	88.35	0.881	0.881	92.7	25.2
2	12	86.41	86.41	0.863	0.863	195.7	24.5
3	13	90.29	90.29	0.905	0.904	298.7	30.8
4	16	96.12	96.12	0.960	0.960	401.7	37.9
5	12	92.23	93.20	0.922	0.934	504.7	31.0
6	16	97.09	97.09	0.972	0.972	607.7	38.0
7	16	95.15	95.15	0.952	0.952	710.7	38.9
8	16	99.03	99.03	0.991	0.991	813.7	39.0
9	14	100.0	100.0	1.000	1.000	914.0	36.0

表 10-5　基于依赖性度量的传感器选择下规则生成方法的时间比较

天数	传感器的最优数量	SS^{DM}/ms	规则更新时间/ms		规则推理时间/ms	
			RG	RG^{New}	RG	RG^{New}
1	21	0	71	5	270	74
2	12	3584	166	5	428	66

续表

天数	传感器的最优数量	SS^{DM}/ms	规则更新时间/ms		规则推理时间/ms	
			RG	RG^{New}	RG	RG^{New}
3	13	2880	410	7	674	81
4	16	3671	900	12	986	115
5	12	2740	1084	3	1101	77
6	16	2751	2033	15	1501	104
7	16	2731	2791	3	1758	105
8	16	2751	3701	1	2010	105
9	14	2700	4272	3	2108	88

表 10-6　基于一致性度量的传感器选择下规则生成方法的性能比较

天数	传感器的最优数量	分类准确性/%		F_1 值		规则数量	
		RG	RG^{New}	RG	RG^{New}	RG	RG^{New}
1	21	88.35	88.35	0.881	0.881	92.7	25.2
2	9	91.26	91.26	0.916	0.916	195.7	20.8
3	11	91.26	92.23	0.916	0.925	298.7	30.9
4	14	96.12	97.09	0.960	0.970	401.7	35.9
5	14	95.15	95.15	0.952	0.952	504.7	36.0
6	14	96.12	97.09	0.961	0.972	607.7	36.0
7	14	94.17	94.17	0.943	0.943	710.7	37.8
8	14	99.03	99.03	0.991	0.991	813.7	38.0
9	14	99.00	99.00	0.990	0.990	914.0	38.0

表 10-7　基于一致性度量的传感器选择下规则生成方法的时间比较

天数	传感器的最优数量	SS^{DM}/ms	规则更新时间/ms		规则推理时间/ms	
			RG	RG^{New}	RG	RG^{New}
1	21	0	68	6	266	109
2	9	45 577	134	6	326	45
3	11	89 174	359	12	599	97
4	14	131 037	783	9	921	100
5	14	175 607	1 399	4	1 219	107
6	14	215 847	1 915	6	1 475	107
7	14	259 058	3 363	6	1 901	124
8	14	307 700	6 312	5	2 863	114
9	14	351 285	7 174	5	3 063	119

表 10-8　基于特征分解的传感器选择下规则生成方法的性能比较

天数	传感器的最优数量	分类准确性/%		F_1 值		规则数量	
		RG	RG^{New}	RG	RG^{New}	RG	RG^{New}
1	21	88.35	88.35	0.881	0.881	92.7	25.2
2	11	87.38	87.38	0.877	0.877	195.7	19.8
3	12	90.29	90.29	0.905	0.905	298.7	29.7
4	10	91.26	91.26	0.911	0.911	401.7	19.0
5	10	93.20	93.20	0.935	0.935	504.7	19.0
6	12	99.03	99.03	0.991	0.991	607.7	22.0
7	12	96.12	96.12	0.961	0.961	710.7	22.0
8	11	99.03	99.03	0.991	0.991	813.7	22.0
9	12	99.00	99.00	0.990	0.990	914.0	24.0

表 10-9　基于特征分解的传感器选择下规则生成方法的时间比较

天数	传感器的最优数量	SS^{DM}/ms	规则更新时间/ms		规则推理时间/ms	
			RG	RG^{New}	RG	RG^{New}
1	21	0	65	21	269	80
2	11	5	172	5	354	40
3	12	15	369	11	603	95
4	10	6	553	9	636	58
5	10	6	910	4	856	72
6	12	9	1580	36	1250	66
7	12	8	2168	3	1436	71
8	11	11	2744	5	1631	68
9	12	31	4091	42	1961	105

从表 10-4～表 10-9 所示的比较结果，可以总结得出以下的初步结论。

（1）本章所提的基于特征分解的传感器选择方法比基于依赖性度量和一致性度量的传感器选择方法在选择传感器的最优数量方面具有更高的效率。如表 10-5、表 10-7 和表 10-9 所示，除了第一天没有足够数量的活动观测数据外，其他几天的结果都表明：与现有的两种传感器选择方法相比，本章所提的传感器选择方法更适合为 BRB 确定有效的传感器。以第 9 天为例，基于依赖性度量和一致性度量的传感器选择方法的计算时间分别为 2700ms 和 351 285ms，明显高于本章所提的基于特征分解的传感器选择方法，相应时间为 31ms。此外，需要注意的是，基于一致性度量的传感器选择方法的计算时间随着收集的数据数量的增加而增加，如表 10-7 所示。

（2）在三种传感器选择方法下，本章所提的基于区域划分的规则生成方法能够更快地更新 BRB 中的参数值。如表 10-5、表 10-7 和表 10-9 所示的规则更新时间，当与原始规则生成方法相比时，本章所提的基于区域划分的规则生成方法具有更高的效率。同时，对于本章所提的基于区域划分的规则生成方法，与删除和不更改前提属性的情况相比，添加前提属性则需要更多的计算时间。例如，考虑表 10-9 中的第 3 天、第 6 天和第 9 天，基于区域划分的规则生成时间分别为 11ms（12 个传感器）、36ms（12 个传感器）和 42ms（12 个传感器），这三天的计算时间分别超过第 2 天的 5ms（11 个传感器）、第 5 天的 6ms（10 个传感器）和第 8 天的 11ms（11 个传感器）。此外，从表 10-4～表 10-9 可以清楚地看出，原始规则生成方法的计算时间随着观察数据数量的增加而增加。

（3）本章所提的基于区域划分的规则生成方法具有相似的分类准确性和 F_1 值，但在三种传感器选择方法下，当与原始规则生成方法相比时，具有更少的规则数量和推理次数。如表 10-4～表 10-9 所示，基于区域划分的规则生成方法与原始规则生成方法在 89%、67% 和 100% 的天数内具有一样的准确性。同时，这些方法的准确性和 F_1 值会随着观察数据数量的增加而增加，尤其是第 9 天，基于依赖性度量、一致性度量和特征分解的传感器选择方法的准确性分别为 100%、99% 和99%，F_1 值分别为 1.000、0.990 和 0.990。此外，基于区域划分的规则生成方法在规则数量和推理计算时间方面具有明显的优势，其中当收集的数据越多时，优势会越明显。以表 10-8 和表 10-9 为例，对于第 1 天，原始规则生成方法有 92.7 条规则，所需推理时间为 269ms，这些结果约为第 9 天的规则数量的 1/10 和推理时间的 1/7。相应地，基于区域划分的规则生成方法在第 1 天和第 9 天分别具有 25.2 条和 24.0 条规则以及 80ms 和 105ms 的规则推理时间。

3. 活动识别的准确性分析

继续使用模拟数据集，以第二个实验框架评估在线更新 BRB 推理模型的活动识别准确性。表 10-10～表 10-12 显示了不同传感器选择方法下不同活动识别方法的分类准确性，其中传感器选择方法包括基于特征分解、基于一致性度量和基于依赖性度量的传感器选择方法。

表 10-10　基于特征分解的传感器选择方法下不同活动识别方法的准确性比较

天数	SS^{New} 准确性%				
	本章方法	AR^{NB}	AR^{NN}	AR^{DT}	AR^{SVM}
1	88.35	88.35	57.28	84.47	86.41
2	87.38	87.38	81.55	88.35	87.38
3	90.29	92.23	91.26	91.26	91.26

续表

天数	SS^New 准确性%				
	本章方法	AR^NB	AR^NN	AR^DT	AR^SVM
4	91.26	91.26	91.26	91.26	91.26
5	93.20	91.26	91.26	91.26	91.26
6	99.03	99.03	98.06	98.06	98.06
7	96.12	96.12	96.12	96.12	96.12
8	99.03	99.03	99.03	99.03	99.03
9	99.00	99.0	99.00	99.00	99.00

表 10-11 基于一致性度量的传感器选择方法下不同活动识别方法的准确性比较

天数	SS^DM 准确性/%				
	本章方法	AR^NB	AR^NN	AR^DT	AR^SVM
1	88.35	88.35	57.28	84.47	86.41
2	91.26	86.41	81.55	86.41	83.50
3	92.23	91.26	91.26	90.29	91.26
4	97.09	97.09	93.20	96.12	94.17
5	95.15	93.20	91.26	90.29	92.23
6	97.09	98.06	98.06	96.12	97.09
7	94.17	95.15	96.12	94.17	96.12
8	99.03	99.03	100.0	100.0	100.0
9	100.0	100.0	100.0	100.0	100.0

表 10-12 基于依赖性度量的传感器选择方法下不同活动识别方法的准确性比较

天数	SS^CM 准确性/%				
	本章方法	AR^NB	AR^NN	AR^DT	AR^SVM
1	88.35	88.35	57.28	84.47	86.41
2	91.26	90.29	83.50	90.29	90.29
3	92.23	91.26	87.38	91.26	93.20
4	97.09	97.09	93.20	96.12	94.17
5	95.15	95.15	93.20	91.26	92.23
6	97.09	95.15	96.12	95.15	96.12
7	94.17	94.17	95.15	94.17	95.15
8	99.03	99.03	99.03	98.06	99.03
9	99.00	99.00	99.00	99.00	99.00

根据表 10-10～表 10-12 中的结果和比较,可以总结出以下初步结论。

（1）通过在三种传感器选择方法下对比四种传统活动识别方法，本章所提的在线更新 BRB 推理模型具有更高的准确性。如表 10-10～表 10-12 所示，当分别采用基于特征分解、基于一致性度量和基于依赖性度量的传感器选择方法时，在线更新 BRB 推理模型分别在 9 天中的 7 天、9 天中的 6 天和 9 天中的 7 天获得了最高准确性。

（2）在线更新 BRB 推理模型与其他传统的四个活动识别方法具有相同的特性，当观测数据数量增加时，相应的准确性也会随之提高。从表 10-10～表 10-12 可以看出，对于三种传感器选择方法，表中不同活动识别方法的准确性从 88.35% 分别提高至 99.03%、100% 和 99.03%，其中准确性提高的原因是，当使用更多的观察数据构建活动识别模型时，为 BRB 生成了更多的规则，这保证了所构建的模型具有丰富的数据库以实现准确的活动识别。

（3）没有一种活动识别方法能够在 9 天中都拥有最高的准确性。更具体地说，虽然在线更新 BRB 推理模型在大多数情况下显示出更高的准确性，但传统活动识别方法在某些情况下仍能够表现出更高的准确性，例如，在基于依赖性度量的传感器选择方法下，AR^{SVM} 在第三天达到最高准确性。这一现象产生的原因可能有多种，如噪声数据和不平衡数据等，使得几乎不可能找到最优活动识别方法。

为了进一步比较在线更新 BRB 推理模型与其他活动识别方法的准确性，下面对每个活动的分类结果和 F_1 值进行分析，相应的结果表明几乎所有活动都可以通过本章所提的 BRB 推理模型、AR^{NB}、AR^{NN}、AR^{DT} 和 AR^{SVM} 进行准确的预测，例如，这些活动识别方法对"准备晚餐（A_9）"活动中 84 个观察数据都实现了准确预测，并且在其他活动中也可以找到类似的分类结果。从表 10-13～表 10-15 可以看出，对于三种传感器选择方法，本章所提的 BRB 推理模型和传统活动识别方法的最佳 F_1 值分别为 0.991、1.000 和 0.991，并且在第 1 天时均具有相对较小的 F_1 值。这一现象产生的原始原因是，当拥有更多的观察数据构建模型时，这些数据能够有效提升活动识别方法的性能。

表 10-13　基于特征分解的传感器选择下不同活动识别方法的 F_1 值比较

天数	SS^{New} 下的 F_1 值				
	本章模型	AR^{NB}	AR^{NN}	AR^{DT}	AR^{SVM}
1	0.881	0.883	0.513	0.840	0.858
2	0.877	0.877	0.799	0.885	0.875
3	0.905	0.924	0.915	0.915	0.915
4	0.911	0.911	0.911	0.911	0.911
5	0.935	0.913	0.913	0.913	0.913

续表

天数	SS^{New} 下的 F_1 值				
	本章模型	AR^{NB}	AR^{NN}	AR^{DT}	AR^{SVM}
6	0.991	0.991	0.981	0.981	0.981
7	0.961	0.961	0.961	0.961	0.961
8	0.991	0.991	0.991	0.991	0.991
9	0.990	0.990	0.990	0.990	0.990

表 10-14　基于一致性度量的传感器选择下不同活动识别方法的 F_1 值比较

天数	SS^{DM} 下的 F_1 值				
	本章模型	AR^{NB}	AR^{NN}	AR^{DT}	AR^{SVM}
1	0.881	0.883	0.513	0.840	0.858
2	0.863	0.863	0.788	0.859	0.820
3	0.904	0.915	0.914	0.905	0.914
4	0.960	0.971	0.930	0.960	0.940
5	0.934	0.932	0.911	0.901	0.921
6	0.972	0.982	0.981	0.962	0.972
7	0.951	0.951	0.961	0.943	0.961
8	0.991	0.991	1.000	1.000	1.000
9	1.000	1.000	1.000	1.000	1.000

表 10-15　基于依赖性度量的传感器选择下不同活动识别方法的 F_1 值比较

天数	SS^{CM} 下的 F_1 值				
	本章模型	AR^{NB}	AR^{NN}	AR^{DT}	AR^{SVM}
1	0.881	0.883	0.513	0.840	0.858
2	0.916	0.906	0.802	0.904	0.904
3	0.925	0.915	0.873	0.914	0.934
4	0.970	0.971	0.927	0.960	0.940
5	0.952	0.951	0.930	0.911	0.920
6	0.972	0.951	0.960	0.951	0.961
7	0.943	0.943	0.952	0.943	0.952
8	0.991	0.991	0.991	0.981	0.991
9	0.990	0.990	0.990	0.990	0.990

10.5.3　应用二：CASAS 数据集上的活动识别

为了进一步评估在线更新 BRB 推理模型的性能，本节使用基于传感器活动识别领域中常用的 CASAS 数据集[38]，并以此进行实验分析和方法比较。

1. 数据集描述和实验设置

在本节中，首先对 CASAS 数据集进行简要的介绍，其中该数据集是由 39 个传感器生成的，共计 120 个活动数据。相关的 39 个传感器包括：26 个运动传感器、9 个物件传感器（燕麦传感器、葡萄干传感器、红糖传感器、碗传感器、测量勺传感器、药物容器传感器、锅传感器、电话簿传感器、橱柜传感器）、2 个水传感器、1 个燃烧器传感器和 1 个电话传感器。相关的 5 个活动类别包括：打电话（B_1）、洗手（B_2）、烹饪（B_3）、吃饭（B_4）、清洁（B_5）。需要注意的是，真实数据集最初是由 120 个传感器数据文件组成的，每个文件均是由一名志愿者在智能环境中执行五项活动所收集的传感器数据。因此，根据 10.5.1 节中介绍的数据集预处理方式，可以从 120 个传感器数据文件中生成 120 个活动数据，每个活动的观测数据数量如表 10-16 所示。

表 10-16　真实数据集中每个活动的观察数据数量[38]

项目	活动名称缩写				
	B_1	B_2	B_3	B_4	B_5
观测的数据数量	24	24	24	24	24

此外，为了验证在线更新 BRB 推理模型的性能，实验设置如下：使用 10 折交叉验证将 120 个活动数据划分为 10 份，其中 9 份作为训练数据集，剩余 1 份作为测试数据集，同时保证每一份数据都会被用作一次测试数据集。

2. 活动识别的有效性和准确性分析

在本节中，使用三个实验框架评估活动识别方法的有效性和准确性。表 10-17 显示了三种传感器选择方法的计算时间，其中传感器选择方法包括 SS^{DM}、SS^{CM} 和 SS^{New}。需要注意的是，表 10-17 中的 NA 表示传感器选择方法未能在 2h 内选择一组有效的传感器，这远远超过 SS^{New} 的计算时间，即 82ms。由此可知，与基于依赖性度量和基于一致性度量的传感器选择方法相比，本章提出的基于特征分解的传感器选择方法在选择传感器方面具有更高的效率。因此，对于 CASAS 数据集，以下实验将只基于特征分解的传感器选择方法进行实验分析。

表 10-17　三种传感器选择方法的计算时间比较

传感器选择方法	计算时间/ms
SS^{DM}	NA
SS^{CM}	NA
SS^{New}	82

对于第一个实验，表 10-18 显示了不同规则生成方法（包括 RG 和 RG^{New}）下活动识别方法的活动识别准确性、F_1 值、规则数量、规则更新时间和规则推理时间。此外，在 SS^{New} 下 RG 和 RG^{New} 的混淆矩阵如表 10-19 所示。首先，由表 10-18 可知，本章所提的基于区域划分的规则生成方法在更新 BRB 中的参数取值时比原始规则生成方法具有更高的效率。从规则更新时间来看，本章所提的基于区域划分的规则生成方法只需 7ms，而原始的规则生成方法高达 546ms，前者效率更高。同时，不同的活动识别方法具有相同的准确性和 F_1 值，但与原始方法相比，本章所提方法的规则数量和规则推理时间更少。从表 10-19 可以看出，本章所提方法和原始方法在每项活动中具有相同的准确性。

表 10-18　基于特征分解的传感器选择下规则生成方法的比较

规则生成方法	准确性/%	F_1 值	规则数量	规则更新时间/ms	规则推理时间/ms
RG	93.33	0.934	180.0	546	900
RG^{New}	93.33	0.934	60.3	7	499

表 10-19　基于特征分解的传感器选择下 RG 和 RG^{New} 的混淆矩阵

RG/RG^{New}		预测活动				
		B_1	B_2	B_3	B_4	B_5
实际活动	B_1	24/24	0/0	0/0	0/0	0/0
	B_2	0/0	22/22	0/0	2/2	0/0
	B_3	0/0	0/0	23/23	1/1	0/0
	B_4	0/0	1/1	0/0	22/22	1/1
	B_5	0/0	3/3	0/0	0/0	21/21

对于第二个实验，表 10-20 给出了基于特征分解的传感器选择下在线更新 BRB 推理模型和四个传统活动识别方法的准确性和 F_1 值。此外，AR^{NB}、AR^{NN}、AR^{DT} 和 AR^{SVM} 的混淆矩阵如表 10-21 所示。

表 10-20 在线更新 BRB 推理模型和其他四种活动识别方法的比较

指标	本章方法	AR^{NB}	AR^{NN}	AR^{DT}	AR^{SVM}
准确性/%	93.33	90.83	89.17	88.33	92.50
F_1 值	0.934	0.908	0.896	0.884	0.925

表 10-21 AR^{NB}、AR^{NN}、AR^{DT} 和 AR^{SVM} 的混淆矩阵

$AR^{NB}/AR^{NN}/AR^{DT}/AR^{SVM}$		预测活动				
		B_1	B_2	B_3	B_4	B_5
实际活动	B_1	23/24/24/24	0/0/0/0	0/0/0/0	1/0/0/0	0/0/0/0
	B_2	0/0/0/0	23/22/22/22	0/0/0/0	1/2/1/2	0/0/1/0
	B_3	0/0/0/0	0/2/0/0	23/21/23/24	1/1/0/0	0/0/1/0
	B_4	0/0/0/0	5/3/4/4	0/0/0/0	17/21/18/19	2/0/2/1
	B_5	0/0/0/0	2/5/1/2	0/0/0/0	2/0/1/0	20/19/22/22

从表 10-20 可以看出，与其他四种传统活动识别方法相比，在线更新 BRB 推理模型具有更高的准确性和 F_1 值，分别为 93.33%（本章方法）＞92.50%（AR^{SVM}）＞90.83%（AR^{NB}）＞89.17%（AR^{NN}）＞88.33%（AR^{DT}）和 0.934（本章方法）＞0.925（AR^{SVM}）＞0.908（AR^{NB}）＞0.896（AR^{NN}）＞0.884（AR^{DT}）。从表 10-21 中可以看出，不同方法在每个活动中具有不同的准确性，即 AR^{NB} 在活动 B_2（洗手）中具有最佳的准确性，高于同一活动中 BRB 推理模型的准确性，但是，其余活动中 AR^{NB} 的准确性都低于 BRB 推理模型。

对于第三个实验，图 10-7 显示了在线更新 BRB 推理模型的准确性和 F_1 值，当 CASAS 数据集中五个活动 B_1、B_2、B_3、B_4 和 B_5 的观察数据根据给定百分比保留时，可以在数据不平衡的情况下研究在线更新 BRB 推理模型的性能。例如，图 10-7（a）和图 10-7（b）中 B_1 所指代的曲线，它表示了当 $p \times T$ 个 B_1 观测数据被保留时，在线更新 BRB 推理模型的准确性和 F_1 值，其中 p 表示[0%，100%]内的百分比，T 表示 B_1 的观测数据总数。由图 10-7（a）可知，即使调整 CASAS 数据集使其成为不平衡数据集，大多数的在线更新 BRB 推理模型的准确性也会相对稳定，例如，当 B_2 中有 0%、20%、40%、60%、80% 和 100% 的观察数据保留在 CASAS 数据集中时，准确性分别为 91.67%、94.00%、92.38%、90.91%、90.44% 和 93.33%。而从图 10-7（b）中可以看出，在线更新 BRB 推理模型的 F_1 值会随着五个活动数据的增加而增大，即当每个活动的数据百分比从 0% 增加到 100% 时，F_1 值分别从 0.742、0.733、0.638、0.683 和 0.734 增加到 0.934，表明数据集的不平衡性会影响在线更新 BRB 推理模型的性能。

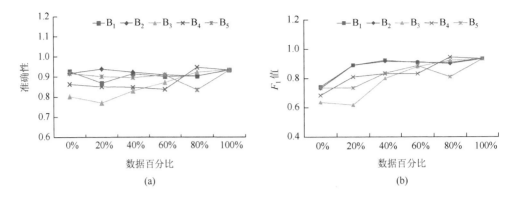

图 10-7　不平衡数据下在线更新 BRB 推理模型的性能

10.5.4　时间复杂度分析

本节将通过时间复杂度分析探讨本章所提的在线更新 BRB 推理模型的性能。首先，假设在基于传感器的活动识别数据集中有 L 个观测数据和 M 个传感器。对于原始的传感器选择方法，即基于依赖性度量和一致性度量的传感器选择方法，由于这两种方法都需要评估 2^M 个候选子集，进而从 M 个传感器中选择最优数量的传感器，所以它们的时间复杂度与 2^M 相关，即 $O(L \times 2^M)$。对于本章所提的基于特征分解的传感器选择方法，由 10.4.1 节可知，最复杂的过程是式（10-21）所示的计算公式，且对于给定数据集的计算量为 $L \times M \times M$。此外，由 10.3 节可知，矩阵特征分解的时间复杂度为 $O(M \times M \times M)$。因此，由于 $L \gg M$，本章所提的传感器选择方法的时间复杂度为 $O(L \times M \times M)$，可见本章所提的传感器选择方法具有比原始传感器选择方法更高的效率。

对于本章提出的基于区域划分的规则生成方法，由于属于一个区域的规则会被融合成一条规则，这保证了规则生成方法能够有效地控制 BRB 中的规则总数。例如，假设 BRB 中有 M 个前提属性和 N 个活动类型，其中第 $i(i=1,2,\cdots,M)$ 个前提属性有 J_i 个候选等级，当有 L 个观察数据用于构建 BRB，以及 S 个新观察数据用于更新 BRB 时，所构建的 BRB 中的规则总数势必小于等于 $L+S$，这是因为一些观察数据会属于一个相同的区域。由此可知，与原始规则生成方法相比，本章所提的规则生成方法能够降低 BRB 推理模型的推理时间复杂度。

此外，本章所提的基于区域划分的规则生成方法能够有效简化规则的表示，而且无须计算所有前提属性的置信分布和每条规则的规则权重。换句话说，在 BRB 的规则更新中，不用考虑所有前提属性置信分布的时间复杂度 $O\left(\sum\limits_{i=1}^{M} J_i\right)$ 和规则权重的时间复杂度 $O\left(L^2 \cdot \left(\sum_{i=1}^{M} J_i + N\right)\right)$。归功于区域划分，本章所提的规则生成方法还增强了每条规则的独立性，例如，当有新收集的数据可用时，只需要更新与新收集数据同在区域的规则即可。因此，与原始规则生成方法相比，本章所提的规则生成方法具有更低的规则更新时间复杂度。

10.6　本　章　小　结

本章针对动态智能环境中基于传感器的活动识别问题，提出了一种在线更新的 BRB 推理模型，新推理模型具有新的传感器选择方法和新的规则生成方法。同时，引入模拟环境和实际环境下收集的两个活动识别数据集，与原始 BRB 推理模型和一些常见的活动识别方法相比，验证了本章所提的在线更新 BRB 推理模型的准确性和有效性。具体贡献可以概括为以下三个方面。

（1）为了克服基于 BRB 推理模型的现有活动识别方法中选择传感器的耗时问题，本章引入特征分解对传感器数据矩阵进行特征值和特征向量的计算，并通过累积贡献率和负载矩阵实现传感器的选择。同时，还将这一流程总结为基于特征分解的传感器选择方法。

（2）为了克服基于 BRB 推理模型的现有活动识别方法中更新规则的耗时问题，本章引入区域划分简化规则的表示，从而实现高效的规则更新过程，该过程只需要计算规则中结果属性的置信分布。上述过程都属于本章所提的基于区域划分的规则生成方法。

（3）通过本章所提的传感器选择和规则生成方法改进基于 BRB 推理模型的活动识别方法，进一步为基于传感器的活动识别提出了在线更新 BRB 推理模型。两个活动识别数据集的案例研究表明，本章所提的在线更新 BRB 推理模型可以高效构造和更新 BRB，并有效识别用户活动。

参 考 文 献

[1]　Rafferty J, Nugent C D, Liu J, et al. From activity recognition to intention recognition for assisted living with smart homes[J]. IEEE Transactions on Human-Machine Systems, 2017, 47 (3) : 368-379.

[2]　Chen L M, Hoey J, Nugent C D, et al. Sensor-based activity recognition[J]. IEEE Transactions on Systems, Man, and Cybernetics, Part C (Applications and Reviews) , 2012, 42 (6) : 790-808.

[3]　Kim J M, Jeon M J, Park H K, et al. An approach for recognition of human's daily living patterns using intention ontology and event calculus[J]. Expert Systems with Applications, 2019, 132: 256-270.

[4]　Hu C Y, Chen Y Q, Hu L S, et al. A novel random forests based class incremental learning method for activity recognition[J]. Pattern Recognition, 2018, 78: 277-290.

[5]　McKeever S, Ye J, Coyle L, et al. Activity recognition using temporal evidence theory[J]. Journal of Ambient Intelligence and Smart Environments, 2010, 2 (3) : 253-269.

[6]　Lee M L, Dey A K. Sensor-based observations of daily living for aging in place[J]. Personal and Ubiquitous Computing, 2015, 19 (1) : 27-43.

[7]　Chen L M, Nugent C D, Wang H. A knowledge-driven approach to activity recognition in smart homes[J]. IEEE Transactions on Knowledge and Data Engineering, 2012, 24 (6) : 961-974.

[8]　Espinilla M, Medina J, Calzada A, et al. Optimizing the configuration of an heterogeneous architecture of sensors for activity recognition, using the extended belief rule-based inference methodology[J]. Microprocessors and Microsystems, 2016, 52: 381-390.

[9]　Liu J, Martinez L, Calzada A, et al. A novel belief rule base representation, generation and its inference methodology[J]. Knowledge-Based Systems, 2013, 53: 129-141.

[10]　Hall M. Correlation-based feature subset selection for machine learning[D]. Hamilton New Zealand: University of Waikato, 1998.

[11]　Liu H, Setiono R. A probabilistic approach to feature selection-A filter solution[J]. Proceedings of International Conference on Machine Learning, 1996: 319-327.

[12]　Hassan M M, Uddin M Z, Mohamed A, et al. A robust human activity recognition system using smartphone sensors and deep learning[J]. Future Generation Computer Systems, 2018, 81: 307-313.

[13]　Brdiczka O, Reignier P, Growley J. Detecting individual activities from video in a small home[C]//International Conference on Knowledge-Based and Intelligent Information and Engineering Systems, Heidelberg, 2007, 4692: 363-370.

[14]　Oliver N, Horvitz E. A comparison of HMMs and dynamic Bayesian networks for recognizing office activities[C]//Proceedings of the 10th International Conference on User Modeling. Berlin, Heidelberg: Springer, 2005: 199-209.

[15]　Sanchez V G, Lysaker O M, Skeie N O. Human behavior modelling for welfare technology using hidden Markov models[J]. Pattern Recognition Letters, 2020, 137: 71-79.

[16]　Bao L, Intille S. Activity recognition from user-annotated acceleration data[C]//International Conference on Pervasive Computing. Berlin, Heidelberg: Springer, 2004: 1-17.

[17]　Brdiczka O, Crowley J L, Reignier P. Learning situation models in a smart home[J]. IEEE Transactions on Systems, Man, and Cybernetics, Part B (Cybernetics) , 2009, 39 (1) : 56-63.

[18]　Ordóñez F J, Iglesias J A, de Toledo P, et al. Online activity recognition using evolving classifiers[J]. Expert Systems with Applications, 2013, 40 (4) : 1248-1255.

[19]　Riboni D, Sztyler T, Civitarese G, et al. Unsupervised recognition of interleaved activities of daily living through ontological and probabilistic reasoning[C]//Proceedings of the 2016 ACM International Joint Conference on Pervasive and Ubiquitous Computing, Heidelberg, 2016: 1-12.

[20]　Bouchard B, Giroux S, Bouzouane A. A smart home agent for plan recognition of cognitively-impaired patients[J]. Journal of Computers, 2006, 1 (5) : 53-62.

[21]　Chen L, Nugent C D. A logical framework for behaviour reasoning and assistance in a smart home[J]. International Journal of Assistive Robotics and Mechatronics, 2008, 9 (4) : 20-34.

[22]　Yao B, Hagras H, Alhaddad M J, et al. A fuzzy logic-based system for the automation of human behavior recognition using machine vision in intelligent environments[J]. Soft Computing-A Fusion of Foundations, Methodologies and Applications, 2015, 19 (2) : 499-506.

[23]　Sukor A S A, Zakaria A, Rahim N A, et al. A hybrid approach of knowledge-driven and data-driven reasoning for

activity recognition in smart homes[J]. Journal of Intelligent & Fuzzy Systems, 2019, 36 (1) : 4177-4188.

[24]　Noor M H M, Salcic Z, Wang K I K. Enhancing ontological reasoning with uncertainty handling for activity recognition[J]. Knowledge-Based Systems, 2016, 114 (C) : 47-60.

[25]　Triboan D, Chen L M, Chen F, et al. A semantics-based approach to sensor data segmentation in real-time activity recognition[J]. Future Generation Computer Systems, 2019, 93: 224-236.

[26]　Riboni D, Bettini C. COSAR: Hybrid reasoning for context-aware activity recognition[J]. Personal and Ubiquitous Computing, 2011, 15 (3) : 271-289.

[27]　Okeyo G, Chen L M, Wang H, et al. A hybrid ontological and temporal approach for composite activity modelling[C]//2012 IEEE 11th International Conference on Trust, Security and Privacy in Computing and Communications, Liverpool, 2012: 1763-1770.

[28]　Allen J F. Maintaining knowledge about temporal intervals[J]. Communications of the ACM, 1983, 26 (11) : 832-843.

[29]　Ihianle I K, Naeem U, Islam S, et al. A hybrid approach to recognizing activities of daily living from object use in the home environment[J]. Informatics, 2018, 5 (1) : 1-25.

[30]　Calzada A, Liu J, Wang H, et al. A new dynamic rule activation method for extended belief rule-based systems[J]. IEEE Transactions on Knowledge and Data Engineering, 2015, 27 (4) : 880-894.

[31]　Yang L H, Wang Y M, Fu Y G. A consistency analysis-based rule activation method for extended belief-rule-based systems[J]. Information Sciences, 2018, 445: 50-65.

[32]　Yang L H, Wang Y M, Su Q, et al. Multi-attribute search framework for optimizing extended belief rule-based systems[J]. Information Sciences, 2016, 370: 159-183.

[33]　Lin Y Q, Fu Y G, Su Q, et al. A rule activation method for extended belief rule base with VP-tree and MVP-tree[J]. Journal of Intelligent & Fuzzy Systems, 2017, 33 (6) : 3695-3705.

[34]　Yang L H, Wang Y M, Lan Y X, et al. A data envelopment analysis (DEA) -based method for rule reduction in extended belief-rule-based systems[J]. Knowledge-Based Systems, 2017, 123 (C) : 174-187.

[35]　Demmel J, Dumitriu I, Holtz O. Fast linear algebra is stable[J]. Numerische Mathematik, 2007, 108 (1) : 59-91.

[36]　Yang L H, Liu J, Wang Y M, et al. A micro-extended belief rule-based system for big data multiclass classification problems[J]. IEEE Transactions on Systems, Man, and Cybernetics: Systems, 2021, 51 (1) : 420-440.

[37]　Synnott J, Chen L, Nugent C D, et al. The creation of simulated activity datasets using a graphical intelligent environment simulation tool[C]//2014 36th Annual International Conference of the IEEE Engineering in Medicine and Biology Society, Chicago, 2014: 4143-4146.

[38]　Cook D J, Schmitter-Edgecombe M. Assessing the quality of activities in a smart environment[J]. Methods of Information in Medicine, 2009, 48 (5) : 480-485.

第 11 章　交通网络中的桥梁风险评估与预测

11.1　概　述

　　交通网络对国家的经济增长和社会发展具有重要的支撑作用，而桥梁是交通网络中较为脆弱的一个部分，容易受洪水、台风、地震等地质灾害的影响，且伴随着不可挽回的经济损失和人员伤亡。因此，桥梁的安全性和可靠性受到越来越多的关注。研究表明[1-3]：及时的桥梁风险评估可以有效地避免桥梁安全事故的发生和确保公众的生命安全。而在实际的桥梁风险评估过程中由于所涉及的评估指标较多，例如，安全性、功能性、可维护性和环境因素等，桥梁风险往往无法简单地通过专家经验进行主观判定。由此可见，桥梁的风险评估有必要借助合理有效的数理模型来完成。

　　为了有效评估桥梁风险，国内外学者已提出了若干的桥梁风险评估模型。例如，Stewart 根据风险等级及环境分析对桥梁的可靠性进行了评估，为桥梁结构检测提供了一个较优的评估模型[4]；Adey 等利用风险评估模型确定了遭受多种危害后的桥梁最佳维护措施[5]；Johnson 和 Niezgoda 根据失效模式和影响分析构建了用于选择桥梁冲刷对抗最优策略的系统，而该系统的应用体现了失效模式和影响分析在桥梁风险评估中的重要作用[6]；Andrić 和 Lu 将模糊层次分析法与模糊逻辑结合，提出了桥梁风险评估的基本框架并表明这两种模型可有效实现桥梁风险的评估[7]。类似的模型还有基于模糊群决策的桥梁风险评估模型[2]和基于层次分析与数据包络分析的桥梁风险评估模型[8]。

　　由于桥梁风险评估往往要求具有高准确性，基于数据驱动的预测模型逐渐成为桥梁风险评估中主流的理论核心。例如，Cattan 和 Mohammadi 探究了如何用神经网络表示桥梁风险评估中桥梁风险与不同桥梁状态间的复杂关系[9]；接着，Kawamura 和 Miyamoto 提出了基于多层人工神经网络的桥梁评价系统[10]；Wang 和 Elhag 为了对比不同桥梁风险评估模型的评估准确性，分别比较了基于人工神经网络、证据推理和多元线性回归的桥梁风险评估模型[11]。随后，Wang 和 Elhag 还利用自适应神经模糊推理系统进行了桥梁风险评估，并总结出该系统的准确性优于其他模型[12]；相似的研究还包括基于自适应模糊推理和径向基函数（radial basis function，RBF）网络的桥梁风险评估模型[13]。近年来，作为一个新颖的推理系统，BRB 推理模型[14, 15]也被应用到桥梁风险评估中，除了表现出高准确性外，在模型可解释性上同样具有独特的优势[16, 17]。

　　然而，已有的模型在桥梁风险评估中仍存在以下几个问题：首先，早期的桥梁风险评估模型缺少对历史数据的合理利用，导致风险评估的准确性较差且随着数据量的增多，时间成本也会逐渐增加，如基于层次分析与数据包络分析的桥梁风险评估模型；其次，基于数据驱动的桥梁风险评估模型虽然利用历史数据提升了风险评估的准确性，但这些模型忽略了风险评估过程中的可解释性，无法向决策者解释风险值的合理性，如基于多层人工神经网络的桥梁风险评估模型；最后，基于 BRB 推理模型的桥梁风险评估模型虽然能够克服上述的两个问题[18]，但现有的研究仅优化了 BRB 中的参数取值，而没有关注在模型构建中如何调整 BRB 中的参数数量。显然，只有当 BRB 中的参数取值和参数数量都最优时[19]才能最终实现桥梁风险评估的高准确性。

　　针对上述问题，本章提出了基于 BRB 联合优化的桥梁风险评估模型。首先，根据 BRB 的构建原理将关键参数假定为待优化参数。在该假定方式下，引入参数优化，提出 BRB 的参数优化方法以确定待优化参数的最优取值；其次，还引入数据包络分析对 BRB 中不同规则间的相对有效性进行分析，通过约简相对无效的规则确保 BRB 具有最优的参数数量；再次，在所提的最优参数取值和最优参数数量确定方法的基础上，进一步提出 BRB 的联合优化方法，让桥梁风险评估模型中的 BRB 同时具有最优的参数取值和参数数量；最后，通过在桥梁风险评估领域中的一个公认数据集上进行实例研究，验证本章所提模型的可行性和有效性。

11.2　基于 BRB 联合优化的桥梁风险评估模型

　　为了提升基于 BRB 桥梁风险评估模型的准确性，本节引入参数优化和数据包络分析分别提出 BRB 的规则生成方法和规则约简方法，并以此最终提出 BRB 的联合优化方法。

11.2.1　桥梁风险评估中 BRB 的表示

　　面对桥梁风险评估问题，假设所构建的 BRB 中第 $k(k = 1, 2, \cdots, L)$ 条规则表示如下：

$$R_k : \text{IF } U_1 \text{ is } \left\{ \left(A_{1,j}, \alpha_{1,j}^k \right); j = 1, 2, \cdots, J_1 \right\} \wedge \cdots \wedge U_M \text{ is } \left\{ \left(A_{M,j}, \alpha_{M,j}^k \right); j = 1, 2, \cdots, J_M \right\},$$
$$\text{THEN } D \text{ is } \left\{ \left(D_n, \beta_n^k \right); n = 1, 2, \cdots, N \right\}$$

$$(11\text{-}1)$$

式中，$\left\{ \left(A_{i,j}, \alpha_{i,j}^k \right); j = 1, 2, \cdots, J_i \right\}$ 为第 i 个前提属性的置信分布；$\alpha_{i,j}^k$ 为第 k 条规则中候选等级 $A_{i,j}$ 的置信度，当第 k 条规则在第 i 个前提属性上的信息是完整的时，

$\sum_{j=1}^{J_i} \alpha_{i,j}^k = 1$；否则，$\sum_{j=1}^{J_i} \alpha_{i,j}^k < 1$；同理，$\left\{ (D_n, \beta_n^k); n = 1, 2, \cdots, N \right\}$ 为结果属性的置信分布，β_n^k 为第 k 条规则中结果等级 D_n 的置信度；此外，每个前提属性的权重表示为 δ_i $(i = 1, 2, \cdots, M)$，每条规则的权重表示为 θ_k $(k = 1, 2, \cdots, L)$。

对于桥梁风险评估问题，当前提属性为安全性和可维护性，即 $U_1 =$ "安全性" 和 $U_2 =$ "可维护性" 及它们的候选等级为 $\{A_{i,1}, A_{i,2}\} = \{$低，高$\}$ $(i = 1, 2)$，结果属性为桥梁风险，即 $D =$ "桥梁风险" 及它的结果等级为 $\{D_1, D_2\} = \{$低，高$\}$ 时，关于桥梁风险评估的规则可以表示为

R_k：IF 安全性 is {(低, 0.2), (高, 0.7)} and 可维护性 is {(低, 0.6), (高, 0.4)},

THEN 桥梁风险 is {(低, 0.4), (高, 0.6)}

$$(11\text{-}2)$$

11.2.2　基于参数优化的规则生成方法

1. BRB 的参数优化方法

在 BRB 的构建过程中，前提属性的候选等级效用值、结果属性的结果等级效用值和属性权重通常是由专家事先给定的，具有较强的主观性，无法有效保证 BRB 推理模型的准确性。为此，本节将这些关键参数假定为待优化参数，并依据文献[17]给出如下的参数优化模型。

定义 11-1（BRB 的参数优化模型）[17]　假设在 BRB 中有 M 个前提属性和 1 个结果属性，每个前提属性有 $J_i(i = 1, 2, \cdots, M)$ 个候选等级效用值 $u(A_{i,j})(j = 1, 2, \cdots, J_i; i = 1, 2, \cdots, M)$ 以及结果属性有 N 个结果等级效用值 $u(D_n)(n = 1, 2, \cdots, N)$，同时还有 T 组数据 $< x_t, y_t > (t = 1, 2, \cdots, T)$，当 BRB 推理模型对每组数据的推理结果为 $f(x_t)$ 时，BRB 的参数优化模型可以表示为

$$\min \mathrm{MAE}(\{\delta_i, u(A_{i,j}), u(D_n)\}) = \sum_{t=1}^{T} |y_t - f(x_t)| \tag{11-3}$$

$$\text{s.t. } 0 < \delta_i \leqslant 1, \quad i = 1, 2, \cdots, M \tag{11-4}$$

$$u(A_{i,j}) \leqslant u(A_{i,j+1}), \quad i = 1, 2, \cdots, M; j = 1, 2, \cdots, J_i - 1 \tag{11-5}$$

$$u(A_{i,1}) = \mathrm{lb}_i, \quad u(A_{i,J_i}) = \mathrm{ub}_i, \quad i = 1, 2, \cdots, M \tag{11-6}$$

$$u(D_n) \leqslant u(D_{n+1}), \quad n = 1, 2, \cdots, N - 1 \tag{11-7}$$

$$u(D_1) = \mathrm{lb}, \quad u(D_N) = \mathrm{ub} \tag{11-8}$$

式中，lb_i 和 ub_i 分别为第 i 个前提属性中的取值下界和上界；lb 和 ub 分别为结果属性中的取值下界和上界。

　　为了获得规则生成过程中待优化参数的最优取值，本节基于差分进化算法提出 BRB 参数优化方法，具体步骤如下。

　　（1）假设在参数优化时基于 C 个个体和 S 次迭代去训练 BRB 中待优化参数的最优取值，其中第 s 次迭代中第 c 个个体可以表示为

$$P_{s,c} = \{p_k^{s,c}; k = 1, 2, \cdots, K\} = \{\delta_i, u(A_{i,j}), u(D_n)\}, \quad s = 1, 2, \cdots, S; c = 1, 2, \cdots, C$$

（11-9）

式中，δ_i 为第 $i(i = 1, 2, \cdots, M)$ 个前提属性的属性权重；$u(A_{i,j})$ 为候选等级 $A_{i,j}$ 的效用值；$u(D_n)$ 为结果等级 D_n 的效用值；$p_k^{s,c}$ 为 BRB 的第 k 个待优化参数；K 为 BRB 中待优化参数的总数。

　　为了根据式（11-3）～式（11-8）初始化待优化参数，假定 ub_k 和 lb_k 分别为第 k 个待优化参数 $p_k^{s,c}$ 的取值上、下界，则在初始迭代中各个待优化参数的初始值为

$$p_k^{0,c} = lb_k + (ub_k - lb_k) \times random\,(0, 1), \quad c = 1, 2, \cdots, C; k = 1, 2, \cdots, K \quad （11\text{-}10）$$

式中，random（0，1）表示 0～1 的随机数。

　　（2）在第 s 次迭代过程中，对于任意一个个体 $P_{s,c}$，首先从 C 个个体中随机选择三个不相同的个体 P_{s,c_1}、P_{s,c_2} 和 P_{s,c_3}，并以此生成一个新的个体 P_{s,c_0}：

$$p_k^{s,c_0} = \begin{cases} p_k^{s,c}, & random\,(0, 1) > CR \\ p_k^{s,c_1} + F \times (p_k^{s,c_2} - p_k^{s,c_3}), & 否则 \end{cases}, \quad c = 1, 2, \cdots, C; k = 1, 2, \cdots, K$$

（11-11）

式中，F 为交叉因子；CR 为变异因子。

　　（3）在第 s 次迭代过程中，当 P_{s,c_0} 中的参数取值超出约束条件时，则依据式（11-10）重新赋值；然后，再以 P_{s,c_0} 中的参数取值计算式（11-12）所示的目标函数取值，最后通过如下方式更新 $P_{s,c}$：

$$P_{s,c} = \begin{cases} P_{s,c_0}, & MAE(P_{s,c_0}) < MAE(P_{s,c}) \\ P_{s,c}, & 否则 \end{cases}$$

（11-12）

　　（4）当总共迭代次数达到 S 次时，算法结束。同时，以最小目标函数取值对应的个体作为 BRB 的待优化参数最优取值。

2. 桥梁风险评估中 BRB 的规则生成方法

　　根据前面提出的 BRB 参数学习模型和方法，本节进一步针对桥梁风险评估问题提出 BRB 的规则生成方法，如图 11-1 所示。

依照图 11-1 中的基本流程，规则生成方法的具体步骤如下。

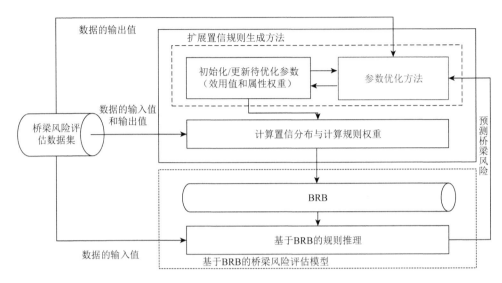

图 11-1　基于参数学习的规则生成方法的基本流程

（1）针对桥梁风险评估问题收集 T 组数据 $<x_t, y_t>(t = 1, 2, \cdots, T)$，根据前面提出的参数学习方法，确定所有前提属性 $U_i(i = 1, 2, \cdots, M)$ 中所有候选等级 $A_{i,j}(j = 1, 2, \cdots, J_i)$ 的效用值 $u(A_{i,j})$、结果属性 D 中所有结果等级 $D_n(n = 1, 2, \cdots, N)$ 的效用值 $u(D_n)$ 和所有前提属性的属性权重 $\delta_i(i = 1, 2, \cdots, M)$。

（2）利用收集的 T 组数据 $<x_t, y_t>(t = 1, 2, \cdots, T)$，计算规则中各个前提属性和结果属性的置信分布及结果属性的置信分布，以及依据置信分布计算规则权重，其中计算步骤如下。

①初始化基础参数。利用专家知识给定所有前提属性 $U_i(i = 1, 2, \cdots, M)$ 中所有候选等级 $A_{i,j}(j = 1, 2, \cdots, J_i)$ 的效用值 $u(A_{i,j})$、结果属性 D 中所有结果等级 $D_n(n = 1, 2, \cdots, N)$ 的效用值 $u(D_n)$ 和所有前提属性的属性权重 $\delta_i(i = 1, 2, \cdots, M)$。

②计算置信分布。首先，针对桥梁风险评估问题收集 T 组数据 $<x_k, y_k>$ $(k = 1, 2, \cdots, T)$，其中 $x_k = (x_{k,1}, \cdots, x_{k,M})$ 表示第 k 个输入值向量，$x_{k,i}$ 表示第 k 个输入值向量中与第 i 个前提属性对应的输入值，y_k 表示第 k 个输出值；然后，通过基于效用的信息转换方法[20]将 T 组数据转换为前提属性和结果属性的置信分布，其中第 i 个前提属性中置信分布的计算公式如下：

$$S(x_{k,i}) = \left\{ \left(A_{i,j}, \alpha_{i,j}^k \right); j = 1, 2, \cdots, J_i \right\} \tag{11-13}$$

式中

$$\alpha_{i,j}^{k} = \frac{u(A_{i,j+1}) - x_{k,i}}{u(A_{i,j+1}) - u(A_{i,j})} \text{ 且 } \alpha_{i,j+1}^{k} = 1 - \alpha_{i,j}^{k}, \quad u(A_{i,j}) \leqslant x_{k,i} \leqslant u(A_{i,j+1})$$

$$(11\text{-}14)$$

$$\alpha_{i,t}^{k} = 0, \quad t = 1, 2, \cdots, J_i \text{ 且 } t \neq j, j+1 \qquad (11\text{-}15)$$

同理，由输出值 y_k 可计算得到结果属性的置信分布：

$$S(y_k) = \left\{ \left(D_n, \beta_n^k \right); n = 1, 2, \cdots, N \right\} \qquad (11\text{-}16)$$

③计算规则权重。首先，利用步骤②中所得的 T 组关于前提属性和结果属性的分布式置信度，计算规则前项相似性和规则后项相似性：

$$\text{SRA}(R_l, R_k) = 1 - \max_{t=1,2,\cdots,M} \left\{ \sqrt{\sum_{j=1}^{J_t} \left(\alpha_{t,j}^l - \alpha_{t,j}^k \right)^2} \right\}, \quad l = 1, 2, \cdots, L; l \neq k$$

$$(11\text{-}17)$$

$$\text{SRC}(R_l, R_k) = 1 - \sqrt{\sum_{n=1}^{N} \left(\beta_n^l - \beta_n^k \right)^2}, \quad l = 1, 2, \cdots, L; l \neq k \qquad (11\text{-}18)$$

式中，$\text{SRA}(R_l, R_k)$ 为规则 R_l 和 R_k 之间的规则前项相似性；$\text{SRC}(R_l, R_k)$ 为规则 R_l 和 R_k 之间的规则后项相似性。

其次，计算第 k 条规则的不一致度，记为 $\text{ID}(R_k)$，计算公式如下：

$$\text{ID}(R_k) = \sum_{l=1, l \neq k}^{L} \left(1 - \exp\left\{ -\frac{\left(\frac{\text{SRA}(R_l, R_k)}{\text{SRC}(R_l, R_k)} - 1 \right)^2}{\left(\frac{1}{\text{SRA}(R_l, R_k)} \right)^2} \right\} \right) \qquad (11\text{-}19)$$

最后，计算第 k 条规则的规则权重：

$$\theta_k = 1 - \frac{\text{ID}(R_k)}{\sum_{j=1}^{L} \text{ID}(R_j)} \qquad (11\text{-}20)$$

11.2.3 基于数据包络分析的规则约简方法

1. 桥梁风险评估中规则有效性分析方法

为了优化 BRB 中的参数数量，本节引入数据包络分析对规则的相对有效性进行分析，并以此约简相对无效的规则。首先，依据文献[21]给出如下的规则贡献度定义。

定义 11-2（规则贡献度）[21] 假设第 t 组输入数据 x_t 的实际输出值为 y_t，基于 BRB 中 L 条规则推理所得的输出为 $f(x_t \mid R_l, l = 1, 2, \cdots, L)$，$\alpha(0 < \alpha < 1)$ 是增

益阈值；$\beta(0 < \beta < 1)$ 和 $\theta(\theta > 1)$ 是损失阈值；$\eta(\eta > 0)$ 是平移阈值；则第 k 条规则的规则贡献度定义为

$$g_k(x_t) = \begin{cases} F_k(x_t)^\alpha + \eta, & F_k(x_t) \geqslant 0 \\ -\theta(-F_k(x_t))^\beta + \eta, & F_k(x_t) < 0 \end{cases} \tag{11-21}$$

式中

$$F_k(x_t) = \tau \left| f(x_t \mid R_l, l = 1, 2, \cdots, L) - f(x_t \mid R_l, l = 1, 2, \cdots, L, l \neq k) \right|$$

当 $f(x_t \mid R_l, l = 1, 2, \cdots, L)$ 和 y_t 的绝对误差小于 $f(x_t \mid R_l, l = 1, 2, \cdots, L, l \neq k)$ 和 y_t 的绝对误差时，$\tau = 1$；否则，$\tau = -1$。

根据规则贡献度的定义，本节进一步提出规则的有效性分析方法。具体步骤如下。

（1）假设 BRB 中有 L 条规则，利用 T 组数据 $< x_k, y_k > (k = 1, 2, \cdots, T)$ 为每条规则生成 T 个激活权重和 T 个贡献度，再以此表示成如下决策单元矩阵：

$$D = \begin{bmatrix} w_1(x_1) & \cdots & w_L(x_1) \\ \vdots & \cdots & \vdots \\ w_1(x_T) & \cdots & w_L(x_T) \\ g_1(x_1) & \cdots & g_L(x_1) \\ \vdots & \cdots & \vdots \\ g_1(x_T) & \cdots & g_L(x_T) \end{bmatrix} \tag{11-22}$$

（2）通过 MATLAB 中的优化工具箱，分析每条规则的相对有效性。以第 k 条规则为例，当决策单元如式（11-22）所示时，相对有效性的分析模型表示如下：

$$\max \theta_k = \sum_{t=1}^{T} \mu_{t,k} g_k(x_t)$$

$$\text{s.t.} \sum_{t=1}^{T} \upsilon_{t,k} w_k(x_t) = 1 \tag{11-23}$$

$$\sum_{t=1}^{T} \mu_{t,k} g_j(x_t) - \sum_{t=1}^{T} \upsilon_{t,k} w_j(x_t) \leqslant 0, \quad j = 1, 2, \cdots, L$$

$$\mu_{t,k}, \upsilon_{t,k} \geqslant 0, \quad t = 1, 2, \cdots, T$$

式中，$\mu_{t,k}$ 和 $\upsilon_{t,k}$ 分别为第 k 条规则中输入值与输出值的权重；θ_k 为第 k 条规则的效率值；当 $\theta_k = 1$ 时，表明第 k 条规则是相对有效的；否则，该规则是相对无效的。

2. 桥梁风险评估中 BRB 的规则约简方法

根据本节提出的规则有效性分析方法，本节针对桥梁风险评估问题进一步提出 BRB 的规则约简方法，其相应的流程图如图 11-2 所示。

根据图 11-2，BRB 规则约简方法的具体步骤如下。

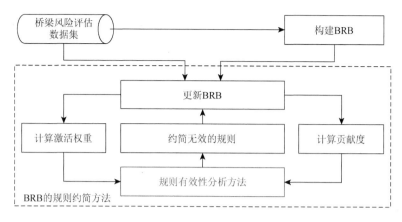

图 11-2　BRB 规则约简方法的基本流程

（1）针对桥梁风险评估问题收集 T 组数据 $<x_t, y_t>(t=1, 2, \cdots, T)$，同时假设 BRB 中有 L 条规则。根据本节提出的有效性分析方法，计算出这 L 条规则的效率值 $\theta_k (k=1, 2, \cdots, L)$。

（2）根据每条规则的效率值更新 BRB。当第 k 条规则的效率值 $\theta_k<1$ 时，表明当前规则是相对无效的，需要从 BRB 中移除；否则，第 k 条规则仍被保留在 BRB 中。

11.2.4　桥梁风险评估中 BRB 的联合优化方法

为了同时优化 BRB 中的参数取值和参数数量，首先利用 11.2.2 节中基于参数优化的规则生成方法，将桥梁风险评估数据集转换为规则，保证 BRB 中的参数具有最优取值；然后，再利用 11.2.3 节中基于数据包络分析的规则约简方法分析规则的有效性，调整 BRB 中的参数数量；最后，通过反复迭代的方式优化 BRB 中的参数取值和参数数量，获得理想的 BRB。图 11-3 给出了基于联合优化的 BRB 构建方法的基本流程。

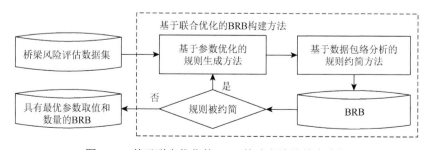

图 11-3　基于联合优化的 BRB 构建方法的基本流程

根据图 11-3，基于联合优化的 BRB 构建方法的具体步骤如下。

（1）利用专家知识确定 BRB 中的前提属性和结果属性，以及每个前提属性的候选等级集合与结果属性的结果等级集合。

（2）利用 11.2.2 节中基于参数优化的规则生成方法，将桥梁风险评估数据集转换为规则，构建 BRB。

（3）利用 11.2.3 节中基于数据包络分析的规则约简方法，移除 BRB 中相对无效的规则，构建具有最优参数取值和参数数量的 BRB。

（4）当 BRB 中所有的规则都无须被移除时，算法结束；否则，继续执行步骤（2）。

11.3   实例分析与性能比较

为了验证基于 BRB 联合优化的桥梁风险评估模型的有效性，本节以英国高速公路管理局收集的桥梁风险评估数据集为例，该数据集是桥梁风险评估中应用范围最广且具有代表性的数据集之一。

11.3.1   桥梁风险评估问题的描述

桥梁风险评估与社会交通安全息息相关，且由于桥梁本身的建筑结构较为复杂，技术工艺要求也较高，因此桥梁风险评估过程较为复杂，需要定期对桥梁进行维护并针对可能出现高风险的桥梁进行评估，以保证桥梁的安全性。因此，英国高速公路管理局总结了桥梁风险评估中需要重点考虑的几个因素[16]，如图 11-4 所示。

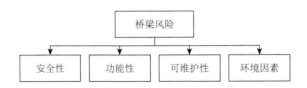

图 11-4   桥梁风险评估的结构图

由图 11-4 可知，与桥梁风险评估相关的主要因素包括：安全性、功能性、可维护性和环境因素，其中各个因素的具体含义分别如下。

安全性：指当前桥梁结构对公众的安全可能造成的影响。

功能性：指当前桥梁结构是否稳固以及是否还能够正常使用。

可维护性：指维护桥梁所需开支和工作量以及维护后所能使用的情况。

环境因素：指当前桥梁结构对环境的影响以及桥梁结构的外观。

基于上述的四个因素,英国高速公路管理局收集了 23 387 组桥梁风险评估的数据,但由于部分桥梁风险数据没有达到既定风险标准或包含的信息不完整,因此,本节通过对桥梁风险评估数据进行预处理后剩下 506 组数据。这 506 组数据的桥梁风险值如图 11-5 所示。其中关于桥梁风险评估数据的详细信息可参见文献[8]。此外,依据文献[11]中训练数据的筛选方式,从 506 组中筛选出 66 组桥梁风险评估数据用于构建 BRB 以及进行联合优化,将安全性、功能性、可维护性和环境因素作为 BRB 的前提属性 $U_i(i = 1, 2, 3, 4)$,将桥梁风险作为 BRB 的结果属性 D。同时,本节还假定四个前提属性各有 5 个候选等级 $A_{i,j}(j = 1, 2, \cdots, 5)$ 及效用值 $\{u(A_{i,j}), j = 1, 2, \cdots, 5\} = \{-1, 0.25, 1.5, 2.75, 4\}$;结果属性有 5 个结果等级 $D_n(n = 1, 2, \cdots, 5)$ 及效用值 $\{u(D_n); n = 1, 2, \cdots, 5\} = \{0, 25, 50, 75, 100\}$。

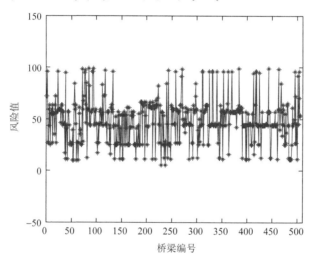

图 11-5　桥梁风险评估问题的数据描述

11.3.2　基于 BRB 联合优化的桥梁风险评估

为了根据本章所提模型进行桥梁风险评估,首先需要依据 11.2.4 节中的联合优化方法构建具有最优参数取值和最优参数数量的 BRB,其中联合优化方法的内部参数介绍如下。

（1）在基于参数优化的规则生成过程中,依据已有的研究成果[17]设定参数优化迭代次数 S 为 40、参数优化个体数量 C 为 20、交叉因子 F 为 0.5 以及变异因子 CR 为 0.9。

（2）在基于数据包络分析的规则约简过程中,依据已有的研究成果[21]设定增益阈值 α 为 0.88、损失阈值 β 和 θ 分别为 0.88 和 2.25 以及平移阈值 η 为 3。

　　图 11-6 显示了在联合优化方法的迭代过程中基于 BRB 联合优化的桥梁风险评估模型的平均绝对误差和规则数量的变化情况，其中经 3 次迭代后，平均绝对误差由 3.9929 降至 1.6157，而 BRB 中的规则数由 66 条缩减至 60 条。

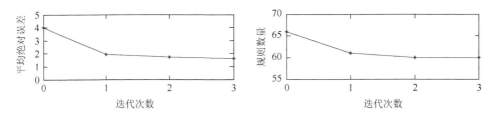

图 11-6　桥梁风险评估的平均绝对误差和规则数量

　　下面介绍基于联合优化的 BRB 构建过程中的具体步骤。

　　首先，依据基于参数优化的规则生成方法，将 66 组桥梁风险评估数据转换为 BRB 中的规则，其中由 BRB 参数优化方法中 20 个参数优化个体和 40 次参数优化迭代所获得的各个效用值和属性权重的最优取值如表 11-1 所示。同时，依据基于数据包络分析的规则约简方法，可计算得到 BRB 中每条规则的效率值，例如，当 4 个属性的输入值均为 3 及桥梁风险实际值为 99 时，依据桥梁风险预测值 97.79 及增益阈值 0.88、损失阈值 0.88 与 2.25 和平移阈值 3 可以算得第 1 条规则的贡献度为 4.1838，进而最终算得该条规则的效率值为 1。以此类推，所有规则的效率值如图 11-7 所示，其中第 27 条、29 条、37 条、43 条和 50 条规则的效率值小于 1，因此将这 5 条规则从 BRB 中移除。

表 11-1　第 1 次迭代时 BRB 中待优化参数的最优取值

属性	属性权重	效用值 1	效用值 2	效用值 3	效用值 4	效用值 5
安全性	0.5425	−1	0.0687	1.9193	2.9646	4
功能性	0.5435	−1	1.2796	1.9502	3.0759	4
可维护性	0.5288	−1	0.9080	2.0848	2.9749	4
环境因素	0.4855	−1	0.0355	1.1979	3.0478	4
桥梁风险	—	0	22.1889	50.8417	71.2766	100

　　其次，由于存在规则被约简的情形，因此需要继续对 BRB 进行参数优化。依据基于参数优化的规则生成方法，可获取剩余 61 条规则对应的效用值和属性权重的最优取值，其中表 11-2 给出了参数优化后效用值和属性权重的最优取值。相比于第 1 次迭代，前提属性的权重发生了显著改变，其中安全性、功能性和可维护性

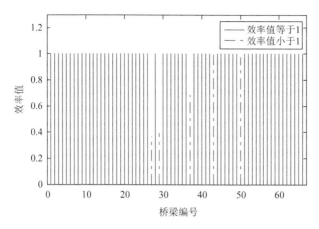

图 11-7　第 1 次迭代中规则的效率值

的权重分别提升至 0.9953、0.9678 和 0.9306。同时，通过基于数据包络分析的规则约简方法可计算得出各条规则的效率值，具体如图 11-8 所示。图 11-8 显示了仅有第 39 条规则的效率值小于 1，因此将这条规则从 BRB 中移除。

表 11-2　第 2 次迭代时 BRB 中待优化参数的最优取值

属性	属性权重	效用值 1	效用值 2	效用值 3	效用值 4	效用值 5
安全性	0.9953	−1	-0.0081	1.9423	2.9501	4
功能性	0.9678	−1	-0.0401	2.0528	2.8334	4
可维护性	0.9306	−1	0.9645	2.0136	2.9880	4
环境因素	0.5501	−1	-0.1547	1.0573	3.3928	4
桥梁风险	—	0	18.1275	59.0755	70.5856	100

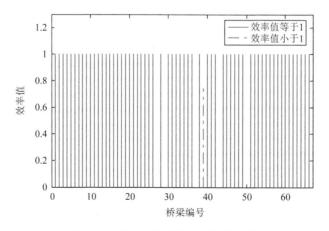

图 11-8　第 2 次迭代中规则的效率值

　　再次，由于仍存在规则被约简的情形，继续进行新一次迭代。经基于参数优化的规则生成方法后，BRB 中效用值和属性权重的最优取值如表 11-3 所示。同时，经基于数据包络分析的规则约简方法后，由于所有规则的效率值均等于 1，无须再约简 BRB 中的规则，因此将剩余的 60 条规则作为最终所构建的 BRB。

表 11-3　第 3 次迭代时 BRB 中待优化参数的最优取值

属性	属性权重	效用值 1	效用值 2	效用值 3	效用值 4	效用值 5
安全性	0.9512	−1	−0.0008	1.9234	2.9775	4
功能性	0.9456	1	−0.0446	2.0266	2.8153	4
可维护性	0.9368	−1	0.9762	1.9876	2.9931	4
环境因素	0.5784	−1	−0.0678	1.0523	3.3730	4
桥梁风险	—	0	10.7311	61.8720	71.5457	100

　　最后，根据 506 组桥梁风险评估数据验证所构建的 BRB 及其对应的桥梁风险评估模型的有效性，具体结果如图 11-9 所示，其中 BRB 表示基于 BRB 的桥梁风险评估模型，JO-BRB 表示基于 BRB 联合优化的桥梁风险评估模型。

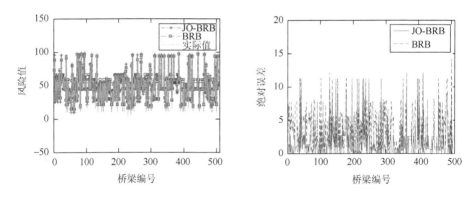

图 11-9　506 组桥梁风险评估数据中的预测值和绝对误差

　　从图 11-9 中可以发现，基于 BRB 联合优化的桥梁风险评估模型相比于基于 BRB 的桥梁风险评估模型具有更高的准确性。例如，在 506 组桥梁的风险值预测中，虽然基于 BRB 联合优化与基于 BRB 的桥梁风险评估模型都能较好地拟合桥梁的实际风险值，但基于 BRB 联合优化的桥梁风险评估模型的预测误差明显低于基于 BRB 的桥梁风险评估模型的预测误差，其中最直观的情形体现为：基于 BRB 联合优化的桥梁风险评估模型的预测误差基本控制在 10 以内，而基于 BRB 的桥梁风险评估模型中不少预测误差超过了 10。同时，基于 BRB 联合优化的桥梁风险评估模型在桥梁风险值预测中仅使用了 60 条扩展置信规则，而基于 BRB 的桥梁风险评估模型所需的规则数要多于基于 BRB 联合优化的桥梁风险评估模型的规则数，为 66 条扩展置信规则。综上可得，基于 BRB 联合优化的桥梁风险评估模型不仅可以有效约简 BRB 中的规则数量，还能够优于基于 BRB 的桥梁风险评估模型的预测准确性。

11.3.3　与现有桥梁风险评估模型的性能比较与分析

为了进一步比较基于 BRB 联合优化的桥梁风险评估模型在桥梁风险评估中的优越性，本节将 ER、MRA、ANN 和 ANFIS 等现有桥梁风险评估模型[11, 12]与基于 BRB 联合优化的桥梁风险评估模型进行性能比较与分析。同时，还以现有桥梁风险评估中常用的 MAPE、RMSE 和关联系数（R）作为评价指标对比不同的桥梁风险评估模型的准确性[22]。

首先，依照文献[11]将 ANN、ER 和 ANFIS 设置成不同的桥梁风险评估模型，如表 11-4 所示，其中 ER_1、ER_2、MRA_3、MRA_7、MRA_8 和 MRA_9 分别表示在原证据推理和多元回归分析的基础上考虑了不同决策者偏好后的桥梁风险评估模型。

表 11-4　桥梁风险评估中与现有模型的比较

评价指标	现有模型							本章模型
	ANN	ER_1	MRA_3	MRA_8	ER_2	MRA_7	MRA_9	
MAPE/%	9.629	22.454	18.578	23.980	18.78	24.194	19.146	8.741
RMSE	4.187	8.926	10.953	10.465	11.274	10.351	11.365	2.828
R	0.983	0.908	0.869	0.879	0.892	0.880	0.890	0.993

从表 11-4 中可以发现，在评价指标 MAPE 和 R 的误差分析中，基于 BRB 联合优化的桥梁风险评估模型的预测误差明显小于其他的桥梁风险评估模型，分别为 8.741% 和 0.993，相比于其他模型，性能均有所提升；同时，基于 BRB 联合优化的桥梁风险评估模型得到的 RMSE 也明显小于其他桥梁风险评估模型，即基于 BRB 联合优化的桥梁风险评估模型可有效地避免在 506 组桥梁数据中出现预测误差较大的情形。

考虑到 ANFIS 与 BRB 推理模型都属于基于规则推理的范畴，本节将 ANFIS 中的前提属性分别设置为三角模糊数、梯形模糊数和高斯模糊数，并与基于 BRB 联合优化的桥梁风险评估模型的预测结果进行对比分析，具体结果如表 11-5 所示。从表 11-5 可以看出：当设置为三角模糊数时，ANFIS 能够比基于 BRB 联合优化的桥梁风险评估模型具有更小的 MAPE，分别为 6.7280% 和 8.7414%，但彼此间的差距并不明显；而在 RMSE 和 R 的比较中，基于 BRB 联合优化的桥梁风险评估模型均优于 ANFIS。除了三角模糊数之外，当设置为梯形模糊数和高斯模糊数时，ANFIS 在 MAPE、RMSE 和 R 上的结果都明显劣于基于 BRB 联合优化的桥梁风险评估模型，例如，梯形模糊数和高斯模糊数中的 ANFIS 的 RMSE 分别是基于 BRB 联合优化的桥梁风险评估模型的 RMSE 的约 3 倍和约 2.3 倍。

表11-5　桥梁风险评估中与 ANFIS 的比较

评价指标	ANFIS			本章模型
	三角模糊数	梯形模糊数	高斯模糊数	
MAPE/%	6.7280	19.6389	15.7431	8.7414
RMSE	3.4643	8.4179	6.5046	2.8278
R	0.9876	0.9254	0.9567	0.9931

11.4　本 章 小 结

本章提出了基于 BRB 联合优化的桥梁风险评估模型。该模型首先通过引入参数优化和数据包络分析，分别提出扩展置信规则的生成方法和约简方法；其次，依据迭代优化的方式将这两个方法衔接在一起，提出 BRB 的联合优化方法，确保所构建的 BRB 具有最优的参数取值和参数数量；最后，引入桥梁风险评估领域中常用的公认数据集检验本章所提模型的有效性。与现有桥梁风险评估模型的比较结果表明：本章所提模型不仅能够提升桥梁风险评估的准确性，还能够减少 BRB 中的规则数量。

参 考 文 献

[1] Housner G W, Bergman L A, Caughey T K, et al. Structural control: Past, present, and future[J]. Journal of Engineering Mechanics, 1997, 123 (9) : 897-971.

[2] Wang Y M, Elhag T M S. A fuzzy group decision making approach for bridge risk assessment[J]. Computers and Industrial Engineering, 2007, 53 (1) : 137-148.

[3] 梁力, 孙爽, 李明, 等. 基于变权重和 D-S 证据理论的桥梁安全评估[J]. 东北大学学报 (自然科学版), 2019, 40 (1) : 99-103.

[4] Stewart M G. Reliability-based assessment of ageing bridges using risk ranking and life cycle cost decision analyses[J]. Reliability Engineering and System Safety, 2001, 74 (3) : 263-273.

[5] Adey B, Hajdin R, Brühwiler E. Risk-based approach to the determination of optimal interventions for bridges affected by multiple hazards[J]. Engineering Structures, 2003, 25 (7) : 903-912.

[6] Johnson P A, Niezgoda S L. Risk-based method for selecting bridge scourcountermeasures[J]. Journal of Hydraulic

Engineering, 2004, 130 (2) : 121-128.

[7]　Andrić J M, Lu D G. Risk assessment of bridges under multiple hazards in operation period[J]. Safety Science, 2016, 83: 80-92.

[8]　Wang Y M, Liu J, Elhag T M S. An integrated AHP-DEA methodology for bridge risk assessment[J]. Computers and Industrial Engineering, 2008, 54 (3) : 513-525.

[9]　Cattan J, Mohammadi J. Analysis of bridge condition rating data using neural networks[J]. Computer-Aided Civil and Infrastructure Engineering, 1997, 12 (6) : 419-429.

[10]　Kawamura K, Miyamoto A. Condition state evaluation of existing reinforced concrete bridges using neuro-fuzzy hybrid system[J]. Computers & Structures, 2003, 81 (18/19) : 1931-1940.

[11]　Wang Y M, Elhag T M S. A comparison of neural network, evidential reasoning and multiple regression analysis in modelling bridge risks[J]. Expert Systems with Applications, 2007, 32: 336-348.

[12]　Wang Y M, Elhag T M S. An adaptive neuro-fuzzy inference system for bridge risk assessment[J]. Expert Systems with Applications, 2008, 34: 3099-3106.

[13]　王彬, 徐秀丽, 李雪红, 等. 基于自适应模糊推理和 RBF 网络的桥梁安全评估[J]. 中国安全科学学报, 2017, 27 (5) : 164-168.

[14]　Liu J, Martínez L, Calzada A, et al. A novel belief rule base representation, generation and its inference methodology[J]. Knowledge-Based Systems, 2013, 53: 129-141.

[15]　张邦成, 步倩影, 周志杰, 等.基于置信规则库专家系统的司控器开关量健康状态评估[J].控制与决策, 2019, 34 (4) : 805-810.

[16]　Yang L H, Wang Y M, Chang L L, et al. A disjunctive belief rule-based expert system for bridge risk assessment with dynamic parameter optimization model[J]. Computers & Industrial Engineering, 2017, 113: 459-474.

[17]　Yang L H, Liu J, Wang Y M, et al. New activation weight calculation and parameter optimization for extended belief rule-based system based on sensitivity analysis[J]. Knowledge and Information Systems, 2019, 60 (2) : 837-878.

[18]　郭敏.基于置信规则库推理的不确定性建模研究[J].系统工程理论与实践, 2016, 36 (8) : 1975-1982.

[19]　孙建彬, 常雷雷, 谭跃进, 等.基于双层模型的置信规则库参数与结构联合优化方法[J].系统工程理论与实践, 2018, 38 (4) : 983-993.

[20]　Yang J B. Rule and utility based evidential reasoning approach for multiattribute decision analysis under uncertainties[J]. European Journal of Operational Research, 2001, 131 (1) : 31-61.

[21]　Yang L H, Wang Y M, Lan Y X, et al. A data envelopment analysis (DEA) -based method for rule reduction in extended belief-rule-based systems[J]. Knowledge-Based Systems, 2017, 123: 174-187.

[22]　Wang Y M, Elhag T M S. Evidential reasoning approach for bridge condition assessment[J]. Expert Systems with Applications, 2008, 34 (1) : 689-699.

附录 A 鸢尾花分类问题示例分析

在鸢尾花分类问题中：前提属性为 $\{U_1，U_2，U_3，U_4\}$ = {花萼长度，花萼宽度，花瓣长度，花瓣宽度}，其中每个前提属性有三个评价等级 $\{A_{i, j}; j = 1, 2, 3\}$ = {小，中，大}$(i = 1, 2, 3, 4)$；结果属性为 D = {鸢尾花类型}，其中结果属性有三个评价等级 $\{D_1, D_2, D_3\}$ = {山鸢尾，变色鸢尾，维吉尼亚鸢尾}。专家给定的 CBRB 如表 A-1 所示，参数学习后的 CBRB 如表 A-2 所示。

表 A-1 专家给定的 CBRB

规则编号	规则权重	前提属性				结果属性		
		U_1	U_2	U_3	U_4	D_1	D_2	D_3
R_1	0.5519	$A_{1, 1}$	$A_{2, 1}$	$A_{3, 1}$	$A_{4, 1}$	0.3775	0.3429	0.2796
R_2	0.5493	$A_{1, 1}$	$A_{2, 1}$	$A_{3, 1}$	$A_{4, 2}$	0.3168	0.4592	0.2240
R_3	0.9285	$A_{1, 1}$	$A_{2, 1}$	$A_{3, 1}$	$A_{4, 3}$	0.3312	0.3133	0.3555
R_4	0.9054	$A_{1, 1}$	$A_{2, 1}$	$A_{3, 2}$	$A_{4, 1}$	0.4160	0.2970	0.2870
R_5	0.7955	$A_{1, 1}$	$A_{2, 1}$	$A_{3, 2}$	$A_{4, 2}$	0.3555	0.5083	0.1362
R_6	0.3845	$A_{1, 1}$	$A_{2, 1}$	$A_{3, 2}$	$A_{4, 3}$	0.3945	0.5220	0.0835
R_7	0.4573	$A_{1, 1}$	$A_{2, 1}$	$A_{3, 3}$	$A_{4, 1}$	0.3655	0.0572	0.5773
R_8	0.1414	$A_{1, 1}$	$A_{2, 1}$	$A_{3, 3}$	$A_{4, 2}$	0.3460	0.4319	0.2221
R_9	0.2209	$A_{1, 1}$	$A_{2, 1}$	$A_{3, 3}$	$A_{4, 3}$	0.4392	0.3914	0.1694
R_{10}	0.0779	$A_{1, 1}$	$A_{2, 2}$	$A_{3, 1}$	$A_{4, 1}$	0.0758	0.2837	0.6405
R_{11}	0.4163	$A_{1, 1}$	$A_{2, 2}$	$A_{3, 1}$	$A_{4, 2}$	0.2904	0.2495	0.4601
R_{12}	0.4256	$A_{1, 1}$	$A_{2, 2}$	$A_{, 1}$	$A_{4, 3}$	0.1274	0.3341	0.5385
R_{13}	0.5404	$A_{1, 1}$	$A_{2, 2}$	$A_{3, 2}$	$A_{4, 1}$	0.4206	0.1391	0.4403
R_{14}	0.4518	$A_{1, 1}$	$A_{2, 2}$	$A_{3, 2}$	$A_{4, 2}$	0.4765	0.1832	0.3403
R_{15}	0.5267	$A_{1, 1}$	$A_{2, 2}$	$A_{3, 2}$	$A_{4, 3}$	0.3813	0.5440	0.0747
R_{16}	0.2923	$A_{1, 1}$	$A_{2, 2}$	$A_{3, 3}$	$A_{4, 1}$	0.0826	0.0079	0.9095
R_{17}	0.1401	$A_{1, 1}$	$A_{2, 2}$	$A_{3, 3}$	$A_{4, 2}$	0.2197	0.7560	0.0243
R_{18}	0.9082	$A_{1, 1}$	$A_{2, 2}$	$A_{3, 3}$	$A_{4, 3}$	0.3826	0.4345	0.1829
R_{19}	0.4959	$A_{1, 1}$	$A_{2, 3}$	$A_{3, 1}$	$A_{4, 1}$	0.3218	0.2296	0.4486
R_{20}	0.1681	$A_{1, 1}$	$A_{2, 3}$	$A_{3, 1}$	$A_{4, 2}$	0.2191	0.4812	0.2997
R_{21}	0.7050	$A_{1, 1}$	$A_{2, 3}$	$A_{3, 1}$	$A_{4, 3}$	0.2640	0.4547	0.2813
R_{22}	0.0546	$A_{1, 1}$	$A_{2, 3}$	$A_{3, 2}$	$A_{4, 1}$	0.2732	0.4883	0.2385

续表

规则编号	规则权重	前提属性				结果属性		
		U_1	U_2	U_3	U_4	D_1	D_2	D_3
R_{23}	0.6427	$A_{1,1}$	$A_{2,3}$	$A_{3,2}$	$A_{4,2}$	0.1731	0.2068	0.6201
R_{24}	0.9972	$A_{1,1}$	$A_{2,3}$	$A_{3,2}$	$A_{4,3}$	0.4982	0.2712	0.2305
R_{25}	0.8438	$A_{1,1}$	$A_{2,3}$	$A_{3,3}$	$A_{4,1}$	0.4091	0.5766	0.0142
R_{26}	0.3284	$A_{1,1}$	$A_{2,3}$	$A_{3,3}$	$A_{4,2}$	0.0774	0.4597	0.4629
R_{27}	0.5221	$A_{1,1}$	$A_{2,3}$	$A_{3,3}$	$A_{4,3}$	0.5775	0.0508	0.3717
R_{28}	0.8665	$A_{1,2}$	$A_{2,1}$	$A_{3,1}$	$A_{4,1}$	0.4062	0.2433	0.3505
R_{29}	0.7143	$A_{1,2}$	$A_{2,1}$	$A_{3,1}$	$A_{4,2}$	0.3722	0.1573	0.4706
R_{30}	0.6220	$A_{1,2}$	$A_{2,1}$	$A_{3,1}$	$A_{4,3}$	0.2219	0.3331	0.4451
R_{31}	0.5505	$A_{1,2}$	$A_{2,1}$	$A_{3,2}$	$A_{4,1}$	0.2076	0.2605	0.5319
R_{32}	0.6303	$A_{1,2}$	$A_{2,1}$	$A_{3,2}$	$A_{4,2}$	0.5349	0.2057	0.2594
R_{33}	0.6479	$A_{1,2}$	$A_{2,1}$	$A_{3,2}$	$A_{4,3}$	0.0195	0.2691	0.7114
R_{34}	0.9081	$A_{1,2}$	$A_{2,1}$	$A_{3,3}$	$A_{4,1}$	0.4450	0.1248	0.4301
R_{35}	0.6307	$A_{1,2}$	$A_{2,1}$	$A_{3,3}$	$A_{4,2}$	0.3556	0.3039	0.3405
R_{36}	0.5357	$A_{1,2}$	$A_{2,1}$	$A_{3,3}$	$A_{4,3}$	0.4656	0.5106	0.0237
R_{37}	0.7747	$A_{1,2}$	$A_{2,2}$	$A_{3,1}$	$A_{4,1}$	0.8715	0.1273	0.0012
R_{38}	0.8642	$A_{1,2}$	$A_{2,2}$	$A_{3,1}$	$A_{4,2}$	0.4613	0.2586	0.2801
R_{39}	0.7767	$A_{1,2}$	$A_{2,2}$	$A_{3,1}$	$A_{4,3}$	0.0694	0.6703	0.2603
R_{40}	0.8472	$A_{1,2}$	$A_{2,2}$	$A_{3,2}$	$A_{4,1}$	0.4540	0.4323	0.1136
R_{41}	0.6490	$A_{1,2}$	$A_{2,2}$	$A_{3,2}$	$A_{4,2}$	0.3621	0.2964	0.3415
R_{42}	0.4980	$A_{1,2}$	$A_{2,2}$	$A_{3,2}$	$A_{4,3}$	0.2438	0.4485	0.3077
R_{43}	0.7390	$A_{1,2}$	$A_{2,2}$	$A_{3,3}$	$A_{4,1}$	0.1660	0.3388	0.4952
R_{44}	0.4719	$A_{1,2}$	$A_{2,2}$	$A_{3,3}$	$A_{4,2}$	0.3699	0.4359	0.1943
R_{45}	0.8737	$A_{1,2}$	$A_{2,2}$	$A_{3,3}$	$A_{4,3}$	0.2559	0.3151	0.4290
R_{46}	0.7725	$A_{1,2}$	$A_{2,3}$	$A_{3,1}$	$A_{4,1}$	0.4740	0.4880	0.0380
R_{47}	0.6293	$A_{1,2}$	$A_{2,3}$	$A_{3,1}$	$A_{4,2}$	0.2838	0.5366	0.1795
R_{48}	0.5845	$A_{1,2}$	$A_{2,3}$	$A_{3,1}$	$A_{4,3}$	0.2938	0.2288	0.4775
R_{49}	0.7256	$A_{1,2}$	$A_{2,3}$	$A_{3,2}$	$A_{4,1}$	0.2807	0.2637	0.4556
R_{50}	0.2304	$A_{1,2}$	$A_{2,3}$	$A_{3,2}$	$A_{4,2}$	0.5953	0.1490	0.2557
R_{51}	0.5456	$A_{1,2}$	$A_{2,3}$	$A_{3,2}$	$A_{4,3}$	0.2439	0.0232	0.7329
R_{52}	0.2524	$A_{1,2}$	$A_{2,3}$	$A_{3,3}$	$A_{4,1}$	0.2037	0.2698	0.5266
R_{53}	0.7801	$A_{1,2}$	$A_{2,3}$	$A_{3,3}$	$A_{4,2}$	0.2825	0.2522	0.4653
R_{54}	0.6198	$A_{1,2}$	$A_{2,3}$	$A_{3,3}$	$A_{4,3}$	0.6498	0.0764	0.2738
R_{55}	0.1973	$A_{1,3}$	$A_{2,1}$	$A_{3,1}$	$A_{4,1}$	0.1830	0.1953	0.6217
R_{56}	0.0605	$A_{1,3}$	$A_{2,1}$	$A_{3,1}$	$A_{4,2}$	0.3711	0.3901	0.2388
R_{57}	0.5368	$A_{1,3}$	$A_{2,1}$	$A_{3,1}$	$A_{4,3}$	0.1024	0.7249	0.1727

规则编号	规则权重	前提属性				结果属性		
		U_1	U_2	U_3	U_4	D_1	D_2	D_3
R_{58}	0.5185	$A_{1,3}$	$A_{2,1}$	$A_{3,2}$	$A_{4,1}$	0.3604	0.3131	0.3265
R_{59}	0.5301	$A_{1,3}$	$A_{2,1}$	$A_{3,2}$	$A_{4,2}$	0.4337	0.2107	0.3556
R_{60}	0.7360	$A_{1,3}$	$A_{2,1}$	$A_{3,2}$	$A_{4,3}$	0.0972	0.8358	0.0669
R_{61}	0.0440	$A_{1,3}$	$A_{2,1}$	$A_{3,3}$	$A_{4,1}$	0.1704	0.6278	0.2018
R_{62}	0.9599	$A_{1,3}$	$A_{2,1}$	$A_{3,3}$	$A_{4,2}$	0.4662	0.2334	0.3004
R_{63}	0.3510	$A_{1,3}$	$A_{2,1}$	$A_{3,3}$	$A_{4,3}$	0.7533	0.1933	0.0534
R_{64}	0.7741	$A_{1,3}$	$A_{2,2}$	$A_{3,1}$	$A_{4,1}$	0.1380	0.7279	0.1340
R_{65}	0.5236	$A_{1,3}$	$A_{2,2}$	$A_{3,1}$	$A_{4,2}$	0.5457	0.2962	0.1581
R_{66}	0.0569	$A_{1,3}$	$A_{2,2}$	$A_{3,1}$	$A_{4,3}$	0.1813	0.6477	0.1710
R_{67}	0.9535	$A_{1,3}$	$A_{2,2}$	$A_{3,2}$	$A_{4,1}$	0.4914	0.0936	0.4150
R_{68}	0.0625	$A_{1,3}$	$A_{2,2}$	$A_{3,2}$	$A_{4,2}$	0.4501	0.0791	0.4707
R_{69}	0.9966	$A_{1,3}$	$A_{2,2}$	$A_{3,2}$	$A_{4,3}$	0.1628	0.0061	0.8310
R_{70}	0.6281	$A_{1,3}$	$A_{2,2}$	$A_{3,3}$	$A_{4,1}$	0.3858	0.3822	0.2320
R_{71}	0.7422	$A_{1,3}$	$A_{2,2}$	$A_{3,3}$	$A_{4,2}$	0.5141	0.2667	0.2192
R_{72}	0.5062	$A_{1,3}$	$A_{2,2}$	$A_{3,3}$	$A_{4,3}$	0.4725	0.0982	0.4293
R_{73}	0.9077	$A_{1,3}$	$A_{2,3}$	$A_{3,1}$	$A_{4,1}$	0.1562	0.4954	0.3485
R_{74}	0.8215	$A_{1,3}$	$A_{2,3}$	$A_{3,1}$	$A_{4,2}$	0.4707	0.1528	0.3766
R_{75}	0.8581	$A_{1,3}$	$A_{2,3}$	$A_{3,1}$	$A_{4,3}$	0.4254	0.4499	0.1248
R_{76}	0.6530	$A_{1,3}$	$A_{2,3}$	$A_{3,2}$	$A_{4,1}$	0.3430	0.2332	0.4239
R_{77}	0.7505	$A_{1,3}$	$A_{2,3}$	$A_{3,2}$	$A_{4,2}$	0.4080	0.3953	0.1967
R_{78}	0.7407	$A_{1,3}$	$A_{2,3}$	$A_{3,2}$	$A_{4,3}$	0.5179	0.2434	0.2387
R_{79}	0.8036	$A_{1,3}$	$A_{2,3}$	$A_{3,3}$	$A_{4,1}$	0.0098	0.2849	0.7053
R_{80}	0.3182	$A_{1,3}$	$A_{2,3}$	$A_{3,3}$	$A_{4,2}$	0.1697	0.3575	0.4728
R_{81}	0.6924	$A_{1,3}$	$A_{2,3}$	$A_{3,3}$	$A_{4,3}$	0.2971	0.2184	0.4844

表 A-2 参数学习后的 CBRB

规则编号	规则权重	前提属性				结果属性		
		U_1	U_2	U_3	U_4	D_1	D_2	D_3
R_1	0.2341	$A_{1,1}$	$A_{2,1}$	$A_{3,1}$	$A_{4,1}$	0.4976	0.1343	0.3681
R_2	0.4490	$A_{1,1}$	$A_{2,1}$	$A_{3,1}$	$A_{4,2}$	0.3805	0.4227	0.1968
R_3	0.2228	$A_{1,1}$	$A_{2,1}$	$A_{3,1}$	$A_{4,3}$	0.5843	0.0886	0.3271
R_4	0.1906	$A_{1,1}$	$A_{2,1}$	$A_{3,2}$	$A_{4,1}$	0.1038	0.7674	0.1289
R_5	0.5813	$A_{1,1}$	$A_{2,1}$	$A_{3,2}$	$A_{4,2}$	0.3282	0.1125	0.5593
R_6	0.2447	$A_{1,1}$	$A_{2,1}$	$A_{3,2}$	$A_{4,3}$	0.5902	0.0110	0.3988

规则编号	规则权重	前提属性				结果属性		
		U_1	U_2	U_3	U_4	D_1	D_2	D_3
R_7	0.3131	$A_{1,1}$	$A_{2,1}$	$A_{3,3}$	$A_{4,1}$	0.1768	0.2595	0.5637
R_8	0.4163	$A_{1,1}$	$A_{2,1}$	$A_{3,3}$	$A_{4,2}$	0.5382	0.2579	0.2039
R_9	0.5265	$A_{1,1}$	$A_{2,1}$	$A_{3,3}$	$A_{4,3}$	0.3683	0.4482	0.1835
R_{10}	0.6532	$A_{1,1}$	$A_{2,2}$	$A_{3,1}$	$A_{4,1}$	0.6966	0.1304	0.1730
R_{11}	0.6501	$A_{1,1}$	$A_{2,2}$	$A_{3,1}$	$A_{4,2}$	0.3754	0.4555	0.1691
R_{12}	0.2047	$A_{1,1}$	$A_{2,2}$	$A_{3,1}$	$A_{4,3}$	0.4835	0.1026	0.4139
R_{13}	0.1931	$A_{1,1}$	$A_{2,2}$	$A_{3,2}$	$A_{4,1}$	0.4608	0.2137	0.3254
R_{14}	0.6093	$A_{1,1}$	$A_{2,2}$	$A_{3,2}$	$A_{4,2}$	0.2242	0.5161	0.2597
R_{15}	0.3656	$A_{1,1}$	$A_{2,2}$	$A_{3,2}$	$A_{4,3}$	0.3060	0.1915	0.5025
R_{16}	0.5385	$A_{1,1}$	$A_{2,2}$	$A_{3,3}$	$A_{4,1}$	0.3628	0.2319	0.4053
R_{17}	0.8474	$A_{1,1}$	$A_{2,2}$	$A_{3,3}$	$A_{4,2}$	0.2615	0.2898	0.4488
R_{18}	0.4373	$A_{1,1}$	$A_{2,2}$	$A_{3,3}$	$A_{4,3}$	0.1043	0.6616	0.2341
R_{19}	0.7700	$A_{1,1}$	$A_{2,3}$	$A_{3,1}$	$A_{4,1}$	0.4788	0.0285	0.4926
R_{20}	0.4701	$A_{1,1}$	$A_{2,3}$	$A_{3,1}$	$A_{4,2}$	0.7154	0.0656	0.2190
R_{21}	0.5323	$A_{1,1}$	$A_{2,3}$	$A_{3,1}$	$A_{4,3}$	0.2422	0.2778	0.4799
R_{22}	0.8358	$A_{1,1}$	$A_{2,3}$	$A_{3,2}$	$A_{4,1}$	0.5095	0.0285	0.4620
R_{23}	0.4286	$A_{1,1}$	$A_{2,3}$	$A_{3,2}$	$A_{4,2}$	0.5555	0.3028	0.1417
R_{24}	0.6312	$A_{1,1}$	$A_{2,3}$	$A_{3,2}$	$A_{4,3}$	0.0143	0.4369	0.5488
R_{25}	0.3282	$A_{1,1}$	$A_{2,3}$	$A_{3,3}$	$A_{4,1}$	0.1133	0.1686	0.7182
R_{26}	0.0204	$A_{1,1}$	$A_{2,3}$	$A_{3,3}$	$A_{4,2}$	0.6561	0.2762	0.0677
R_{27}	0.5936	$A_{1,1}$	$A_{2,3}$	$A_{3,3}$	$A_{4,3}$	0.5292	0.3685	0.1022
R_{28}	0.4872	$A_{1,2}$	$A_{2,1}$	$A_{3,1}$	$A_{4,1}$	0.4175	0.4398	0.1426
R_{29}	0.6736	$A_{1,2}$	$A_{2,1}$	$A_{3,1}$	$A_{4,2}$	0.3868	0.4899	0.1232
R_{30}	0.7274	$A_{1,2}$	$A_{2,1}$	$A_{3,1}$	$A_{4,3}$	0.7291	0.0347	0.2362
R_{31}	0.9865	$A_{1,2}$	$A_{2,1}$	$A_{3,2}$	$A_{4,1}$	0.3128	0.2183	0.4690
R_{32}	0.6995	$A_{1,2}$	$A_{2,1}$	$A_{3,2}$	$A_{4,2}$	0.4272	0.3047	0.2681
R_{33}	0.7728	$A_{1,2}$	$A_{2,1}$	$A_{3,2}$	$A_{4,3}$	0.4221	0.2510	0.3269
R_{34}	0.3516	$A_{1,2}$	$A_{2,1}$	$A_{3,3}$	$A_{4,1}$	0.1512	0.2896	0.5592
R_{35}	0.6835	$A_{1,2}$	$A_{2,1}$	$A_{3,3}$	$A_{4,2}$	0.3569	0.0252	0.6179
R_{36}	0.3204	$A_{1,2}$	$A_{2,1}$	$A_{3,3}$	$A_{4,3}$	0.3320	0.3837	0.2843
R_{37}	0.3117	$A_{1,2}$	$A_{2,2}$	$A_{3,1}$	$A_{4,1}$	0.3196	0.2758	0.4046
R_{38}	0.9488	$A_{1,2}$	$A_{2,2}$	$A_{3,1}$	$A_{4,2}$	0.4976	0.2792	0.2232
R_{39}	0.2623	$A_{1,2}$	$A_{2,2}$	$A_{3,1}$	$A_{4,3}$	0.4489	0.3057	0.2454
R_{40}	0.4251	$A_{1,2}$	$A_{2,2}$	$A_{3,2}$	$A_{4,1}$	0.2659	0.3704	0.3637
R_{41}	0.4887	$A_{1,2}$	$A_{2,2}$	$A_{3,2}$	$A_{4,2}$	0.0875	0.8202	0.0923

规则编号	规则权重	前提属性				结果属性		
		U_1	U_2	U_3	U_4	D_1	D_2	D_3
R_{42}	0.7516	$A_{1,2}$	$A_{2,2}$	$A_{3,2}$	$A_{4,3}$	0.0305	0.2188	0.7507
R_{43}	0.1123	$A_{1,2}$	$A_{2,2}$	$A_{3,3}$	$A_{4,1}$	0.5493	0.3832	0.0675
R_{44}	0.2922	$A_{1,2}$	$A_{2,2}$	$A_{3,3}$	$A_{4,2}$	0.3124	0.3173	0.3702
R_{45}	0.2662	$A_{1,2}$	$A_{2,2}$	$A_{3,3}$	$A_{4,3}$	0.1612	0.0951	0.7437
R_{46}	0.1461	$A_{1,2}$	$A_{2,3}$	$A_{3,1}$	$A_{4,1}$	0.3474	0.4083	0.2443
R_{47}	0.3087	$A_{1,2}$	$A_{2,3}$	$A_{3,1}$	$A_{4,2}$	0.3381	0.2696	0.3923
R_{48}	0.4884	$A_{1,2}$	$A_{2,3}$	$A_{3,1}$	$A_{4,3}$	0.0021	0.5266	0.4713
R_{49}	0.3277	$A_{1,2}$	$A_{2,3}$	$A_{3,2}$	$A_{4,1}$	0.2142	0.0601	0.7257
R_{50}	0.9302	$A_{1,2}$	$A_{2,3}$	$A_{3,2}$	$A_{4,2}$	0.4091	0.4638	0.1271
R_{51}	0.2837	$A_{1,2}$	$A_{2,3}$	$A_{3,2}$	$A_{4,3}$	0.5117	0.1777	0.3107
R_{52}	0.0693	$A_{1,2}$	$A_{2,3}$	$A_{3,3}$	$A_{4,1}$	0.1663	0.3112	0.5225
R_{53}	0.4318	$A_{1,2}$	$A_{2,3}$	$A_{3,3}$	$A_{4,2}$	0.1262	0.7962	0.0776
R_{54}	0.1950	$A_{1,2}$	$A_{2,3}$	$A_{3,3}$	$A_{4,3}$	0.2985	0.2306	0.4710
R_{55}	0.7439	$A_{1,3}$	$A_{2,1}$	$A_{3,1}$	$A_{4,1}$	0.3808	0.1392	0.4800
R_{56}	0.6735	$A_{1,3}$	$A_{2,1}$	$A_{3,1}$	$A_{4,2}$	0.3731	0.5120	0.1149
R_{57}	0.7496	$A_{1,3}$	$A_{2,1}$	$A_{3,1}$	$A_{4,3}$	0.0808	0.3047	0.6145
R_{58}	0.3691	$A_{1,3}$	$A_{2,1}$	$A_{3,2}$	$A_{4,1}$	0.4307	0.2220	0.3473
R_{59}	0.1190	$A_{1,3}$	$A_{2,1}$	$A_{3,2}$	$A_{4,2}$	0.2113	0.6647	0.1240
R_{60}	0.2263	$A_{1,3}$	$A_{2,1}$	$A_{3,2}$	$A_{4,3}$	0.2015	0.5994	0.1991
R_{61}	0.4351	$A_{1,3}$	$A_{2,1}$	$A_{3,3}$	$A_{4,1}$	0.3635	0.4853	0.1511
R_{62}	0.3436	$A_{1,3}$	$A_{2,1}$	$A_{3,3}$	$A_{4,2}$	0.7902	0.0153	0.1945
R_{63}	0.1775	$A_{1,3}$	$A_{2,1}$	$A_{3,3}$	$A_{4,3}$	0.1201	0.3103	0.5696
R_{64}	0.5326	$A_{1,3}$	$A_{2,2}$	$A_{3,1}$	$A_{4,1}$	0.0613	0.4874	0.4513
R_{65}	0.1942	$A_{1,3}$	$A_{2,2}$	$A_{3,1}$	$A_{4,2}$	0.3276	0.5905	0.0818
R_{66}	0.7270	$A_{1,3}$	$A_{2,2}$	$A_{3,1}$	$A_{4,3}$	0.1708	0.3618	0.4674
R_{67}	0.3343	$A_{1,3}$	$A_{2,2}$	$A_{3,2}$	$A_{4,1}$	0.0804	0.6056	0.3140
R_{68}	0.7575	$A_{1,3}$	$A_{2,2}$	$A_{3,2}$	$A_{4,2}$	0.3565	0.3152	0.3282
R_{69}	0.5284	$A_{1,3}$	$A_{2,2}$	$A_{3,2}$	$A_{4,3}$	0.1486	0.3888	0.4626
R_{70}	0.6949	$A_{1,3}$	$A_{2,2}$	$A_{3,3}$	$A_{4,1}$	0.5069	0.0588	0.4343
R_{71}	0.3755	$A_{1,3}$	$A_{2,2}$	$A_{3,3}$	$A_{4,2}$	0.4254	0.1013	0.4733
R_{72}	0.8425	$A_{1,3}$	$A_{2,2}$	$A_{3,3}$	$A_{4,3}$	0.2165	0.3317	0.4518
R_{73}	0.9964	$A_{1,3}$	$A_{2,3}$	$A_{3,1}$	$A_{4,1}$	0.3995	0.3179	0.2827
R_{74}	0.4961	$A_{1,3}$	$A_{2,3}$	$A_{3,1}$	$A_{4,2}$	0.4404	0.2203	0.3393
R_{75}	0.2583	$A_{1,3}$	$A_{2,3}$	$A_{3,1}$	$A_{4,3}$	0.2175	0.3733	0.4092
R_{76}	0.2718	$A_{1,3}$	$A_{2,3}$	$A_{3,2}$	$A_{4,1}$	0.2214	0.4031	0.3755

规则编号	规则权重	前提属性				结果属性		
		U_1	U_2	U_3	U_4	D_1	D_2	D_3
R_{77}	0.4855	$A_{1,3}$	$A_{2,3}$	$A_{3,2}$	$A_{4,2}$	0.3580	0.4736	0.1684
R_{78}	0.1771	$A_{1,3}$	$A_{2,3}$	$A_{3,2}$	$A_{4,3}$	0.2723	0.2955	0.4322
R_{79}	0.1915	$A_{1,3}$	$A_{2,3}$	$A_{3,3}$	$A_{4,1}$	0.2392	0.3087	0.4521
R_{80}	0.0615	$A_{1,3}$	$A_{2,3}$	$A_{3,3}$	$A_{4,2}$	0.2498	0.2025	0.5477
R_{81}	0.0253	$A_{1,3}$	$A_{2,3}$	$A_{3,3}$	$A_{4,3}$	0.4178	0.4409	0.1413

附录 B 个体匹配度研究

根据 EBRB 推理模型的规则推理方法，使用以下公式计算个体匹配度：

$$S^k(x_i, U_i) = 1 - \sqrt{\sum_{j=1}^{J_i} \left(\alpha_{i,j} - \alpha_{i,j}^k \right)^2} \quad \text{（B-1）}$$

然而，式（B-1）中存在如下不足，例如，假设存在如下的置信分布：

$$\{(A_{i,j}, \alpha_{i,j})\} = \{(A_{i,1}, 1.0), (A_{i,2}, 0), (A_{i,3}, 0)\} \quad \text{（B-2）}$$

$$\left\{ \left(A_{i,j}, \alpha_{i,j}^k \right) \right\} = \{(A_{i,1}, 0), (A_{i,2}, 0.1), (A_{i,3}, 0.9)\} \quad \text{（B-3）}$$

通过使用式（B-1）与置信分布可以计算得

$$S^k(x_i, U_i) = 1 - \sqrt{\sum_{j=1}^{J_i} \left(\alpha_{i,j} - \alpha_{i,j}^k \right)^2} = 1 - \sqrt{(1.0 - 0)^2 + (0 - 0.1)^2 + (0 - 0.9)^2}$$

$$= -0.3491 < 0$$

$$\text{（B-4）}$$

由式（B-4）可知，个体匹配度为负数。为了修正个体匹配度的计算公式，根据 $\alpha_{i,j}, \alpha_{i,j}^k \in [0,1]$，$\sum_{j=1}^{J_i} \alpha_{i,j} \leqslant 1$ 和 $\sum_{j=1}^{J_i} \alpha_{i,j}^k \leqslant 1$ 得出推导公式：

$$\sqrt{\sum_{j=1}^{J_i} \left(\alpha_{i,j} - \alpha_{i,j}^k \right)^2} \leqslant \sqrt{\sum_{j=1}^{J_i} \left| \alpha_{i,j} - \alpha_{i,j}^k \right|}$$

$$\leqslant \sqrt{\sum_{j=1}^{J_i} \left(\left| \alpha_{i,j} \right| + \left| \alpha_{i,j}^k \right| \right)}$$

$$= \sqrt{\sum_{j=1}^{J_i} \alpha_{i,j} + \sum_{j=1}^{J_i} \alpha_{i,j}^k} \leqslant \sqrt{2} \quad \text{（B-5）}$$

式中，当且仅当输入和前提属性的置信分布之间不存在交集，并且相似度仅集中在一个评分上时，上述不等式可以等价。

因此，需要对个体匹配度的计算进行归一化，并且可以使用以下公式计算修改后的个体匹配度：

$$d\left(x_{t,i}, \left\{ \alpha_{i,j}^k \right\} \right) = 1 - \sqrt{\frac{\sum_{j=1}^{J_i} \left(\alpha_{i,j} - \alpha_{i,j}^k \right)^2}{2}} \quad \text{（B-6）}$$

附录 C　输油管道检漏问题示例分析

在输油管道检漏问题中：前提属性为 $\{U_1,\ U_2\}$ = {流量差，压力差}，其中前提属性 U_1 有 8 个候选等级 $\{A_{1,j}; j = 1, 2, \cdots, 8\}$，前提属性 U_2 有 7 个候选等级 $\{A_{2,j}; j = 1, 2, \cdots, 7\}$；结果属性为 D = {漏洞大小}，其中结果属性有 5 个评价等级 $\{D_n; n = 1, 2, \cdots, 5\}$。经参数学习后 56 条置信规则的参数取值如表 C-1 所示。

表 C-1　经参数学习后 56 条置信规则的参数取值

规则编号	规则权重	流量差	压力差	漏洞大小的置信分布
R_1	0.8952	−10.0000	−0.0100	{0.1723, 0.0761, 0.0188, 0.0279, 0.7050}
R_2	0.9774	−10.0000	0.0048	{0.0591, 0.0371, 0.0254, 0.2455, 0.6329}
R_3	0.9858	−10.0000	0.0058	{0.0125, 0.0245, 0.0209, 0.7219, 0.2202}
R_4	0.9832	−10.0000	0.0068	{0.0087, 0.0088, 0.7157, 0.1885, 0.0783}
R_5	0.9421	−10.0000	0.0079	{0.4144, 0.2669, 0.0000, 0.0972, 0.2214}
R_6	0.9180	−10.0000	0.0090	{0.4704, 0.0087, 0.0000, 0.1598, 0.3611}
R_7	0.9507	−10.0000	0.0100	{0.8082, 0.0000, 0.0000, 0.0580, 0.1339}
R_8	0.9367	−4.6302	−0.0100	{0.0131, 0.0244, 0.0071, 0.8273, 0.1281}
R_9	0.8406	−4.6302	0.0048	{0.1872, 0.0536, 0.0152, 0.2908, 0.4532}
R_{10}	0.6758	−4.6302	0.0058	{0.1653, 0.0635, 0.0350, 0.1613, 0.5749}
R_{11}	0.8419	−4.6302	0.0068	{0.1013, 0.0389, 0.0107, 0.1083, 0.7408}
R_{12}	0.9999	−4.6302	0.0079	{0.1648, 0.0161, 0.0002, 0.2548, 0.5641}
R_{13}	1.0000	−4.6302	0.0090	{0.0000, 0.0000, 0.0000, 0.2866, 0.7134}
R_{14}	0.9359	−4.6302	0.0100	{0.7102, 0.0000, 0.0000, 0.0780, 0.2118}
R_{15}	0.9966	−2.9907	−0.0100	{0.0086, 0.0050, 0.3934, 0.5909, 0.0020}
R_{16}	0.9869	−2.9907	0.0048	{0.0137, 0.0147, 0.7804, 0.1805, 0.0107}
R_{17}	1.0000	−2.9907	0.0058	{0.0000, 0.2999, 0.5999, 0.1000, 0.0002}
R_{18}	0.9994	−2.9907	0.0068	{0.0913, 0.6965, 0.2002, 0.0041, 0.0079}
R_{19}	1.0000	−2.9907	0.0079	{0.6972, 0.2987, 0.0000, 0.0013, 0.0027}
R_{20}	1.0000	−2.9907	0.0090	{0.8994, 0.0997, 0.0000, 0.0003, 0.0006}
R_{21}	1.0000	−2.9907	0.0100	{1.0000, 0.0000, 0.0000, 0.0000, 0.0000}
R_{22}	0.7110	−1.7307	−0.0100	{0.3816, 0.1759, 0.2172, 0.1113, 0.1140}
R_{23}	0.6820	−1.7307	0.0048	{0.1664, 0.4929, 0.1245, 0.0402, 0.1760}

规则编号	规则权重	流量差	压力差	漏洞大小的置信分布
R_{24}	0.9600	−1.7307	0.0058	{0.0863，0.5183，0.0079，0.1307，0.2568}
R_{25}	0.9898	−1.7307	0.0068	{0.4366，0.0259，0.0001，0.1499，0.3874}
R_{26}	0.9994	−1.7307	0.0079	{0.9536，0.0020，0.0000，0.0124，0.0319}
R_{27}	1.0000	−1.7307	0.0090	{0.9658，0.0016，0.0000，0.0091，0.0235}
R_{28}	1.0000	−1.7307	0.0100	{0.9993，0.0000，0.0000，0.0002，0.0005}
R_{29}	0.9108	−0.3311	−0.0100	{1.0000，0.0000，0.0000，0.0000，0.0000}
R_{30}	0.6418	−0.3311	0.0048	{1.0000，0.0000，0.0000，0.0000，0.0000}
R_{31}	0.8615	−0.3311	0.0058	{1.0000，0.0000，0.0000，0.0000，0.0000}
R_{32}	1.0000	−0.3311	0.0068	{1.0000，0.0000，0.0000，0.0000，0.0000}
R_{33}	0.9995	−0.3311	0.0079	{1.0000，0.0000，0.0000，0.0000，0.0000}
R_{34}	1.0000	−0.3311	0.0090	{1.0000，0.0000，0.0000，0.0000，0.0000}
R_{35}	0.9995	−0.3311	0.0100	{1.0000，0.0000，0.0000，0.0000，0.0000}
R_{36}	0.0478	1.5809	−0.0100	{1.0000，0.0000，0.0000，0.0000，0.0000}
R_{37}	0.9895	1.5809	0.0048	{1.0000，0.0000，0.0000，0.0000，0.0000}
R_{38}	1.0000	1.5809	0.0058	{1.0000，0.0000，0.0000，0.0000，0.0000}
R_{39}	1.0000	1.5809	0.0068	{1.0000，0.0000，0.0000，0.0000，0.0000}
R_{40}	1.0000	1.5809	0.0079	{1.0000，0.0000，0.0000，0.0000，0.0000}
R_{41}	1.0000	1.5809	0.0090	{1.0000，0.0000，0.0000，0.0000，0.0000}
R_{42}	1.0000	1.5809	0.0100	{1.0000，0.0000，0.0000，0.0000，0.0000}
R_{43}	1.0000	2.0000	−0.0100	{0.1000，0.9000，0.0000，0.0000，0.0000}
R_{44}	1.0000	2.0000	0.0048	{0.3000，0.7000，0.0000，0.0000，0.0000}
R_{45}	1.0000	2.0000	0.0058	{0.8500，0.1500，0.0000，0.0000，0.0000}
R_{46}	1.0000	2.0000	0.0068	{0.9800，0.0200，0.0000，0.0000，0.0000}
R_{47}	1.0000	2.0000	0.0079	{1.0000，0.0000，0.0000，0.0000，0.0000}
R_{48}	1.0000	2.0000	0.0090	{1.0000，0.0000，0.0000，0.0000，0.0000}
R_{49}	1.0000	2.0000	0.0100	{1.0000，0.0000，0.0000，0.0000，0.0000}
R_{50}	1.0000	3.0000	−0.0100	{0.9000，0.1000，0.0000，0.0000，0.0000}
R_{51}	1.0000	3.0000	0.0048	{0.9900，0.0100，0.0000，0.0000，0.0000}
R_{52}	1.0000	3.0000	0.0058	{1.0000，0.0000，0.0000，0.0000，0.0000}
R_{53}	1.0000	3.0000	0.0068	{1.0000，0.0000，0.0000，0.0000，0.0000}
R_{54}	1.0000	3.0000	0.0079	{1.0000，0.0000，0.0000，0.0000，0.0000}
R_{55}	1.0000	3.0000	0.0090	{1.0000，0.0000，0.0000，0.0000，0.0000}
R_{56}	1.0000	3.0000	0.0100	{1.0000，0.0000，0.0000，0.0000，0.0000}

附录 D　IDE 算法的修正公式推导

针对 C 个参数向量中的任一向量 P_c，假设该向量的第 $k(k = 1, 2, \cdots, K)$ 个参数 $p_{c,k}$ 的上界和下界分别为 ub_k 和 lb_k。为了方便起见，参数 $p_{c,k}$ 的取值范围可以标记如下：

$$\mathrm{VR}(p_{c,k}) = [\mathrm{lb}_k, \mathrm{ub}_k], \quad k = 1, 2, \cdots, K \tag{D-1}$$

同样地，针对从 C 个参数向量中任意抽取的三个不同的参数向量 P_{c_1}、P_{c_2} 和 P_{c_3}，它们的第 k 个参数都有着相同的取值范围，具体表示如下：

$$\mathrm{VR}(p_{c_1, k}) = \mathrm{VR}(p_{c_2, k}) = \mathrm{VR}(p_{c_3, k}) = [\mathrm{lb}_k, \mathrm{ub}_k], \quad k = 1, 2, \cdots, K \tag{D-2}$$

根据式（6-18），参数向量 P_{c_0} 中参数 $p_{c_0, k}$ 的取值范围可以表示为如下形式：

$$\begin{aligned}
\mathrm{VR}(p_{c_0, k}) &= \mathrm{VR}(p_{c_1, k}) + F(\mathrm{VR}(p_{c_2, k}) - \mathrm{VR}(p_{c_3, k})) \\
&= [\mathrm{lb}_k, \mathrm{ub}_k] + F([\mathrm{lb}_k, \mathrm{ub}_k] - [\mathrm{lb}_k, \mathrm{ub}_k]) \\
&= [\mathrm{lb}_k, \mathrm{ub}_k] + F[\mathrm{lb}_k - \mathrm{ub}_k, \mathrm{ub}_k - \mathrm{lb}_k] \\
&= [\mathrm{lb}_k + F(\mathrm{lb}_k - \mathrm{ub}_k), \mathrm{ub}_k + F(\mathrm{ub}_k - \mathrm{lb}_k)]
\end{aligned} \tag{D-3}$$

显然，$p_{c_0, k}$ 的下界要低于原先设定的下界，$p_{c_0, k}$ 的上界也要高于原先设定的上界，即 $p_{c_0, k} < \mathrm{lb}_k$ 或 $p_{c_0, k} > \mathrm{ub}_k$。因而，必须为参数 $p_{c_0, k}$ 提供修正公式，推导过程如下：

$$\begin{aligned}
&\mathrm{VR}(p_{c_0, k}) = [\mathrm{lb}_k + F(\mathrm{lb}_k - \mathrm{ub}_k), \mathrm{ub}_k + F(\mathrm{ub}_k - \mathrm{lb}_k)] \\
\Leftrightarrow\ &\mathrm{VR}(p_{c_0, k} - \mathrm{lb}_k + F(\mathrm{ub}_k - \mathrm{lb}_k)) = [0, (2F+1)(\mathrm{ub}_k - \mathrm{lb}_k)] \\
\Leftrightarrow\ &\mathrm{VR}\left(\frac{p_{c_0, k} - \mathrm{lb}_k + F(\mathrm{ub}_k - \mathrm{lb}_k)}{2F + 1}\right) = [0, \mathrm{ub}_k - \mathrm{lb}_k] \\
\Leftrightarrow\ &\mathrm{VR}\left(\frac{p_{c_0, k} + F(\mathrm{ub}_k + \mathrm{lb}_k)}{2F + 1}\right) = [\mathrm{lb}_k, \mathrm{ub}_k]
\end{aligned} \tag{D-4}$$

基于推导过程，修正公式可以表示如下：

$$p_{c_0, k} = \frac{p_{c_0, k} + F(\mathrm{ub}_k + \mathrm{lb}_k)}{2F + 1}, \quad k = 1, 2, \cdots, K \tag{D-5}$$

附录 E　桥梁风险评估问题示例分析

在桥梁风险评估问题中：前提属性为 $\{U_1, U_2, U_3, U_4\}$ = {安全性，可用性，持久性，环境因素}，其中每个前提属性有 5 个评价等级 $\{A_{i,j}; j = 1, 2, \cdots, 5\}(i = 1, 2, 3, 4)$；结果属性为 D = {桥梁风险}，其中结果属性有 5 个评价等级 $\{D_n; n = 1, 2, \cdots, 5\}$。从第 2~10 次参数学习中得到的 DBRB 如表 E-1~表 E-9 所示。

表 E-1　从第 2 次参数学习中得到的 DBRB

规则编号	规则权重	前提属性（属性权重）				结果属性（效用值）				
		安全性（0.5250）	可用性（0.7916）	持久性（0.9666）	环境因素（0.3338）	零（0）	低（25）	中（50）	高（75）	很高（100）
R_1	0.0815	−1.0000	2.8666	2.8919	3.9175	0.4054	0.0203	0.0800	0.0572	0.4371
R_2	0.0104	0.1006	1.1056	0.8699	3.4412	0.4210	0.1096	0.0882	0.1439	0.2373
R_3	0.9483	4.0000	3.5376	4.0000	4.0000	0.0025	0.0030	0.0021	0.0050	0.9874
R_4	0.1419	1.9912	4.0000	−1.0000	−1.0000	0.0913	0.0679	0.4719	0.2679	0.1010
R_5	0.0303	−0.4252	−1.0000	−0.8301	−0.3764	0.9139	0.0521	0.0036	0.0184	0.0120

表 E-2　从第 3 次参数学习中得到的 DBRB

规则编号	规则权重	前提属性（属性权重）				结果属性（效用值）				
		安全性（0.1404）	可用性（0.1585）	持久性（0.8171）	环境因素（0.4059）	零（0）	低（25）	中（50）	高（75）	很高（100）
R_1	0.0844	4.0000	2.3379	1.8844	3.8755	0.0137	0.0022	0.3524	0.0398	0.5918
R_2	0.1181	−1.0000	0.9863	−0.5580	1.2784	0.6335	0.1283	0.0731	0.1098	0.0553
R_3	0.8133	2.9573	4.0000	4.0000	4.0000	0.0009	0.0021	0.0029	0.0106	0.9834
R_4	0.8890	0.6739	−1.0000	−1.0000	−1.0000	0.5003	0.3517	0.0303	0.0698	0.0479
R_5	0.0949	0.6239	−0.1362	−0.1082	−0.4234	0.9353	0.0039	0.0179	0.0185	0.0244

表 E-3　从第 4 次参数学习中得到的 DBRB

编号	规则权重	前提属性（属性权重）				结果属性（效用值）				
		安全性（0.1889）	可用性（0.1679）	持久性（0.8741）	环境因素（0.3148）	零（0）	低（25）	中（50）	高（75）	很高（100）
R_1	0.8487	2.9957	4.0000	4.0000	4.0000	0.0011	0.0027	0.0060	0.0014	0.9887
R_2	0.0956	4.0000	2.1862	1.7454	2.3380	0.1255	0.1654	0.2218	0.3572	0.1301

编号	规则权重	前提属性（属性权重）				结果属性（效用值）				
		安全性（0.1889）	可用性（0.1679）	持久性（0.8741）	环境因素（0.3148）	零（0）	低（25）	中（50）	高（75）	很高（100）
R_3	0.1319	0.1495	−0.5696	−0.8196	−0.9093	0.9524	0.0109	0.0037	0.0187	0.0142
R_4	0.9411	0.3973	−1.0000	−1.0000	−1.0000	0.5505	0.2666	0.0581	0.1242	0.0007
R_5	0.0573	−1.0000	1.0000	−0.7250	3.6694	0.6049	0.1357	0.1281	0.0930	0.0383

表 E-4　从第 5 次参数学习中得到的 DBRB

编号	规则权重	前提属性（属性权重）				结果属性（效用值）				
		安全性（0.1245）	可用性（0.1115）	持久性（0.8271）	环境因素（0.8018）	零（0）	低（25）	中（50）	高（75）	很高（100）
R_1	0.8670	0.4507	−1.0000	−1.0000	−1.0000	0.9010	0.0386	0.0087	0.0276	0.0241
R_2	0.0220	−0.0002	0.9986	0.5873	1.0957	0.1515	0.2496	0.2343	0.1406	0.2240
R_3	0.8419	2.8843	4.0000	4.0000	4.0000	0.0047	0.0167	0.0004	0.0120	0.9662
R_4	0.1184	4.0000	2.1283	1.9318	3.6009	0.1545	0.0737	0.0678	0.0517	0.6523
R_5	0.1059	−1.0000	−0.0593	−0.9652	−0.9680	0.7238	0.1918	0.0504	0.0196	0.0143

表 E-5　从第 6 次参数学习中得到的 DBRB

编号	规则权重	前提属性（属性权重）				结果属性（效用值）				
		安全性（0.7054）	可用性（0.7748）	持久性（0.8975）	环境因素（0.8698）	零（0）	低（25）	中（50）	高（75）	很高（100）
R_1	0.0020	−0.4254	1.3571	1.0195	3.3229	0.3294	0.1983	0.1841	0.1676	0.1206
R_2	0.1597	1.9518	−1.0000	−1.0000	−1.0000	0.0172	0.2887	0.3203	0.2878	0.0861
R_3	0.0836	−1.0000	2.7069	2.8760	3.6437	0.3597	0.1360	0.0514	0.0623	0.3906
R_4	0.0245	−0.2331	−0.1027	−0.8059	−0.6632	0.9578	0.0077	0.0115	0.0206	0.0024
R_5	0.9092	4.0000	4.0000	4.0000	4.0000	0.0029	0.0007	0.0052	0.0083	0.9829

表 E-6　从第 7 次参数学习中得到的 DBRB

编号	规则权重	前提属性（属性权重）				结果属性（效用值）				
		安全性（0.1196）	可用性（0.0933）	持久性（0.7730）	环境因素（0.6555）	零（0）	低（25）	中（50）	高（75）	很高（100）
R_1	0.0609	−1.0000	0.9956	−0.5915	3.4257	0.2707	0.2231	0.1165	0.2866	0.1031
R_2	0.1299	0.2434	−0.1901	−0.9783	−0.3089	0.9190	0.0312	0.0182	0.0090	0.0226
R_3	0.7870	2.9525	4.0000	4.0000	4.0000	0.0023	0.0045	0.0068	0.0245	0.9619
R_4	0.8326	0.6480	−1.0000	−1.0000	−1.0000	0.7130	0.0815	0.1377	0.0008	0.0670
R_5	0.0587	4.0000	2.4234	1.7208	3.5080	0.1711	0.0985	0.1750	0.3277	0.2277

表 E-7　从第 8 次参数学习中得到的 DBRB

编号	规则权重	前提属性（属性权重）				结果属性（效用值）				
		安全性（0.1173）	可用性（0.0624）	持久性（0.7991）	环境因素（0.7538）	零（0）	低（25）	中（50）	高（75）	很高（100）
R_1	0.9123	0.4608	−1.0000	−1.0000	−1.0000	0.9758	0.0205	0.0018	0.0001	0.0018
R_2	0.1284	−1.0000	−0.8895	1.8190	−0.6967	0.2451	0.2686	0.2915	0.0090	0.1859
R_3	0.9184	2.8940	4.0000	3.9925	4.0000	0.0054	0.0154	0.0187	0.0129	0.9475
R_4	0.0020	−0.0005	0.9941	0.0177	0.5597	0.4183	0.1149	0.2466	0.1141	0.1061
R_5	0.1770	4.0000	2.2183	4.0000	3.8753	0.0224	0.0337	0.0584	0.1994	0.6860

表 E-8　从第 9 次参数学习中得到的 DBRB

编号	规则权重	前提属性（属性权重）				结果属性（效用值）				
		安全性（0.1430）	可用性（0.0885）	持久性（0.8649）	环境因素（0.7702）	零（0）	低（25）	中（50）	高（75）	很高（100）
R_1	0.8594	0.3761	−1.0000	−1.0000	−1.0000	0.8001	0.0312	0.0487	0.0541	0.0659
R_2	0.7568	2.8336	4.0000	3.9956	4.0000	0.0054	0.0091	0.0185	0.0219	0.9452
R_3	0.1132	4.0000	2.1846	4.0000	3.8830	0.0138	0.0085	0.1750	0.1839	0.6189
R_4	0.0679	−1.0000	−0.5115	−0.4907	−0.5720	0.7937	0.0872	0.0438	0.0703	0.0050
R_5	0.0434	−0.0002	0.9890	1.7473	1.3098	0.6795	0.0528	0.1559	0.0579	0.0539

表 E-9　从第 10 次参数学习中得到的 DBRB

编号	规则权重	前提属性（属性权重）				结果属性（效用值）				
		安全性（0.1307）	可用性（0.1336）	持久性（0.9654）	环境因素（0.8904）	零（0）	低（25）	中（50）	高（75）	很高（100）
R_1	0.1284	−1.0000	2.0446	1.7880	3.6000	0.0913	0.3568	0.2728	0.2468	0.0322
R_2	0.8055	0.6492	−1.0000	−1.0000	−1.0000	0.7822	0.0736	0.0541	0.0583	0.0319
R_3	0.8170	2.8850	4.0000	4.0000	4.0000	0.0035	0.0025	0.0074	0.0029	0.9837
R_4	0.0059	4.0000	1.0000	−0.0675	3.3271	0.2041	0.0927	0.1818	0.2864	0.2350
R_5	0.1329	0.6105	−0.2137	−0.6862	−0.8995	0.9517	0.0159	0.0171	0.0104	0.0048

附录 F　活动识别的模拟数据集

基于依赖性度量的传感器选择下 RG 和 RG^{New} 的混淆矩阵、基于一致性度量的传感器选择下 RG 和 RG^{New} 的混淆矩阵、基于特征分解的传感器选择下 RG 和 RG^{New} 的混淆矩阵分别如表 F-1～表 F-3 所示。

表 F-1　基于依赖性度量的传感器选择下 RG 和 RG^{New} 的混淆矩阵

RG/RG^{New}		预测活动										
		A_1	A_2	A_3	A_4	A_5	A_6	A_7	A_8	A_9	A_{10}	A_{11}
实际活动	A_1	82/82	0/0	1/2	0/0	0/0	1/0	0/0	0/0	0/0	0/0	0/0
	A_2	0/0	80/80	2/2	0/0	1/1	0/0	1/1	0/0	0/0	0/0	0/0
	A_3	0/0	3/3	77/77	1/1	1/2	1/1	1/0	0/0	0/0	0/0	0/0
	A_4	0/0	0/0	3/3	79/79	1/1	1/1	0/0	0/0	0/0	0/0	0/0
	A_5	0/0	0/0	0/0	1/1	78/78	5/5	0/0	0/0	0/0	0/0	0/0
	A_6	0/0	0/0	0/1	0/0	16/16	64/65	4/2	0/0	0/0	0/0	0/0
	A_7	0/0	0/0	1/2	0/0	0/0	2/1	76/76	4/4	0/0	0/0	1/1
	A_8	0/0	0/0	1/2	0/0	0/0	1/0	1/1	81/81	0/0	0/0	0/0
	A_9	0/0	0/0	0/0	0/0	0/0	0/0	0/0	0/0	84/84	0/0	0/0
	A_{10}	1/1	0/0	0/0	0/0	0/0	0/0	0/0	0/0	0/0	83/83	0/0
	A_{11}	0/0	0/0	0/0	0/0	0/0	0/0	1/1	0/0	0/0	0/0	83/83

表 F-2　基于一致性度量的传感器选择下 RG 和 RG^{New} 的混淆矩阵

RG/RG^{New}		预测活动										
		A_1	A_2	A_3	A_4	A_5	A_6	A_7	A_8	A_9	A_{10}	A_{11}
实际活动	A_1	82/82	0/0	1/1	0/0	0/0	0/0	1/1	0/0	0/0	0/0	0/0
	A_2	0/0	80/80	2/2	0/0	1/1	0/0	1/1	0/0	0/0	0/0	0/0
	A_3	0/0	3/2	79/81	0/0	0/0	1/1	1/0	0/0	0/0	0/0	0/0
	A_4	0/0	0/0	3/2	78/79	2/2	1/1	0/0	0/0	0/0	0/0	0/0
	A_5	0/0	0/0	0/0	0/0	79/79	5/5	0/0	0/0	0/0	0/0	0/0
	A_6	0/0	0/0	0/0	0/0	13/13	68/68	3/3	0/0	0/0	0/0	0/0
	A_7	1/1	0/0	1/1	0/0	0/0	1/1	77/77	3/3	0/0	0/0	1/1
	A_8	0/0	0/0	1/1	0/0	0/0	0/0	2/2	81/81	0/0	0/0	0/0
	A_9	0/0	0/0	0/0	0/0	0/0	0/0	0/0	0/0	84/84	0/0	0/0
	A_{10}	2/2	0/0	0/0	0/0	0/0	0/0	0/0	0/0	0/0	82/82	0/0
	A_{11}	0/0	0/0	0/0	0/0	0/0	0/0	1/1	0/0	0/0	0/0	83/83

表 F-3　基于特征分解的传感器选择下 RG 和 RG^{New} 的混淆矩阵

RG/RG^{New}		预测活动										
		A_1	A_2	A_3	A_4	A_5	A_6	A_7	A_8	A_9	A_{10}	A_{11}
实际活动	A_1	82/82	0/0	0/0	0/0	2/2	0/0	0/0	0/0	0/0	0/0	0/0
	A_2	0/0	78/78	4/4	0/0	2/2	0/0	0/0	0/0	0/0	0/0	0/0
	A_3	0/0	2/2	76/76	1/1	4/4	0/0	0/0	0/0	0/0	1/1	0/0
	A_4	0/0	0/0	2/2	80/80	2/2	0/0	0/0	0/0	0/0	0/0	0/0
	A_5	0/0	0/0	1/1	2/2	79/79	2/2	0/0	0/0	0/0	0/0	0/0
	A_6	0/0	0/0	1/1	0/0	17/17	64/64	2/2	0/0	0/0	0/0	0/0
	A_7	0/0	0/0	0/0	0/0	2/2	1/1	77/77	2/2	1/1	0/0	1/1
	A_8	0/0	0/0	0/0	0/0	2/2	0/0	1/1	81/81	0/0	0/0	0/0
	A_9	0/0	0/0	0/0	0/0	0/0	0/0	0/0	0/0	84/84	0/0	0/0
	A_{10}	2/2	0/0	0/0	0/0	0/0	0/0	0/0	0/0	0/0	82/82	0/0
	A_{11}	0/0	0/0	0/0	0/0	0/0	0/0	1/1	0/0	0/0	0/0	83/83